Geophysik und Geologie

Geophysikalische Veröffentlichungen der Karl-Marx-Universität Leipzig

Herausgegeben von Prof. Dr. sc. nat. R. Lauterbach

Dritte Serie

Band I, Heft 4

mit 101 Abbildungen und 10 Tabellen

A K A D E M I E - V E R L A G · B E R L I N

Geophys. Veröff. KMU · Leipzig	Bd. I	H. 4	S. 1–182	1978

Die Geophysikalischen Veröffentlichungen der Karl-Marx-Universität sind die Fortsetzung zweier Schriftenreihen:

1. Veröffentlichungen des Geophysikalischen Instituts, gegründet 1913 von V. Bjerknes

2. Geophysik und Geologie, gegründet 1959 von R. Lauterbach

Sie bringen Beiträge und Berichte aus dem Bereich Physik der Erde, die mit einschlägigen Arbeiten der Karl-Marx-Universität in Zusammenhang stehen.

Für den Inhalt ihrer Beiträge sind die Autoren allein verantwortlich.

Anschrift des Herausgebers und der Redaktion:
Karl-Marx-Universität, Fachbereich Geophysik,
701 Leipzig, Talstraße 35

Redaktion: Oberass. Dipl.-Geoln. M. Meißner

Erschienen im Akademie-Verlag, 108 Berlin, Leipziger Straße 3–4

Lizenznummer: 202 · 100/473/78
P 172/77
Gesamtherstellung: VEB Druckhaus „Maxim Gorki“, 74 Altenburg
Bestellnummer: 762 575 3 (2018/I/4) · LSV 1405
Printed in GDR
DDR 32,– M

Inhalt

Geophys. u. Geol. Geophys. Veröff. d. KMU Leipzig Bd. I H. 4 S. 5–24 Berlin 1978

Erwägungen über Konvektion im Erdmantel

U. Walzer

Zusammenfassung: Zunächst wird eine Übersicht zu den Lateralinhomogenitäten geophysikalischer Größen im oberen Erdmantel gegeben. Man kann zeigen, daß die Ozean-Lithosphäre infolge ihres eigenen Gewichts in die Asthenosphäre sinkt. Zur Erklärung der Neigung der Subduktionsplatten und der Krümmung der Ozeanbögen wird ein neuer, einfacher Konvektionsmechanismus vorgeschlagen, der sich zwanglos aus lateralen Dichteunterschieden ergibt. Die lateralen Viskositätsunterschiede bewirken, daß Kontinentaldrift nicht mehr einfach aus der Bewegung der Ozeanplatten folgt. Abschließend wird gezeigt, daß möglicherweise auch im unteren Mantel Konvektion stattfinden kann.

1. Einleitung

Wenn man sich als Geophysiker mit Mantelkonvektion beschäftigt, so läuft das meist auf die Entwicklung hydrodynamischer Modelle hinaus. Ein solches zu berechnen, ist eine Aufgabe der analytischen Mechanik, der numerischen Mathematik und der Datenverarbeitung. Bevor man diese eigentliche Arbeit beginnt, gilt es jedoch, neue Ergebnisse über den Bau des Erdmantels zu sichten. Das ist wichtig, um vor dem Entwurf neuer Modelle die wirklich maßgeblichen Mechanismen zu ahnen und um Widersprüche zwischen Modell und Beobachtung zu vermeiden. In diesem Sinne soll das Folgende Übersicht und Lösungsvorschläge bieten. Es geht bei dieser Arbeit auch darum, *einigermaßen sichere* Erkenntnisse über die Konvektion im Mantel herauszuschälen. Selbst hinsichtlich dieses Teilzieles kann die Arbeit nicht vollständig sein. So werden die wichtigen Fragen des Einflusses von Phasenumwandlungen (1) und die der Stoffgesetze (2) ausgeklammert. Als Ergänzung sei deshalb bezüglich (1) auf Schubert und Turcotte (1971), Frölich u. a. (1973), Gebrande (1975) und Ringwood (1976), bezüglich (2) auf Post und Griggs (1973), Weertman und Weertman (1975) und Walzer (1977) hingewiesen.

2. Lateralinhomogenitäten im oberen Mantel

Die Erde zeigt bekanntlich in erster Näherung hinsichtlich physikalischer Parameter einen kugelschaligen Aufbau. In den letzten 15 Jahren sind jedoch immer stärker die Abweichungen von diesem Grundmuster untersucht worden, wobei sich insbesondere

[1] Anschrift des Verfassers:
Dr. rer. nat. Uwe Walzer, Zentralinstitut für Physik der Erde der AdW der DDR, 69 Jena, Burgweg 11.

im oberen Mantel nennenswerte laterale Inhomogenitäten zeigten. Unten wird erörtert, daß die lateralen Dichte- und Viskositätsunterschiede Einfluß auf die Massenströmungen im Mantel haben. Andererseits muß der Gesamtmechanismus der konvektiven Mantelströmungen so sein, daß er diese Lateralinhomogenitäten zu verstehen erlaubt.

2.1. Scherwellen-Geschwindigkeit v_s

Regionale Unterschiede der Dispersionskurven für LOVE-Wellen sind schon früh gefunden worden. Daraus schloß ANDERSON (1967a), daß sublithosphärische Schergeschwindigkeiten bis zur 400-km-Diskontinuität unter kontinentalen Schilden höher als unter Ozeanen lägen, während das im unter 400 km Tiefe gelegenen oberen Mantel gerade anders herum wäre (Abb. 1). Eine ähnliche Regionalisierung erhielt DZIEWONSKI (1970) in einer Untersuchung über RAYLEIGH-Wellen-Dispersion (Abb. 2). SIPKIN und JORDAN (1975) untersuchten fast 200 ScS-Laufzeiten von 10 Tiefbeben. Sie fanden,

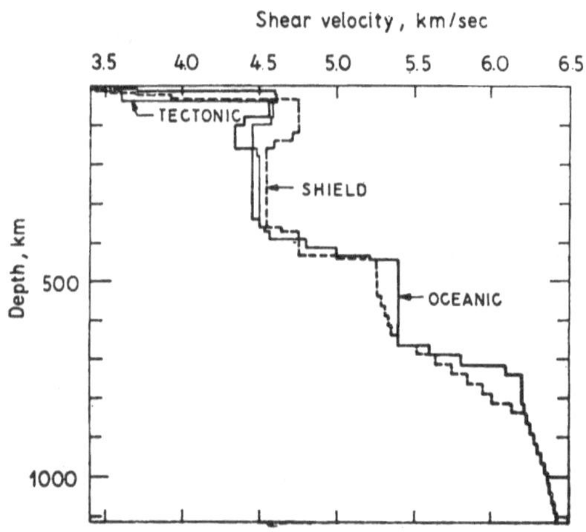

Abb. 1. Die Schergeschwindigkeiten im oberen Mantel nach ANDERSON (1967a)

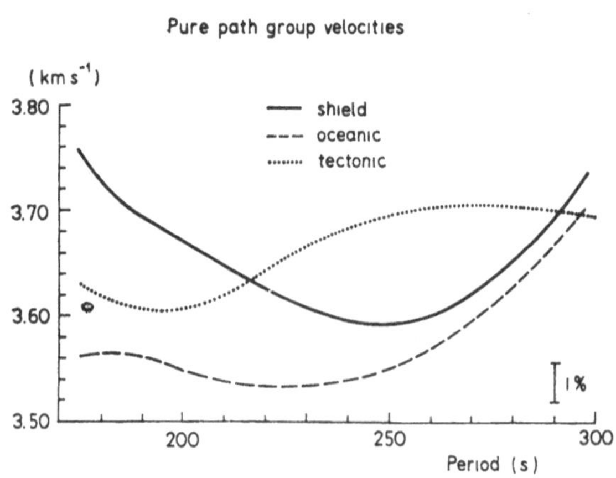

Abb. 2. Gruppengeschwindigkeiten von Mantel-Rayleighwellen nach DZIEWONSKI (1970)

daß vertikale Laufzeiten unter Ozeanbecken rund 5 s größer als unter konsolidiertem Kontinent waren. Dabei benutzten sie für ozeanische Laufwege drei innerpazifische WWSSN-Stationen und eine auf Bermuda. Im Einklang damit steht eine Untersuchung von SIPKIN u. a. (1975) über Laufzeitdifferenzen zwischen ScSScS und ScS. Diese Differenzen sind vorteilhafterweise von der Geschwindigkeitsverteilung an Quelle und Empfänger fast unempfindlich. Die gefundene 9-s-Differenz zwischen ozeanischen und kontinentalen Zeiten ist mit der erwähnten 5-s-Laufzeitdifferenz für ScS und mit Eigenschwingungs-Modellen gut verträglich. JORDAN (1975) gewann durch Inversion von Eigenschwingungen und die erwähnten Scherwellen-Laufzeituntersuchungen eine Geschwindigkeitsverteilung (Abb. 3), die für die oberen Teile des oberen Mantels wie Abb. 1

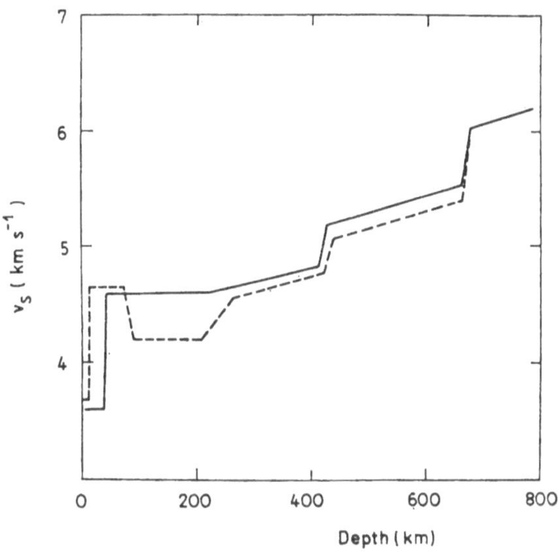

Abb. 3. S-Geschwindigkeiten für kontinentale Schilde (durchgezogen) und für Ozeane (gestrichelt) nach JORDAN (1975)

unter Ozeanen eine starke Verminderung von v_s (um ca. 0,5 km/s) zeigt. Neu dabei ist, daß es unter kontinentalen Schilden keine oder nur schwach ausgeprägte Langsamschichten (low-velocity layers) gibt und daß sich die Differenz mit dem gleichen Vorzeichen auch in den unter 400 km Tiefe gelegenen Teilen des oberen Mantels fortsetzt. Diese zweite Feststellung ist nicht unwidersprochen geblieben, während — wie unten beschrieben — die erste weitgehende Bestätigung fand: OKAL und ANDERSON (1975) bestritten nicht, daß es auch unter 400 km Tiefe laterale v_s-Unterschiede gibt, wohl aber, daß sie im Sinne von Abb. 3 den Schilden und Ozeanen zugeordnet auftreten. Sie meinten, daß die systematischen v_s-Differenzen zwischen Schilden und Ozeanen nicht tiefer als 200 km reichen.

NOPONEN (1974) verglich Scherwellen-Geschwindigkeiten und fand, daß die Wellen unter Schilden wie Finnland und dem Kanadischen Schild etwa 0,5 km/s schneller liefen als unter dem Gebiet hinter Inselbögen (Japan usw.). Dieses Ergebnis zeigt, daß der obere Mantel in Subduktionsgebieten ozeanähnlich ist (Abb. 4). Etwas widersprüchlich sind wieder die Resultate für die *tieferen* Teile des oberen Mantels unter Japan: Während NOPONEN keine nennenswerten v_s-Unterschiede gegen Schildgebiete für Tiefen unter

500 km erhielt, ergaben sich in einer Arbeit von KAILA u. a. (1974) für Tiefen unter 400 km S-Geschwindigkeiten, die deutlich unter Standard-Modellen liegen. Dabei ist zu berücksichtigen, daß die Vergleichsmodelle (s. Abb. 11 von KAILA u. a. 1974) auf den Beobachtungen von Stationen, die überwiegend auf konsolidiertem Kontinent liegen, beruhen. Generell ergaben sich auch für die Asthenosphäre unter tektonisch jüngeren Teilen der Kontinente niedrigere S-Geschwindigkeiten als unter den älteren: So sind insbesondere für längere Perioden (50 bis 90 s) die Phasengeschwindigkeiten der RAYLEIGH-Wellen für die mittleren Vereinigten Staaten etwa 1/4 km/s höher als für die westlichen (BISWAS und KNOPOFF, 1974). Nach GONCZ' und CLEARYS (1976) RAYLEIGH-Wellen-Untersuchung zeigt sich unter dem ostaustralischen Gebirge in 130 km Tiefe ein v_s-Minimum, während unter dem mittleren und westlichen Australien zwischen 50 und

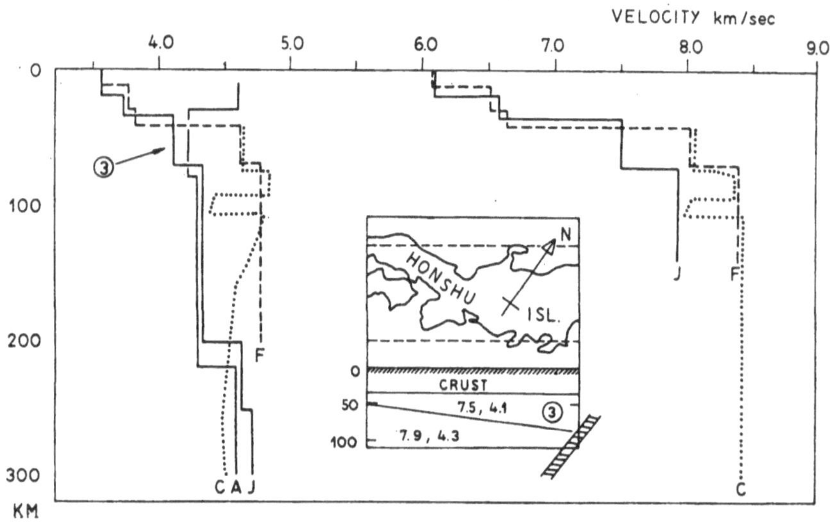

Abb. 4. Ein Vergleich der P- und S-Geschwindigkeiten unter Schilden und hinter Inselbögen nach NOPONEN (1974).

F = Finnland, C = Kanadischer Schild, J = Japan, A = Inselbogen-Modell ARC-1

400 km Tiefe S-Geschwindigkeiten um 4,7 km/s ohne Langsamschicht gefunden wurden. Damit stimmt eine Laufzeituntersuchung von HALES u. a. (1975) überein. An Stationen auf einer Linie von Darwin bis Alice Springs (Mittelaustralien) zeigten weder P- noch S-Einsätze für indonesische Beben in 800 bis 1800 km Herdentfernung Spuren einer Schattenzone, was ebenfalls auf das Fehlen von Langsamschichten unter Mittelaustralien hinweist. Einen ausgeprägten Wellenkanal fand BROOKS (1969) für das tektonisch junge Neu-Guinea. Im Vergleich zum Kanadischen Schild ergaben sich bis in 200 km Tiefe niedrigere S-Geschwindigkeiten. Auch für kontinentale Grabenzonen bekommt man im obersten Mantel niedrigere S-Geschwindigkeiten mit Langsamschicht (MÜLLER und BONJER 1973, s. Abb. 5). *Man findet also nicht nur über abtauchenden Platten (downthrust slabs), sondern auch unter jüngeren Gebirgen und Grabenzonen v_s-Werte bis in 400 km Tiefe, die eher bei den subozeanischen Werten als bei denen unter Schilden liegen.* Zu ähnlichen Schlußfolgerungen ist auch KNOPOFF (1972) gelangt.

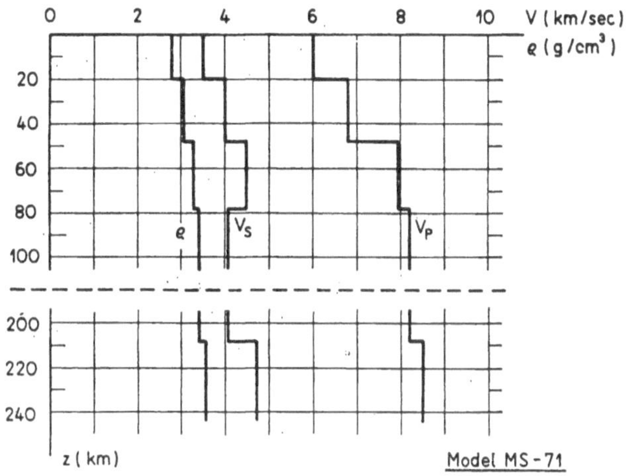

Abb. 5. Die seismischen Geschwindigkeiten v_p und v_s sowie die Dichte ϱ als Funktion der Tiefe unter ostafrikanischen Gräben nach MÜLLER und BONJER (1973)

2.2. Kompressionswellen-Geschwindigkeit v_p und Dichte ϱ

Sowohl Abb. 4 als auch die Ergebnisse von HALES u. a. (1975) für Australien und die von MAYER-ROSA und MÜLLER (1971) für Südost-Europa zeigen eine gewisse *Parallelität* zwischen v_p und v_s als Funktion der Tiefe, während das für Abb. 5 nicht gilt. Diese Parallelität finden wir auch in einem Ozean-Modell (Abb. 6) von GREEN und LIEBERMANN (1976), welches an die bekannten seismischen Ergebnisse für Ozeanbecken gut angepaßt ist. Es gibt nun verschiedene Näherungsformeln, um aus den seismischen Geschwindigkeiten für ein angenommenes mittleres Atomgewicht die Dichte zu bestim-

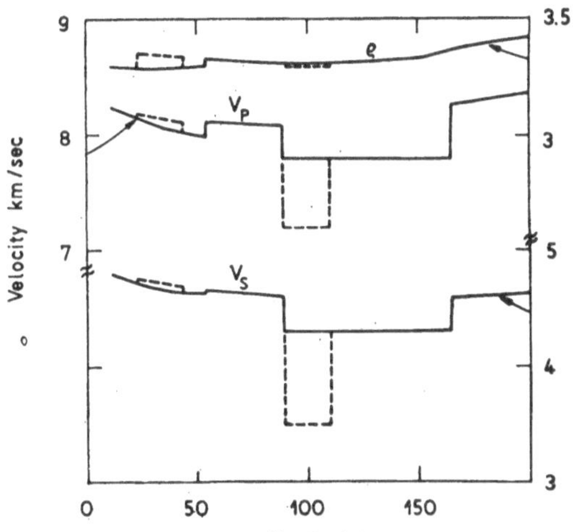

Abb. 6. Die seismischen Geschwindigkeiten v_p und v_s sowie die Dichte ϱ als Funktion der Tiefe für zwei subozeanische Mantelmodelle nach GREEN und LIEBERMANN (1976). Ein (petrologisches) Pyrolit-Modell war Ausgangspunkt zur Berechnung der Kurven

men. Wir haben für die Kurven Ozean 1 und Schild 1 Birchs (1964) Formel (Lösung II) benutzt:

$$\varrho = a + bv_p,$$

wobei $a = 0{,}252$ und $b = 0{,}3788$. Dabei ist die Dichte in der Tiefe der subozeanischen Langsamschicht unter dem kontinentalen Schild ca. 0,25 g/cm³ höher als unter dem (normalen) Ozean. Verwendet man Andersons (1967b) Formel

$$\varrho = C\Phi^c \qquad (\text{wobei } \Phi = v_p^2 - \frac{4}{3} v_s^2),$$

so sind die lateralen Dichteunterschiede etwas geringer, weil die Kurven v_p und v_s als Funktion der Tiefe einander meist ähneln. C und c sind Konstanten, deren physikalische Bedeutung von Ullmann und Pan'kov (1975) näher untersucht wurden.

Bemerkenswert ist, daß Arbeiten, in denen die lateralen Dichtedifferenzen rein gravimetrisch berechnet wurden, auf niedrigere Werte führten. So nahmen McNair und Nakiboglu (1974) an, daß die Hauptquellen für die Geoidundulationen nicht an der Kern-Mantel-Fläche, sondern in Mantel und Kruste zu suchen sind, und fanden, daß dann laterale Dichteschwankungen von 0,0008 g/cm³ zur Erklärung reichten. Hierzu ist zu bemerken, daß man so nur eine untere Schranke der Dichteunterschiede berechnen kann, weil natürlich die lateralen Dichtegradienten längs eines Erdhalbmessers in unterschiedlichen Tiefen weder in Betrag noch im Vorzeichen gleich zu sein brauchen, so daß die in Abb. 7 ablesbaren lateralen Dichtedifferenzen zumindest größenordnungsmäßig richtig sein dürften.

Wahrscheinlich sind die Dichteunterschiede zwischen Abtauchplatte und den darüber befindlichen Mantelteilen (s. Abb. 8) noch größer als die zwischen der Asthe-

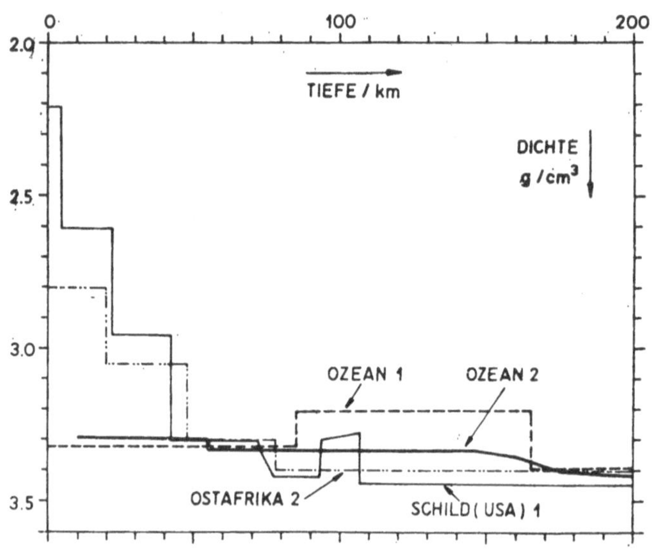

Abb. 7. Die Dichte als Funktion der Tiefe. Die Modelle 1 wurden vom Verfasser mit Hilfe von Birchs Formel aus v_p von Green und Liebermann (1976), S. 75, für den Ozean und von Massé (1973) für das mittlere und östliche Nordamerika berechnet. Die Kurve für Ostafrika stammt von Müller und Bonjer (1973), die für Ozean 2 von Green und Liebermann (1976)

nosphäre unter Schilden und der unter Ozeanen. Eine Abb. 8 entsprechende Dichteverteilung fand auch KOGAN (1975) für das Ochotskische Meer. In Übereinstimmung mit den hohen Wärmeflußwerten kann man die Verminderung der Schwere auf Aufheizung zurückführen, obgleich – worauf Metamorphismus und Vulkanismus hindeuten – auch Schwere-Differentiation eine Rolle spielen wird (MIYASHIRO, 1973).

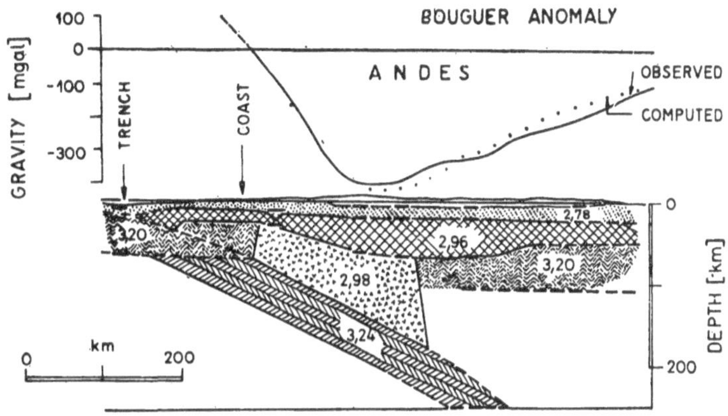

Abb. 8. Profil durch die Anden in der Nähe der Grenze zwischen Chile und Peru. Leicht umgezeichnet nach JACOBY (1975). Die Dichte ist in g/cm³ eingetragen

2.3 Seismischer Parameter Q

Auch die seismische Größe Q zeigt laterale Unterschiede. (Q^{-1} ist ein Maß für die Dämpfung einer Welle). MOLNAR und OLIVER (1969) wiesen nach, daß Sn unter kontinentalen Schilden und Ozeanbecken nur wenig gedämpft wird, während es hinter Ozeanbögen und unter ozeanischen Spaltenzonen (rift zones) viel Energie verliert. Sn läuft in der Lithosphäre, aber unter der Kruste. Diese Unterschiede sind also nicht durch das mittlere Q in der Asthenosphäre bestimmt, können aber mit einer Aufwölbung der Langsamschicht und starker Ausdünnung der Lithosphäre hinter Ozeanbögen und unter ozeanischen Spalten zusammenhängen (siehe z. B. Fig. 21 bei FORSYTH, 1975). Diese Deutung paßt gut zu der Erklärung der Langsamschicht durch Teilaufschmelzung (ANDERSON und SAMMIS, 1970) und zu den globalen Wärmeflußmaxima (CHAPMAN und POLLACK, 1975).

Unter der Lithosphäre beobachtet man deutliche Q-Unterschiede (z. B. für ScS) zwischen Schilden und Ozeanen. Nach Werten von KANAMORI (1970a) liegt das durchschnittliche Q unter Ozeanen etwas höher als 50, unter Kontinenten etwas niedriger als 200, während der Mantel über der kontinentalen Seite einer Abtauchplatte $Q \approx 80$ zeigt (KANAMORI, 1970b). BURTON und BENNELL (1976) erhielten ebenfalls statistisch signifikante Q-Differenzen zwischen subkontinentalem und subozeanischem Mantel. Sie errechneten unterschiedliche Mächtigkeiten der Lithosphäre für Kontinent (120 km) und Ozean (70 km), falls man dieses Ergebnis nur durch die Anelastizitäten und die Geometrie von Lithosphäre und Asthenosphäre zu erklären sucht.

2.4. Synthese

Wir schließen uns einer verbreiteten Deutung der sublithosphärischen lateralen Unterschiede der bisher erörterten Größen an, der zufolge die isothermen Flächen unter den Schilden nach unten gebogen sind. Unter Ozeanen und tektonisch aktiven Gebieten ist die Asthenosphäre dagegen teilweise geschmolzen und enthält in einem homogenen Modell 0,5%, in einem geschichteten Modell in der oberen Schicht 2% Schmelze (Green und Liebermann, 1976), während unter Schilden die Asthenosphäre nicht partiell geschmolzen ist (Froidevaux und Schubert, 1975), also in physikalischem Sinne ein Festkörper ist, der natürlich wegen der Fehlstellen (Versetzungen, Löcher) auch kriechend fließen kann. Eine partielle Aufschmelzung bedeutet verminderte Scherfestigkeit und damit einen deutlichen v_s-Kanal sowie erhöhte seismische Dämpfung und verminderte Viskosität. Ringwood (1969) schätzte, daß die Viskosität in teilweise geschmolzener Langsamschicht etwa zwei Zehnerpotenzen niedriger läge als in entsprechender Tiefe unter Schilden. Damit betrüge die kinematische Viskosität der Langsamschichten 10^{19} cm^2/s, wenn sie nach postglazialem isostatischem Aufstieg berechnet unter einem Schild wie Fennoskandia 10^{21} cm^2/s ist. Da die Kristalle immer vom Rande her schmelzen, ist es möglich, daß in der teilweise geschmolzenen Langsamschicht die Flüssigkeit eine geometrisch zusammenhängende Phase bildet, wie das Stocker und Ashby (1973) in ihrer Fig. 14 zeigen. Das würde bedeuten, daß große feste Körner durch einen Flüssigkeitsfilm getrennt sind. Drehen sich die Körner, so daß sie sich berühren, so schmilzt eine dünne Schicht an der Berührungsfläche. Hält man diese aus der Literatur stammenden Gedanken für zutreffend, so liegt es nahe, die subozeanische Asthenosphäre als Cosserat-Flüssigkeit zu betrachten und das Problem des konvektiven Wärmetransportes durch die subozeanische Asthenosphäre unter Voraussetzung dieses Stoffgesetzes (constitutive equation) zu berechnen (Walzer, 1976). Bei einem Cosserat-Medium werden jedem Punkt nicht nur die drei Freiheitsgrade der Translation, sondern auch drei Rotations-Freiheitsgrade zugeordnet. (Das heißt, in der Abstraktion werden die Körner als im mathematischen Sinne *überall dicht* angenommen.) Zur Massendichte tritt eine Trägheitsmomenten-Dichte, zum Spannungs-Tensor ein Momentenspannungs-Tensor usw.

Die höhere Temperatur der Asthenosphäre unter Ozeanen und tektonisch aktiven Gebieten bedingt auch die geringere Dichte der subozeanischen Asthenosphäre (Abb. 7). Zu einem kleinen Teil dürfte die niedrige Temperatur unter der Lithosphäre der Schilde damit zusammenhängen, daß diese infolge der Schweredifferentiation hinter den Abtauchplatten entsteht; denn dadurch geraten die spezifisch leichten, an radioaktiven Wärmequellen reichen Teile der so entstandenen kontinentalen Lithosphäre nach oben und bilden die kontinentale Kruste. Die schwereren und an radioaktiven Wärmequellen armen Teile bilden die untere kontinentale Lithosphäre. Diese kühlt die Asthenosphäre. (Zum größeren Teil dürfte die niedrige Temperatur unter Schilden aber mit mantelweiten Strömungen zusammenhängen.) Die radioaktive Wärme der kontinentalen Kruste wird weitgehend in den Weltraum abgestrahlt. Sie reicht bekanntlich fast aus, um den beobachteten Wärmestrom zu erklären, während im Ozean fast 2/3 des Wärmestromes aus dem Mantel stammen müssen und — wie später genauer erläutert — auch durch Plattenbewegung und Bénard-Konvektion in der partiell geschmolzenen Langsamschicht darunter geliefert wird. Es ist klar, daß wegen der bedeutend geringeren Viskosität unter Ozeanen auch höhere Strömungsgeschwindigkeiten erreicht werden und bedeutend mehr Wärme nach außen getragen wird als unter Schilden. Damit aber wird auch die mit dem Mobilismus scheinbar unverträgliche Gleichheit der mittleren Wärmeströme von Ozeanen und Kontinenten verständlich. Es wird auch klar, weshalb das Modell der Heizplatten-Konvektion von HOWARD u. a. (1970) auf die Erde angewandt zu der Beobachtung widersprechenden Ergebnissen führt. Eine Platte, die auf einer Flüssigkeit schwimmt und diese von oben aufheizt, bewirkt Strömungen, die an der Oberfläche nach außen gerichtet sind. Wäre die kontinentale Lithosphäre eine solche Platte, so flösse unter ihr die Strömung oben nach außen und sänke im Ozean. Gleichzeitig gäbe es infolge der Aufheizung unter Schilden besonders gut ausgeprägte v_s-Kanäle usw. Um all diese Widersprüche zu vermeiden, liegt es nahe, unter der nachweislich wärmequellreichen Kontinentalkruste eine an Wärmequellen arme untere Lithosphäre anzunehmen.

Einen weiteren Hinweis für die Richtigkeit dieser Annahme erhalten wir aus folgender Überlegung: In Verbindung mit Erörterungen zur Konvektion ist oft ein enger Zusammenhang des Geoids mit den großtektonischen Baueinheiten behauptet worden. Prüfen wir das anhand einer Welt-Schwerekarte der Freiluft-Anomalien, bezogen auf ein Ellipsoid der Abplattung 1/298, 25 (KAULA, 1972), so finden wir, daß das nur teilweise gilt. Während über dem ozeanischen Spaltennetz (rift system) sowie über Ozeanbecken positive und negative Anomalien wechseln, zeigen die Subduktionsgebiete und der europäisch-transasiatische alpidische Gebirgsgürtel zum großen Teil positive Schwere, während über den älteren Teilen der Kontinente (sonst wie in der angelsächsischen Literatur etwas pauschal und nicht ganz richtig Schilde genannt) leicht negative Schwere vorherrscht. So zeigen Brasilien, der Kanadische Schild, die mittleren und östlichen Vereinigten Staaten, Fennoskandia, Sibirien, Mittelasien, China im engeren Wortsinne, das westliche und mittlere Australien und das südliche und mittlere Indien negative Anomalien. Wenn nach seismischen Ergebnissen unter der Lithosphäre der Schilde eine etwas höhere Dichte ist als unter den Ozeanen, so bekäme man mit einer Lithosphäre, die für Kontinente im wesentlichen wie die der Ozeane wäre, eine positive Schwereanomalie. Durch die angenommene Schichtung der kontinentalen Lithosphäre infolge der Schweredifferentiation wird dieser Widerspruch vermieden.

Das bisherige und die geometrischen Grundzüge der Plattentektonik wurden zu einem einfachen Bild verwoben, das uns im nächsten Abschnitt als Ausgangspunkt dienen soll (Abb. 9). Als wesentlich werden sich im folgenden die sublithosphärischen lateralen Unterschiede in Dichte und Viskosität erweisen. Wichtig ist auch zu bemerken, daß die Abtauchplatte oben nicht unmittelbar an die dichteren und zähflüssigeren sublithosphärischen Massen unter den Schilden grenzt. Wie Abb. 8 beweist, gilt das selbst im Fall der südamerikanischen Abtauchplatte, obwohl kein Randmeer vorhanden ist. Nach Abb. 9 wäre der sehr hohe Wärmestrom hinter Inselbögen und über den ozeanischen Spaltenzonen durch Aufbeulungen der partiell geschmolzenen Asthenosphäre zu erklären. Die Darstellung unter der ozeanischen Spaltenzone ist seismologisch belegt (FORSYTH, 1975). Unter den Randmeeren kommt zu der konvektiv übertragenen Wärme noch ein Anteil aus der bei der Schweredifferentiation verlorenen potentiellen Energie, die nach einer Abschätzung des Verfassers gering ist. Mit den Linien in 400 und 680 km Tiefe sind in Abb. 9 die wichtigsten seismischen Diskontinuitäten im oberen Mantel eingetragen, die nach RINGWOOD (1976) durch Phasenübergänge erklärt werden. Der Übergang der Viskositäten von Lithosphäre zu Asthenosphäre muß allmählich sein, nicht sprunghaft, wie es der Einfachheit halber in Abb. 9 gezeichnet wurde. Wäre er sprunghaft, so entstünden bei Bewegung der ozeanischen Lithosphäre nicht nur an der BENIOFF-Fläche, d. h. an der Oberseite der Abtauchplatte, Erdbeben, sondern auch an der Unterfläche, auch unter den Ozeanbecken.

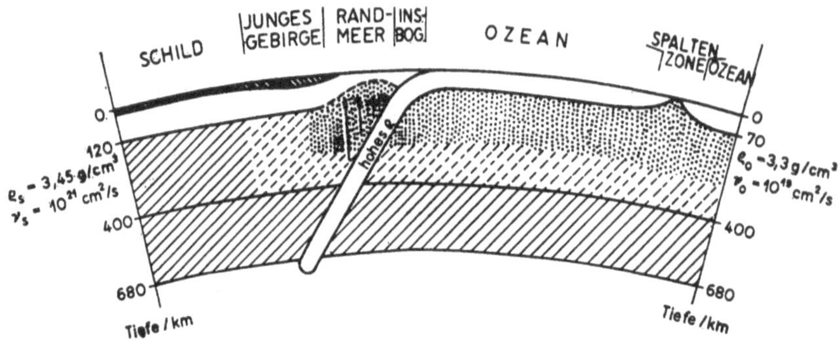

Abb. 9. Profil durch den oberen Mantel. Gepunktet ist die teilweise geschmolzene Asthenosphäre dargestellt. Teile des Mantels, die reine Festkörper sind, sind dünn schraffiert. Gestrichelt dünn schraffiert sind Mantelteile, deren Viskosität zwischen den beiden erstgenannten Extremen den allmählichen Übergang schafft. Infolge der Schwere-Differentiation über der Abtauchplatte ist die kontinentale Lithosphäre geschichtet; die spezifisch leichte, in radioaktiven Quellen reiche Kruste (dick schraffiert) liegt obenauf

3. *Konvektionsmechanismen*

Im folgenden wird erwogen, welche Konvektionsmechanismen am zwanglosesten die Vielzahl der Beobachtungen erklären können.

3.1. Plattenzug, Bewegung der ozeanischen Lithosphäre und Kontinentalverschiebung

Wie z. B. Abb. 10 zeigt, ist die ozeanische Lithosphäre instabil gelagert, d. h., sie ruht auf einer spezifisch leichteren Asthenosphäre. Von den meisten Geophysikern wird das heute auf die Abkühlung durch Wärmebestrahlung nach dem Weltraum erklärt. Mit zunehmendem Abstand von ihrem Entstehungsort, dem ozeanischen Spaltennetz, wird sie immer mächtiger und schwerer (FORSYTH, 1975), bis sie schließlich unter ihrem eigenen Gewicht in den oberen Mantel sinkt. JACOBY (1975) rechnet dabei mit einem Dichteüberschuß der Abtauchplatte gegenüber der umgebenden Asthenosphäre von 0,05 g/cm³. Dieser Wert ist in ausgezeichneter Übereinstimmung mit den aus Abb. 10 ablesbaren lateralen Dichteunterschieden. Abb. 10 zeigt ferner, wie die Dichte der Abtauchplatte mit zunehmender Tiefe wächst. Das wird auf Phasenumwandlungen durch ansteigenden Druck zurückgeführt. Es ist klar, daß es sich bei dem umrissenen Mechanismus, selbst wenn er von darunterliegenden Strömungen völlig entkoppelt wäre, um eine Art von thermischer Konvektion handelt. Derartige Plattenzug-Mechanismen (slab pull mechanisms) schlugen JACOBY (1970), ELSASSER (1971) und TURCOTTE und SCHUBERT (1971) vor. Die Annahme vom Plattenzug als Hauptantrieb der Bewegung der Ozeanplatten hat sich auch in detaillierteren Untersuchungen bewährt. In einem Modell für die Abtauchplatte des Aleuten-Bogens erhielt SLEEP (1975) im wesent-

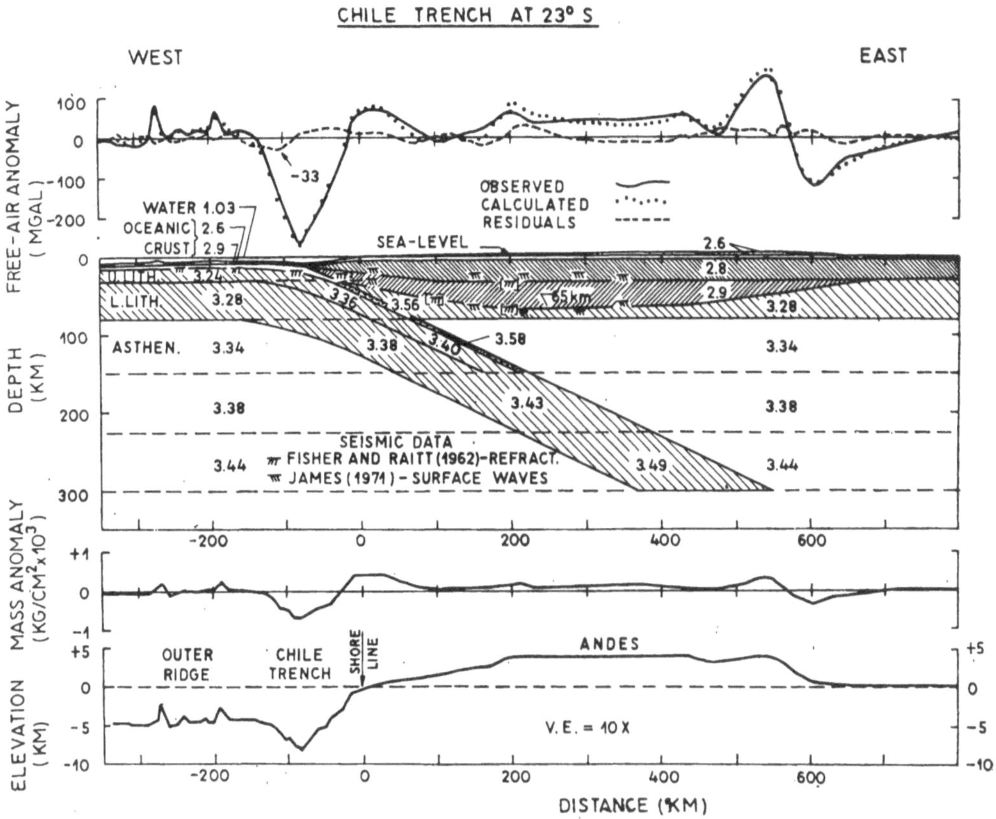

Abb. 10. Profil durch die Anden in Chile nach Grow und Bowin (1975). Die ozeanische Kruste wurde als Basalt angenommen, der in 30 cm Tiefe in Eklogit mit $\varrho = 3.56$ g/cm³ übergeht. Die Zahlen im Bild geben die Dichte an

lichen recht gute Übereinstimmung hinsichtlich der Spannungswerte, der Topographie und der Schwere. Am wenigsten erfolgreich waren die Modelle, in denen ein lineares Stoffgesetz vorausgesetzt worden war. Das stimmt gut mit dem Ergebnis von Neugebauer und Breitmayer (1975) überein: Es ergab sich die beste Übereinstimmung der berechneten Hauptspannungen und maximalen Scherspannungen mit den aus Seismizitäts- und Herdmechanismen-Untersuchungen bekannten Werten, wenn ein Stoffgesetz benutzt wurde, bei dem die Schergeschwindigkeit proportional zur dritten Potenz der Scherspannung ist, falls das Fließen stationär erfolgt. Genaueres zu diesem Stoffgesetz findet man auch bei Walzer (1976b), wo die Bénard-Konvektion für ein derartiges Medium analytisch berechnet wird. Letztere dürfte für den Wärmetransport *durch* die Asthenosphäre von Bedeutung sein. Auch Richter und Parsons (1975) und McKenzie und Weiss (1975) nahmen, um auf den richtigen Wärmeflußwert am Ozeanboden zu kommen, unter der bewegten ozeanischen Lithosphäre *zusätzlich* noch kleinräumige Bénard-Konvektion an.

Die ab Jacoby (1970) genannten Autoren setzten als Hauptquelle für die Bewegung der *Ozeanplatten* den Zug durch die Abtauchplatte an. In einer vergleichenden Untersuchung über die mögliche Größe anderer an der Ozean-Lithosphäre angreifender Kräfte schlossen auch Forsyth und Uyeda (1975), daß der Plattenzug die größte wäre.

Es scheint sich also — ähnlich wie in der Frage nach dem für Fließen im Mantel gültigen Stoffgesetz — Übereinstimmung anzubahnen. Doch dieser Himmel ist keineswegs ungetrübt: Garfunkel (1975) befaßte sich mit der Kinematik der lithosphärischen Platten. Durch die Plattenzug-Hypothese erhob sich die Frage, ob die Geschwindigkeit der Platten der Zugkraft, die man ja aus der Geometrie der daranhängenden Abtauchplatten abschätzen kann, proportional wäre. Es ergab sich keine klare Korrelation. Insbesondere blieben die Bewegungen der antarktischen und der afrikanischen Platte unerklärt, weil sie ja fast nur von Spaltenzonen umgeben sind. Deshalb schlossen Garfunkel (1975) wie auch in einem anderen Zusammenhang Gebrande (1975), daß auch andere wesentliche Kräfte an der Plattenbewegung beteiligt sind, wobei die Mitnahme der Platten durch sublithosphärische Konvektion im Vordergrund steht. Letzterer Schluß wird aber von den meisten Bearbeitern zumindest für die Bewegung der Ozeanplatten abgelehnt, weil die Viskosität unter diesen (s. Abb. 9) gering ist, so daß die Reibungskopplung zu schwach wäre. Jacoby und Marquat (1975) versuchten, die Zugplatten-Konvektion durch ein Paraffin-Modell abzubilden. Flüssiges Wachs stellte die Asthenosphäre, die um 0,05 g/cm³ dichtere Abkühlungshaut die ozeanische Lithosphäre dar. Durch lokale Aufheizung am Gefäßboden erzeugte zusätzliche Konvektion wirkte auf die wächsernen Absinkplatten so, daß die Einwirkung zusätzlicher sublithosphärischer Mantelkonvektion auf die Bewegung der Ozeanplatten wenig wahrscheinlich ist.

Ein Blick auf Abb. 9 lehrt, daß das aber für Schilde wahrscheinlich nicht zutrifft. Das heißt, die Bewegung der Schilde (anders gesprochen: die Bewegung von Platten, die Schilde enthalten, oder die Kontinentalverschiebung) wird wegen der höheren Viskosität mit der Mantelkonvektion verbunden sein. Damit wird die Verteilung der Kontinente weitgehend durch Konvektion im Mantel bestimmt. Dieser Gedanke liegt auch einer Arbeit (Walzer, 1973) zugrunde, die die durch Kugelfunktionen dargestellte Topographie der Erdoberfläche quantitativ durch ein Strömungssystem im Mantel erklärt. Dabei wird angenommen, daß die Strömungen (insbesondere im unteren Mantel) weitgehend durch die Kugelsymmetrie bestimmt sind. Letzteres wird in ähnlicher Weise auch in einer hydrodynamischen Untersuchung von Busse (1975) vorausgesetzt, der mögliche Strömungsmuster für konvektiv instabile Systeme von Kugelsymmetrie berechnete. Auch Knopoff (1972) und Jordan (1975) betonten die stärkere Kopplung der Schilde an den Mantel unter der Asthenosphäre. Während Knopoff schloß „The shields would now appear to be eddies in the flow.", folgerte Jordan darüber hinausgehend: „Continental drift is no longer a simple consequence of plate tectonics." Unabhängig von Betrachtungen dieser Art meinte Garfunkel (1975), daß schon aus den bekannten Plattengeschwindigkeiten ein bedeutender Rückstrom herleitbar wäre, der wegen der unregelmäßigen Verteilung von Ozeanspalten und Abtauchplatten durchaus nicht immer antiparallel zur Plattenbewegung erfolgen könnte. — Zusammenfassend wollen wir hier feststellen, daß wahrscheinlich *Plattenzug* für die Bewegung *rein ozeanischer Platten* entscheidend ist, während die *Kontinente* wohl hauptsächlich von *tieferen konvektiven Strömungen* angetrieben werden.

3.2. Offene Fragen der Plattenzug-Theorie

Die Plattenzug-Theorie läßt einige wichtige Fragen unbeantwortet: 1. Warum sinken die Abtauchplatten der Schwere folgend nicht einfach senkrecht, sondern schräg (Abb. 9) nach unten? 2. Warum sind die Abtauchplatten gegen den Ozean gebogen? 3. Warum sinken die Abtauchplatten meist schon *vor* dem Kontinent ab, so daß sich Randmeere hinter Inselbögen bilden? Erklärungsmöglichkeiten für die Gleichheit der mittleren Wärmeströme von Kontinenten und Ozeanen und für das Nach-Außen-Wachsen der Kontinente durch Schweredifferentiation wurden dagegen in den beiden letzten Abschnitten schon angedeutet. Auch die Erklärung der Beständigkeit der Lage von Geosuturen, Syneklisen und Anteklisen auf dem Kontinent dürfte angesichts einer über 100 km mächtigen kontinentalen Lithosphäre auf keine unüberwindlichen Hindernisse stoßen.

3.2.1. Randmeere

Wir wollen uns zunächst mit der dritten Frage befassen. Die niedrige Dichte über den Abtauchplatten bzw. unter den Randmeeren des westlichen Pazifiks verbunden mit den hohen Wärmeflußwerten am Boden dieser Meere führte Karig (1971) zu der Annahme,

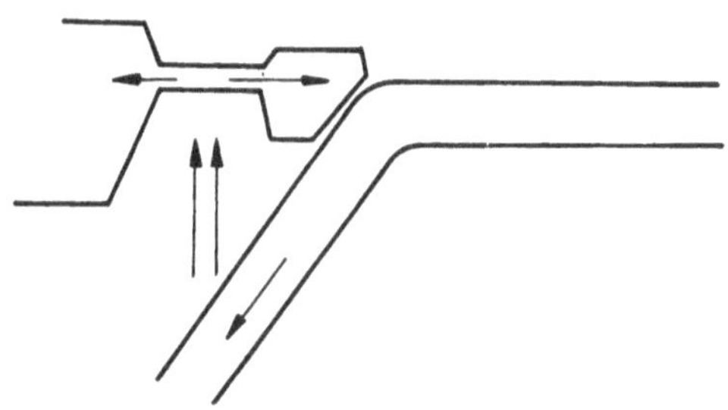

Abb. 11. Entstehung der Randmeere. Skizze nach Forsyth und Uyeda (1975)

daß die Scher-Reibung der Abtauchplatte thermisch bedingten Aufstieg von Diapiren bewirke. Auch die außergewöhnlich große seismische Dämpfung dieser Region spricht für diese These. Abb. 11 zeigt schematisch, wie nach Karig (1971) u. a. Randmeere wie etwa das Japanische Meer entstehen. Andere Autoren schlugen andere Mechanismen vor wie die Entstehung sekundärer Ozean-Spaltenzonen mit Spreading und die sekundärer Strömungswirbel infolge des Abtauchens der Ozeanplatte (McKenzie, 1969). Auch dürften stoffliche Entmischungs- und Umwandlungsprozesse von nicht zu vernachlässigender Bedeutung sein (Miyashiro, 1973). Es wird vermutet, daß die meisten der diesbezüglich vorgeschlagenen Modelle einander nicht ausschließen, sondern in freilich noch ungeklärter Weise zusammenwirken.

3.2.2. Neigung und Krümmung der Abtauchplatten

Wir wollen uns jetzt der ersten und der zweiten Frage zuwenden. Abb. 12 zeigt die Neigungen einiger Abtauchplatten. Frank (1968) und Strobach (1973) versuchten diese Neigung und die kreisbogenartige Form vieler Inselbögen durch eine Analogie zu erklären: Drückt man eine Beule in einen Ball, so ist diese kreisförmig begrenzt. Die Hälfte des Neigungswinkels ist gleich dem Radius des Beulenrandes in Grad. Die Abweichungen der Geometrie der beobachteten Abtauchplatten von diesem Bild sind jedoch beträchtlich. Man sollte z. B. erwarten, daß die Neigung der Subduktionsplatten nach unten abnimmt. Abb. 12 zeigt jedoch, daß das abgesehen von dem unteren Teil der Platte Izu-Bonin nirgends der Fall ist. Trotzdem kann nicht ausgeschlossen werden, daß die Krümmung der Erdoberfläche bei der Ausbildung der Bogenform eine Rolle spielt.

Es ist klar, daß wegen der Aufheizung, die durch den hohen Wärmefluß hinter Inselbögen belegt wird, die Abtauchplatte bedeutend weniger elastisch als horizontale Ozeanplatten sein muß. Man kann also die Neigung der Abtauchplatten nicht einfach durch Elastizität erklären. Bei der erwarteten Fließfähigkeit sollte man infolge der

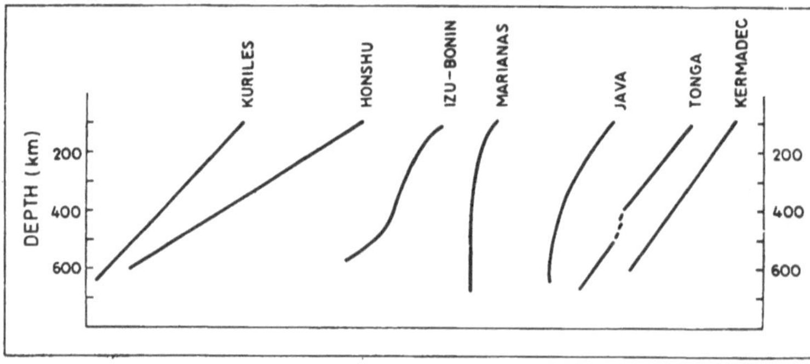

Abb. 12. Darstellung der beobachteten Neigung von Abtauchplatten, die bis in Tiefen zwischen 580 und 685 km reichen. Nach VLAAR und WORTEL (1976)

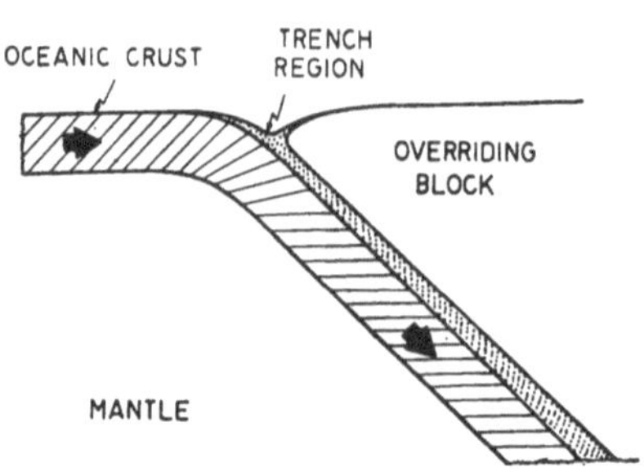

Abb. 13. Zur Erklärung der Platten-Neigung nach JISCHKE (1975)

Dichtedifferenzen zwischen Platte und Asthenosphäre ein senkrechtes Absinken wie an den Marianen (s. Abb. 12) *überall* beobachten. Von dieser Überlegung, die wohl von ARTYUSHKOV stammt und der wir uns anschließen, ging JISCHKE (1975) aus. Er schlug folgenden Mechanismus (Abb. 13) vor: Die Ozeanplatte gleitet infolge ihrer Schwere an einem quasifesten Kontinentuntergrund vorbei nach unten. Infolge der Reibung bildet sich eine dünne flüssige Schicht aus. Solche Schichten von nicht-konstanter Dicke erzeugen eine Art Gleithaftung, was aus der Theorie der Schmierung bekannt ist. Der wesentliche Einwand gegen JISCHKES Hypothese ist, daß die Abtauchplatten gar nicht an den zäheren Untergrund der Schilde grenzen (Abb. 9). Selbst dort, wo es wie in Südamerika kein Randmeer gibt, finden wir über den hinabgleitenden Platten geringere Dichte

(Abb. 8), eine hohe seismische Dämpfung und niedrige Viskosität. JISCHKES Vorstellung steht auch im Widerspruch zu allen unter 3.2.1. erwähnten Vorschlägen zur Erklärung der Randmeere und der damit verbundenen Phänomene.

3.2.3. Ein neuer Vorschlag zur Erklärung von Neigung und Biegung der Abtauchplatten

Da die Neigung und die Krümmung der Abtauchplatten also noch der Erklärung bedürfen, wollen wir selbst eine vorschlagen. Sie beruht auf den lateralen Dichtedifferenzen im oberen Mantel (Abb. 9). Da diese Differenzen beobachtet wurden, wird es für den entworfenen Mechanismus gleichgültig sein, ob sie hauptsächlich thermisch oder stofflich bedingt sind.

Der Mechanismus ist leicht an einem analogen Beispiel zu erklären: An der Straße von Gibraltar liegt das salzreichere und deshalb dichtere Mittelmeer-Wasser neben dem salzärmeren und weniger dichten Atlantik-Wasser. Der Druck nimmt in beiden Meeren nach unten zu. Um ein Minimum potentieller Energie zu erreichen, schiebt sich das Atlantik-Wasser über das Mittelmeer-Wasser. Deshalb strömt an der Oberfläche das Wasser ins Mittelmeer, am Boden fließt es heraus. Analog wird es nach Abb. 9 im oberen Mantel einen Strom vom Ozean nach den Schilden geben. Daneben wird der Ozeanboden durch seine eigene Schwere in den Mantel gezogen. Nun aber wird die Abtauchplatte durch den Strom, der vom Ozean zum Schild fließt, schräg zur Seite „geweht". Weil der Strom die Platte umfließen muß, wird diese konvex zum Ozean gebogen. Falls auf der anderen Seite kein Schild ist, wird dieser Zusatzmechanismus nicht wirken. Deshalb hängt die Abtauchplatte der Marianen senkrecht herab (Abb. 12). Daß dieser Vorschlag auch quantitativ zu Beschleunigungen der fließenden Massen führt, die für beide einander überlagernden Vorgänge in der gleichen Größenordnung liegt, zeigt die folgende Abschätzung.

Für eine ideale Flüssigkeit unter konservativen Kräften gilt nach MILNE-THOMSON (1968)

$$\mathfrak{B} = \nabla p \times \nabla \left(\frac{1}{\varrho}\right)$$

mit

$$\mathfrak{B} = \nabla \times \mathfrak{a}.$$

Dabei ist $\mathfrak{a}$ die Beschleunigung des Flüssigkeitsteilchens, p der Druck und ϱ die Dichte. Ferner gilt der Satz von STOKES

$$\int_{(S)} \mathfrak{n} \cdot (\nabla \times \mathfrak{a})\, dS = \int_{(s)} \mathfrak{a} \cdot d\mathfrak{s}.$$

$d\mathfrak{s}$ ist ein Wegelement auf dem Rande der Fläche S, $\mathfrak{n}$ ist die Normale der Fläche. Nimmt man an, daß der Rückstrom im unteren Mantel, z. B. in 1000 km Tiefe, erfolgt, so erhält man anhand von Abb. 9 und Abb. 14 folgende Abschätzung:

$$\frac{1}{\varrho_0} - \frac{1}{\varrho_s} = 0{,}013 \text{ cm}^3/\text{g},$$

$$\left|\nabla \left(\frac{1}{\varrho}\right)\right| \approx \frac{0{,}013 \text{ cm}^3/\text{g}}{3000 \text{ km}} = 4{,}33 \cdot 10^{-11} \frac{\text{cm}^2}{\text{g}}.$$

Der vertikale Druckgradient im oberen Mantel beträgt

$$|\nabla p| \approx 3{,}3 \cdot 10^3 \frac{\text{dyn}}{\text{cm}^3},$$

$$|\mathfrak{B}| = 1{,}429 \cdot 10^{-7}\,\text{s}^{-2},$$

$$\int_{(S)} \mathfrak{n} \cdot \mathfrak{B}\,\mathrm{d}S = 4{,}287 \cdot 10^9 \frac{\text{cm}^2}{\text{s}^2},$$

$$\underline{|\mathfrak{a}| = 5{,}36\ \text{cm/s}^2.}$$

Das ist die *Seitabtriebs-Beschleunigung*. Nimmt man $\Delta\varrho = 0{,}05\ \text{g/cm}^3$ als seitliche Dichte-Differenz der Abtauchplatte gegen die Asthenosphäre, als Dichte der subozeanischen Asthenosphäre $\varrho_0 = 3{,}3\ \text{g/cm}^3$ und als Schwerebeschleunigung $|\mathfrak{g}| = 981\ \text{cm/s}^2$ an, so erhält man für die *Absink-Beschleunigung* durch Plattenzug

$$\underline{|\mathfrak{f}| = \frac{\Delta\varrho}{\varrho_0} |\mathfrak{g}| = 14{,}86\ \text{cm/s}^2.}$$

Man sieht also, daß die Beschleunigungen $|\mathfrak{f}|$ und $|\mathfrak{a}|$ in der gleichen Größenordnung liegen. Nimmt man die größten aus Abb. 7 ablesbaren lateralen Dichteunterschiede an, so werden die beiden Ergebnisse sogar fast gleich. Weil in zähen Flüssigkeiten nach

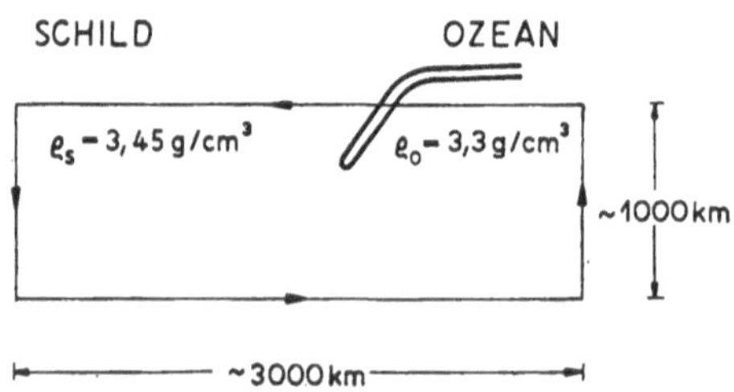

Abb. 14. Skizze zur Berechnung des Seitabtriebs

genügend langer Zeit die Geschwindigkeiten konstanter Beschleunigungen proportional werden, sind durch Vektoraddition die Neigungen der Abtauchplatten (Abb. 12) erklärlich. Da die Platten unten nirgends zurückgebogen sind, ist es klar, daß — falls der vorgeschlagene Mechanismus existiert — der Rückstrom in irgendeiner Weise tiefer als 700 km erfolgen muß. Das bringt uns zur nächsten Frage:

3.3. Ist Konvektion im unteren Mantel möglich?

Wir haben verschiedene Hinweise, daß — entgegen der bis vor etwa 5 Jahren herrschenden Ansicht — auch im unteren Mantel Konvektion stattfindet. So gibt es unter den Abtauchplatten nach JORDAN (1975) große laterale S-Geschwindigkeitsgradienten auch in Tiefen unter 800 km. Unter dem mittelamerikanischen Tiefseegraben ergäben sich hohe seismische Geschwindigkeiten, die möglicherweise sogar bis in 1400 km Tiefe reichten. Zu der Frage, ob das von der Hochdruckphysik her gesehen wahrscheinlich wäre, schrieb RINGWOOD (1976): „It appears quite likely that plates penetrate the

650–700 km discontinuity, largely because the slope of the spinel disproportionation is probably positive, *not* negative als generally supposed." Überhaupt begünstigen RINGWOODS (1974) geochemische Untersuchungen die Vorstellung, daß das Strömungssystem nicht allein auf den oberen Mantel beschränkt ist.

Aus den Dynamo-Theorien zur Erklärung des geomagnetischen Hauptfeldes ist der Anteil des Erdkerns am Wärmestrom der Erdoberfläche abschätzbar. Weil die für den unteren Mantel geschätzte Gitter- und Strahlungs-Wärmeleitfähigkeit zum Transport dieser Wärme nicht ausreicht, kann geschlossen werden, daß zumindest episodisch im unteren Mantel thermische Konvektion stattfinden muß, worauf auch McKENZIE und WEISS (1975) hingewiesen haben. Von WALZER (1974) wurde die Hypothese entwickelt, daß Konvektion zumindest episodisch auch im unteren Mantel stattfindet. Die Episodizität kann durch die exponentielle Temperaturabhängigkeit der Viskosität erklärt werden. Durch Aufheizung des unteren Mantels wird diese allmählich niedriger, bis die kritische RAYLEIGH-Zahl erreicht wird. Die damit einsetzende Konvektion im unteren Mantel kann nach hinreichender Wärmeabgabe (und der damit verbundenen Erhöhung der Viskosität) wieder verschwinden. Diese Wärmeabgabe macht sich in einer weltweiten Verstärkung der magmatischen und tektonischen Aktivität bemerkbar.

Die Mantelkonvektion scheint auch in irgendeiner Weise mit dem geomagnetischen Hauptfeld gekoppelt zu sein: VOGT (1975) wies darauf hin, daß in Zeiten großer Änderungen der plattentektonischen Bewegungen sich die Häufigkeit der Umpolungen des geomagnetischen Dipols ändert. PRESS und BRIGGS (1975) stellten für die Jahre 1901 bis 1964 eine gewisse Korrelation zwischen der Seismizität der großen Erdbebengürtel, den Amplituden der CHANDLERschen Polbewegung, den Änderungen der Erd-Rotationsgeschwindigkeit und der Trift des exzentrischen geomagnetischen Dipols fest. Nun ist die Viskosität des äußeren Erdkernes auf jeden Fall kleiner als 10^9 poise, während für den unteren Mantel je nach Autor 10^{22} bis 10^{26} poise ermittelt wurden. Fest steht jedenfalls, daß sich die beiden Viskositäten um viele Zehnerpotenzen unterscheiden, so daß eine mechanische Kopplung von Konvektionsströmungen wohl ausscheidet. Denkbar dagegen wäre, daß sich in Zeiten episodischer Konvektion im unteren Mantel die Kern-Mantel-Fläche ganz leicht verändert. Diese geometrische Veränderung des Randes brächte möglicherweise die Strömungen im äußeren Erdkern, die ja wohl das magnetische Hauptfeld erzeugen, zu einer Neuordnung, denn bekanntlich hängt das Feld der Konvektionsgeschwindigkeiten ganz empfindlich von den Randbedingungen ab.

Mitt. ZIPE Nr. 544

Literatur

ANDERSON, D. L., Latest information from seismic observations. In: T. F. GASKELL (Hrgr.), The Earth's mantle. London–New York: Academic Press 1967a, S. 355–420.

ANDERSON, D. L., A seismic equation of state. Geophys. J. R. astr. Soc., Oxford, **13** (1967b) S. 9–30.

ANDERSON, D. L., and SAMMIS, C., Partial melting in the upper mantle. Phys. Earth Planet. Int., Amsterdam, **3** (1970) S. 41–50.

BIRCH, F., Density and composition of mantle and core. J. Geophys. Res., Richmond, **69** (1964) 20, S. 4377–4388.

BISWAS, N. N., and KNOPOFF, L., The structure of the upper mantle under the United States from the dispersion of Rayleigh waves. Geophys. J. R. astr. Soc., Oxford, **36** (1974) S. 515–539.

BROOKS, J. A., Rayleigh waves in southern New Guinea. II. A shear velocity profile. Bull. Seis. Soc. Am., Oakland, **59** (1969) 5, S. 2017—2038.

BURTON, P. W., and BENNELL, J. D., Q^{-1} and lithospheric thickness. Earth. Planet. Sci. Letters, Amsterdam, **30** (1976) S. 151—154.

BUSSE, F. H., Patterns of convection in spherical shells. J. Fluid Mech., London, **72** (1975) 1, S. 67—85.

CHAPMAN, D. S., and POLLACK, H. N., Global heat flow: A new look. Earth Planet. Sci. Letters, Amsterdam, **28** (1975) S. 23—32.

DZIEWONSKI, A. M., On regional differences in dispersion of mantle Rayleigh waves. Geophys. J. R. astr. Soc., Oxford, **22** (1970) S. 289—325.

ELSASSER, W. M., Sea-floor spreading as thermal convection. J. Geophys. Res., Richmond, **76** (1971) 5, S. 1101—1112.

FORSYTH, D. W., The early structural evolution and anisotropy of the oceanic upper mantle. Geophys. J. R. astr. Soc., Oxford, **43** (1975) S. 103—162.

FORSYTH, D., and UYEDA, S., On the relative importance of the driving forces of plate motion. Geophys. J. R. astr. Soc., Oxford, **43** (1975) S. 163—200.

FRANK, F. C., Curvature of island arcs. Nature **220** (1968) S. 363.

FROIDEVAUX, C., and SCHUBERT, G., Plate motion and structure of the continental asthenosphere: A realistic model of the upper mantle. J. Geophys. Res., Richmond, **80** (1975) 17, S. 2553—2564.

FRÖLICH, F.; SEIPOLD, U.; VOLLSTÄDT, H., and WALZER, U., Complex studies on variations of the secular behaviour of the Earth's mantle. Geest und Portig Leipzig 1973.

GARFUNKEL, Z.; Growth, shrinking, and long-term evolution of plates and their implications for the flow pattern in the mantle. J. Geophys. Res., Richmond, **80** (1975) 32, S. 4425—4432.

GEBRANDE, H., Ein Beitrag zur Theorie thermischer Konvektion im Erdmantel mit besonderer Berücksichtigung der Möglichkeit eines Nachweises mit Methoden der Seismologie. Diss. Univ. München 1975.

GONCZ, J. H., and CLEARY, J. R., Variations in the structure of the upper mantle beneath Australia, from Rayleigh wave observations. Geophys. J. R. astr. Soc., Oxford, **44** (1976) 2, S. 507—516.

GREEN, D. H., and LIEBERMANN, R. C., Phase equilibria and elastic properties of a pyrolite model for the oceanic upper mantle. Tectonophysics, Amsterdam, **32** (1976) 1/2, S. 61—92.

GROW, J. A., and BOWIN, C. O., Evidence for high-density crust and mantle beneath the Chile trench due to the descending lithosphere. J. Geophys. Res., Richmond, **80** (1975) 11, S. 1449 bis 1458.

HALES, A. L.; MUIRHEAD, K. J.; RYNN, J. M., and GETTRUST, J. F., Upper mantle travel times in Australia — A preliminary report. Phys. Earth. Planet. Int., Amsterdam, **11** (1975) 2, S. 109 bis 118.

HOWARD, L. N.; MALKUS, W. V. R., and WHITEHEAD, J. A., Self-convection in floating heat sources: A model for continental drift. Geophysical Fluid Dynamics **1** (1970) S. 123—142.

JACOBY, W. R., Instability in the upper mantle and global plate movements. J. Geophys. Res., Richmond, **75** (1970) 29, S. 5671—5680.

JACOBY, W. R., Velocity-density systematics from seismic and gravity data. Internat. Seismol. Sympos. Jena 1974; Veröff. d. Zentralinstituts f. Physik d. Erde 1975, Nr. 31, Teil 2, S. 323—333.

JACOBY, W. R., and MARQUAT, G., Paraffin model experiment of plate tectonics. IUGG, XVI General Assembly, Grenoble 1975, Abstracts of papers pres. at the interdisc. symp. S. 13—14.

JISCHKE, M. C., On the dynamics of descending lithospheric plates and slip zones. J. Geophys. Res., Richmond, **80** (1975) 35, S. 4809—4813.

JORDAN, T. H., Lateral heterogeneity and mantle dynamics. Nature **257** (1975) S. 745—750.

KAILA, K. L.; KRISHNA, V. G., and NARAIN, H., Upper mantle shear-wave velocity in the Japan region. Bull. Seis. Soc. Am., Oakland, **64** (1974) 2, S. 355—374.

KANAMORI, H., Velocity and Q of mantle waves. Phys. Earth Planet. Int., Amsterdam, **2** (1970a) S. 259—275.

KANAMORI, H., Mantle beneath the Japanese arc. Phys. Earth. Planet. Int., Amsterdam, **3** (1970b) S. 475–483.

KARIG, D. E., Origin and development of marginal basins in the western Pazific. J. Geophys. Res., Richmond, **76** (1971) 11, S. 2542–2561.

KAULA, W. M., Global gravity and mantle convection. Tectonophysics, Amsterdam, **13** (1972) (1–4), S. 341–359.

KNOPOFF, L., Observation and inversion of surface-wave dispersion. Tectonophysics, Amsterdam, **13** (1972) S. 497–519.

KOGAN, M. G., Gravity field of the Kuril-Kamchatka arc and its relation to the thermal regime of the lithosphere. J. Geophys. Res., Richmond, **80** (1975) 11, S. 1381–1390.

MASSÉ, R. P., Compressional velocity distribution beneath central and eastern North America. Bull. Seis. Soc., Am., Oakland, **63** (1973) 3, S. 911–935.

MAYER-ROSA, D., and MÜLLER, S., Velocity and density distributions in the upper mantle of Europe. Tagungsband der 12. Generalversammlung der ESC in Luxemburg 1970, Obs. Roy. Belgique Comm., Sér. A, No. 13 Sér. Géophys. No. 101 Bruxelles 1971, S. 171–172.

MCKENZIE, D. P., Speculations on the consequences and causes of plate motions. Geophys. J. R. astr. Soc., Oxford, **18** (1969) (S. 1–32.

MCKENZIE, D., and WEISS, N., Speculations on the thermal and tectonic history of the Earth. Geophys. J. R. astr. Soc., Oxford, **42** (1975) S. 131–174.

MCNAIR, A. J., and NAKIBOGLU, S. M.: Lateral density variations in the mantle of the Earth deduced from point-mass models. EOS Trans. Am. Geoph. Un., Washington, **55** (1974) 7, S. 673.

MILNE-THOMSON, L. M., Theoretical hydrodynamics. London–Basingstoke: Macmillan Press Ltd. 1968, S. 83–84.

MIYASHIRO, A., Metamorphism and metamorphic belts. London: George Allen and Unwin Ltd. 1973, siehe insbesondere S. 84.

MOLNAR, P., and OLIVER, J., Lateral variations of attenuation in the upper mantle and discontinuities in the lithosphere. J. Geophys. Res., Richmond, **74** (1969) 10, S. 2648–2682.

MÜLLER, S., and BONJER, K.-P., Average structure of the crust and upper mantle in East Africa. Tectonophysics, Amsterdam, **20** (1973) S. 283–293.

NEUGEBAUER, H. J., and BREITMAYER, G.: Dominant creep mechanism and the descending lithosphere. Geophys. J. R. astr. Soc., Oxford, **43** (1975) S. 873–895.

NOPONEN, I., Comparison of crust and upper mantle structure between shield and island arc areas. Univ. Helsinki, Report Series in Geophysics No. 1 (1974) S. 1–13.

OKAL, E. A., and ANDERSON, D. L., A study of lateral inhomogeneities in the upper mantle by multiple ScS travel-time residuals. EOS Trans. Am. Geoph. Un., Washington, **56** (1975) 10, S. 719.

POST, R. L., Jr., and GRIGGS, D. T.: The Earth's mantle: evidence of non-Newtonian flow. Science **181** (1973) 4106, S. 1242–1244.

PRESS, F., and BRIGGS, P.: Chandler wobble, earthquakes, rotation, and geomagnetic changes. Nature **256** (1975) S. 270–273.

RICHTER, F. M., and PARSONS, B., On the interaction of two scales of convection in the mantle. J. Geophys. Res., Richmond, **80** (1975) 17, S. 2529–2541.

RINGWOOD, A. E., Composition and evolution of the upper mantle. In: P. J. HART (Hrgr.), The Earth's crust and upper mantle. Geophys. monograph 13 AGU, Washington, (1969) S. 1–17.

RINGWOOD, A. E., The petrological evolution of island arc systems. J. Geol. Soc., London, **130** (1974) S. 183–204.

RINGWOOD, A. E., Phase transformations in descending plates and implications for mantle dynamics. Tectonophysics, Amsterdam, **32** (1976) 1/2, S. 129–143.

SCHUBERT, G., and TURCOTTE, D. L., Phase changes and mantle convection. J. Geophys. Res., Richmond, **76** (1971) 5, S. 1424–1432.

SIPKIN, S. A., and JORDAN, T. H., Lateral heterogeneity of the upper mantle determined from travel times of ScS. J. Geophys. Res., Richmond, **80** (1975) 11, S. 1474–1484.

SIPKIN, S. A.; JORDAN, T. H., and WARD, S., A study of multiple ScS phases. EOS Trans. Am. Geoph. Un., Washington, **56** (1975) 6, S. 392.

SLEEP, N. H., Stress and flow beneath island arcs. Geophys. J. R. astr. Soc., Oxford, **42** (1975) S. 827–857.

STOCKER, R. L., and ASHBY, M. F., On the rheology of the upper mantle. Rev. Geophys. Space Phys. Washington **11** (1973) 2 S. 391–426.

STROBACH, K., Curvature of island arcs and plate tectonics. Z. f. Geophysik, Würzburg, **39** (1973) S. 819–831.

TURCOTTE, D. L., and SCHUBERT, G., Structure of the olivine-spinel phase boundary in the descending lithosphere. J. Geophys. Res., Richmond, **76** (1971) 32, S. 7980–7987.

ULLMANN, W., and PAN'KOV, V. L., Equations of state considering volume dependence of Grüneisen parameter and Poisson ratio. Internat. Seismol. Sympos. Jena 1974; Veröff. d. Zentralinstituts f. Physik d. Erde Nr. 31, Teil 1 (1975) S. 67–93.

VLAAR, N. J., and WORTEL, M. J. R., Lithospheric aging, instability and subduction. Tectonophysics, Amsterdam, **32** (1976) 3/4, S. 331–351.

VOGT, P. R., Changes in geometiic reversal frequency at times of tectonic change: Evidence for coupling between core and upper mantle processes. Earth Planet. Sci. Letters, Amsterdam, **25** (1975) S. 313–321.

WALZER, U., A quantitative kinematic theory of convection currents in the Earth's mantle. Pure Appl. Geophysics, Basel, **105** (1973) IV, S. 669–695.

WALZER, U., A convection mechanism for explaining episodicity of magmatism and orogeny. Pure Appl. Geophysics, Basel, **112** (1974) I, S. 106–117.

WALZER, U., Convection of a Cosserat fluid. Gerl. Beitr. Geophysik, Leipzig, **85** (1976) 2, S. 137–150.

WALZER, U., A theory of non-Newtonian mantle convection. Gerl. Beitr. Geophysik, Leipzig, 86 (1977) 1, S. 51–61.

WEERTMAN, J., and WEERTMAN, J. R., High temperature creep of rock and mantle viscosity. Ann. Rev. Earth Planet. Sci. **3** (1975) S. 293–315.

Geophys. u. Geol. . Geophys. Veröff. d. KMU Leipzig Bd. I H. 4 S. 25–32 Berlin 1978

Zur physikalischen Interpretation der Geoidfigur-Störungen im Erdkern

G. BARTA[1]

Zusammenfassung: Aus der Verteilung und dem Verlauf geomagnetischer Säkularvariationen läßt sich auf Massenbewegungen im Erdkern schließen. Diese Ansicht stützen gravimetrische Untersuchungen. Das Geoid kann mathematisch als Summe zweier rotationssymmetrischer Figuren dargestellt werden, die in signifikanter Beziehung zum geomagnetischen Dipol stehen. Es wird dargelegt, wie Masseninhomogenitäten im inneren Erdkern und im Kruste/Mantel-Bereich die Geoidfigur maßgeblich bestimmen.

Frühere Untersuchungen deuten darauf hin, daß in den Datensystemen der magnetischen Observatorien in gemäßigten Breiten eine Welle mit einer Amplitude von 200 bis 300 nT und einer Periode von etwa einem halben Jahrhundert auftritt, die der allgemeinen Säkularvariation überlagert zu sein scheint.

Die Welle wird durch eine schraubenartige Bewegung des Endpunktes des magnetischen Raumvektors im Verlauf der magnetischen Säkularänderung hervorgerufen. Weitere Untersuchungen ergaben eine Welle ähnlicher Periode auch in den Änderungen der Drehgeschwindigkeit der Erde, in der Amplitude der CHANDLER-Bewegung der Rotationsachse der Erde und sogar in lokalen Oszillationen des Meeresniveaus.

Die Ähnlichkeit der Perioden in den verschiedenen Erscheinungen läßt die Folgerung zu, daß die magnetische Säkularvariation mit einer großangelegten Massenbewegung in Zusammenhang steht. Diese Massenbewegung kann nur im Erdkern vor sich gehen, weil nach dem heutigen Stand des Wissens der Sitz des permanenten magnetischen Erdfeldes im Erdkern zu suchen ist und nur in dessen sich wie eine Flüssigkeit verhaltendem Material derartige geologisch schnell ablaufende Änderungen, wie sie die magnetische Säkularvariation darstellt, angenommen werden können.

Die säkulare Änderung des erdmagnetischen Feldes wird vor allem durch eine Westdrift des magnetischen Dipols verursacht, der sich zur Zeit in exzentrischer Lage befindet, und zwar etwa 453 km vom geometrischen Mittelpunkt in Richtung auf Australien zu. Man könnte annehmen, daß diese Exzentrizität gleichbedeutend mit einer großen Massenexzentrizität ist, so daß die magnetische Sekulärvariation als eine Folge der Wanderung dieser exzentrischen Massen angesehen werden kann. Vor fast 20 Jahren war festgestellt worden, daß die Richtung der großen Äquatorachse mit der exzentrischen Lage des magnetischen Dipols zusammenfällt. Die Vorstellung einer Massenverschiebung, die durch magnetische Messungen erkannt wurde, ist auch durch die Ergebnisse gravimetrischer Untersuchungen unterstützt worden.

[1] Anschrift des Verfassers:
Prof. Dr. G. BARTA, Geophysikalisches Institut der Lorand-Eötvos-Universität Budapest, VR Ungarn, Kun Bela ter 2.

Diese Frage wurde durch Untersuchungen der Satellitengeoide insofern geklärt, als nachgewiesen werden konnte, daß die scheinbar komplizierte Geoidfigur als Summe zweier rotationssymmetrischer Figuren dargestellt werden kann. Die Drehachse der einen elliptischen Figur zeigt in Richtung des verschobenen magnetischen Dipols, während die Achse der anderen gleichfalls drehsymmetrischen, aber nicht elliptischen Figur nahezu senkrecht zu der ersten steht und eine Richtung etwa auf Indien hat. Wegen der Kugelgestalt der Erde bewegt sich der magnetische Dipol in westlicher, genauer in nordwestlicher, Richtung ebenfalls auf Indien zu und bildet da ein bedeutendes Zentrum der magnetischen Säkularvariation. Aus all diesem kann man die Folgerung ziehen, daß die eine symmetrische Figur die Ungleichheit im Erdkern verursacht hat, während die zweite eine durch die Bewegung dieser Massen hervorgerufene dynamische Deformation darstellt. Somit könnte die Geoidfigur die Wirkung dieser beiden Deformationen sein.

Um diese Auffassung zu erhärten, müßte untersucht werden, wo im Erdinneren die Existenz einer Masseninhomogenität anzunehmen wäre. Das Schwerefeld ist im gesamten Bereich von Kruste und Mantel annähernd konstant und hat sein Maximum gerade an der Grenze von Mantel und Erdkern.

Infolge der gravitativen Differentiation werden durch das Schwerefeld dieser Massen die Stoffe nach ihrer Dichte getrennt und radial angeordnet. Stoffe, die leichter als die ihrer Umgebung sind, steigen nach oben, während Materialien mit größerer Dichte so lange absinken, bis sie die ihrer Dichte entsprechende Lage einnehmen. Da die leichteren Stoffe aber nur bis an die Erdoberfläche aufsteigen können, werden sie dort abgelagert. So kann im Gebiet von Kruste und Mantel eine großangelegte statische Inhomogenität nur an der Grenzfläche angenommen werden. Im oberen, vielleicht auch im mittleren Mantel konnte als Folge der durch Horizontalbewegung der Platten auftretenden Stauung auch eine Inhomogenität dynamischen Ursprungs angenommen werden. Aber an der Grenze von Erdkern und Mantel sind größere Aufwölbungen und Einsenkungen nicht wahrscheinlich, so daß die Gutenberg-Wiechert-Grenzfläche eine reguläre Niveaufläche darzustellen scheint.

Das Schwerefeld unserer Erde nimmt zwar im äußeren Erdkern ab, aber die isostatischen Prozesse machen sich infolge des sich wie eine Flüssigkeit verhaltenden Materials in steigendem Maße bemerkbar, so daß die Ausbildung einer statischen Inhomogenität unmöglich zu sein scheint.

Eine vollkommen andere Situation herrscht jedoch im inneren Erdkern. Dieser ist ein singulärer Punkt des Massenanziehungspotentials der Erde. Hier wird der Gesamteffekt der Schwere der äußeren Massen der Erde ausgeglichen, so daß die Einwirkung der Gravitation der Erdmassen auf den inneren Erdkern verschwindet. So kann man für den inneren Kern der Erde eine einfache Inhomogenität annehmen, nämlich die einer exzentrischen Lage. Die Lage des inneren Kernes der Erde wird durch die Wirkung der Attraktions- und Zentrifugalkräfte bestimmt. Die Drehachse wird daher von einem Potentialgraben umgeben, in welchem sich der innere Erdkern durch die Einwirkung der Gezeitenkräfte in westlicher Richtung verschieben kann. Eine Bedingung des Gleichgewichtes ist nur, daß der Druck an der Kernobergrenze von allen Seiten der gleiche ist.

Auf Grund dieser Betrachtungen wird daher die Geoidfigur teils durch Inhomogenität der Massen an der Oberfläche, teils aber auch durch die Exzentrizität und Bewegung des inneren Kernes bestimmt. Aus geodynamischen Gründen wäre es sehr wichtig, die beiden in der Geoidfigur sich ausdrückenden Kräfte zu trennen. Es ist eventuell möglich, daß die Komponente der Geoidfigur, die an die beweglichen Massen des inneren Kernes gebunden ist, eine Variation aufweist, die der Änderung der säkularen magnetischen Variation ähnlich ist, während der an die oberflächlichen Massen gebundene Teil nur solche langandauernden Variationen hervorrufen kann, die im Verlaufe geologischer Zeit beobachtet werden können. Diese Trennung der beiden Komponenten wirft jedoch sehr schwierige mathematische und physikalische Probleme auf. Wenn man die in den ersten Rechnungen angewendete Approximation in der Erde durch eine mit allgemeiner Lage ersetzt, dann werden nicht nur die Berechnungen plötzlich viel komplizierter, sondern auch die physikalische Interpretation weist prinzipielle Schwierigkeiten auf. Man muß z. B. in Kauf nehmen, daß die untersuchten Anomalien auch Veränderungen der Abplattung an den Polen ergeben. Es wurde jedoch mit der Annahme einer Abplattung von 1/298, 255 die polare Abplattung vollkommen eliminiert. Das errechnete Geoid kann daher keine polare Abplattung aufweisen. Hierdurch wird eine erste prinzipielle Schwierigkeit hervorgerufen, da ja ein Teil der polaren Abplattung gerade den untersuchten Anomalien angehört. So ist es notwendig, daß man die gesamte polare Abplattung der Erde in zwei Komponenten aufteilt, eine Komponente, die aus der Drehung, und eine andere, die aus den Masseninhomogenitäten resultiert. Für die weiteren Untersuchungen ist nur die erste Komponente, die der Erdumdrehung, zu verwenden. Die ersten derartigen erfolgreichen Berechnungen wurden mit einer auf den Wert 1/298, 80 verminderten Abplattung durchgeführt. Diese mathematische Lösung erzielte meine Mitarbeiterin, Frau Adrienne Hajósy.

Bei den Berechnungen von vor etwa sechs Jahren benutzten wir Daten des 1966-Geoids, während bei späteren Berechnungen die Daten von 1969 verwendet wurden. Das 1969-Geoid zeigt im Gegensatz zu den Daten von 1966 und 1973 eine stärkere positive Anomalie in Australien und eine negative in Indien. Bei Verwendung der Daten für das 1969-Geoid war festzustellen, daß die zonalen Kugelfunktionen fünften Grades, die mit Anomalien von Massen aus großer Tiefe in Beziehung stehen, diesen großen Abweichungen nicht folgen können. Es ist daher zu erwarten, daß die Approximation mit dem 1966- bzw. 1973-Geoid zu besseren Resultaten führen könnte (Abb. 1).

Zum Vergleich seien hier die entsprechenden Daten der besten äquatoriellen Approximation des 1966-Geoids bzw. der Approximation des 1969-Geoids angegeben.

1966-Geoid:

Die Koordinaten des Aufpunkts der Achsen der zwei am besten approximierenden rotationssymmetrischen Formen sind:

$$P_{1/1} = 0^\circ,\ {}_1 = 58^\circ \text{ E. Gr.}/P_{2/2} = 0,\ {}_2 = 156{,}5^\circ \text{ E. Gr.}/$$

Die entsprechenden Koeffizienten sind:

	I		II
0´		−0,30	
P_{10}	—		—
P_{20}	− 3,70		+61,74
P_{30}	−46,11		+43,50
P_{40}	+ 8,16		−25,13
P_{50}	+15,56		− 5,10

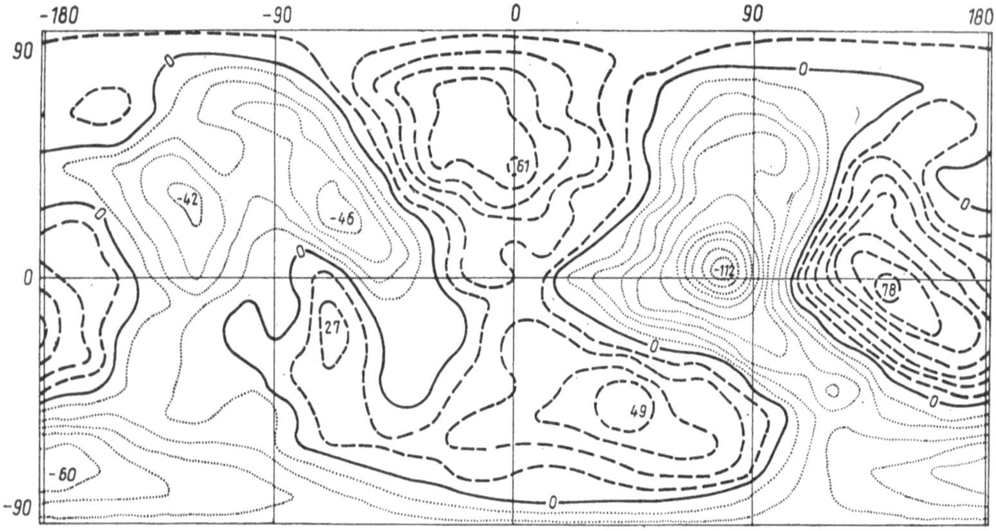

Abb. 1. Das 1969-Geoid

1969-Geoid:

Die Koordinaten des Aufpunkts der Achsen der zwei, am besten approximierenden rotationssymmetrischen Formen sind:

$$P_{1/1} = 15^\circ \text{ E. Gr.}/P_{2/2} = 5^\circ \text{ N}, {}_2 = 169^\circ \text{ E. Gr.}/$$

Die entsprechenden Koeffizienten sind:

	I		II
0		−0,67	
P_{10}	+ 0,28		− 0,06
P_{20}	+ 1,19		+47,89
P_{30}	−45,52		+38,30
P_{40}	− 4,76		−12,14
P_{50}	+13,29		− 9,19

Die formalen Festsetzungen, die für die äquatorielle Approximation des 1966-Geoids getroffen wurden, behalten auch ihre Gültigkeit für die erweiterte Approximation des 1969-Geoids.

In dem Ausdruck I (Annäherung von Indien her) sind in beiden Fällen die ungeraden Glieder von Bedeutung, die geraden Glieder sind verhältnismäßig klein. Die Koeffizienten des Ausdruckes II (Annäherung von Australien her) bilden eine monotone Reihe; die geraden und ungeraden Glieder verhalten sich ähnlich.

Außer der formellen Übereinstimmung ist festzustellen, daß in beiden Fällen die von Australien her sich approximierende Form elliptisch ist, die auf diese nahezu senkrecht stehende Indische aber nicht. Die Elliptizität der ersteren, d. h. die Differenz ihrer halben großen und kleinen Achse betrug 1966 50,3 m, im Jahr 1969 31,6 m.

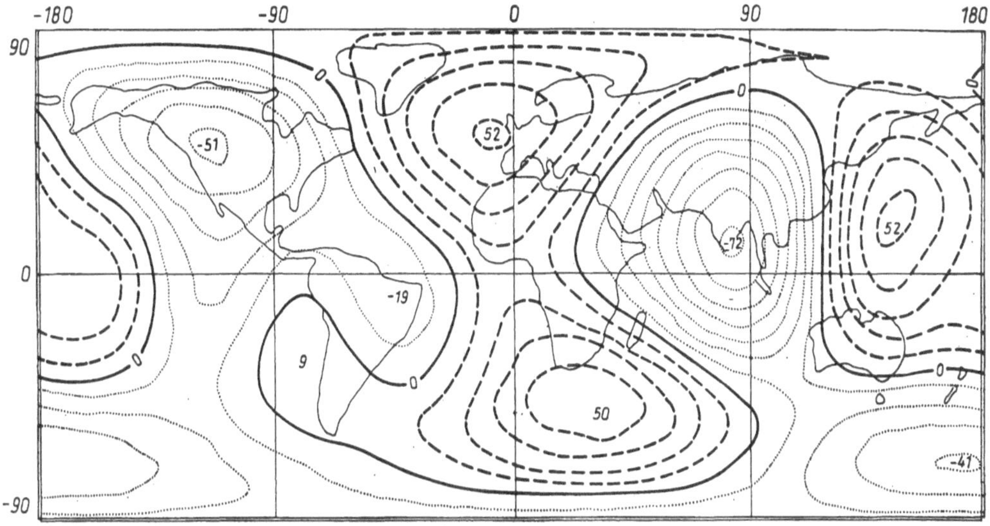

Abb. 2. Ergebnis der Annäherung durch zwei drehsymmetrische Formen allgemeiner Lage

Die aus beiden Untersuchungen ableitbaren Folgerungen sind daher im wesentlichen gleich, und zwar:

1. Die Approximation von Indien besitzt keine Elliptizität, die Differenz der Symmetrie sowie der auf dieser senkrechten Achse beträgt im Jahr 1966 —0,2 m, im Jahr 1969 —0,6 m.
2. In beiden Fällen weist die Spitze der rotationssymmetrischen Form nach Australien. Dies folgt auch aus der Betrachtung der gleiche Richtung aufweisenden Exzentrizität des dichten inneren Kernes gemäß der Theorie.
3. Die breitere Fläche der Approximation bei Indien weist auf den Kontinent hin, während die Spitze nach der gegenüberliegenden Seite zeigt, was ebenfalls als eine natürliche Folge der Strömung in der Tiefe angenommen werden kann.

Wenn wir die mit einer zwar allgemein gehaltenen Approximation gewonnenen Daten von den gemessenen abziehen, verbleibt noch verhältnismäßig gut der Teil des Geoids, der durch die Einwirkung der oberflächlichen Kräfte bestimmt wird. Dieses auf diese Weise erhaltene Bild ist noch nicht vollkommen, da wir die beste Approximation noch nicht erreicht hatten. Allerdings ist festzustellen, daß sich bei der so erhaltenen Rest-Geoidfigur die wichtigsten Oberflächenformen gut hervorheben. Die großen Gebirgssysteme sind an positiven, die Ozeane an negativen Anomalien zu erkennen. Wenn es nicht als eine Zufallserscheinung anzusehen ist, dann wird das Auflösungsvermögen dieser Methode durch das kleine Maximum charakterisiert, das über Grönland ausgebildet und durch den Massenüberschuß des Eises entstanden ist, sowie durch die Minima, die im Gebiet der afrikanischen Gräben und im nördlichen Teil von Eurasien auftreten, was einem Massendefizit zuzuschreiben ist. (Abb. 3).

In dem dargestellten Ergebnis vermischen sich die oberflächlichen statischen und dynamischen Masseninhomogenitäten. Die nächste Aufgabe wird es also sein, ihre Trennung herbeizuführen. Eine Analyse der in den Ergebnissen enthaltenen Werte

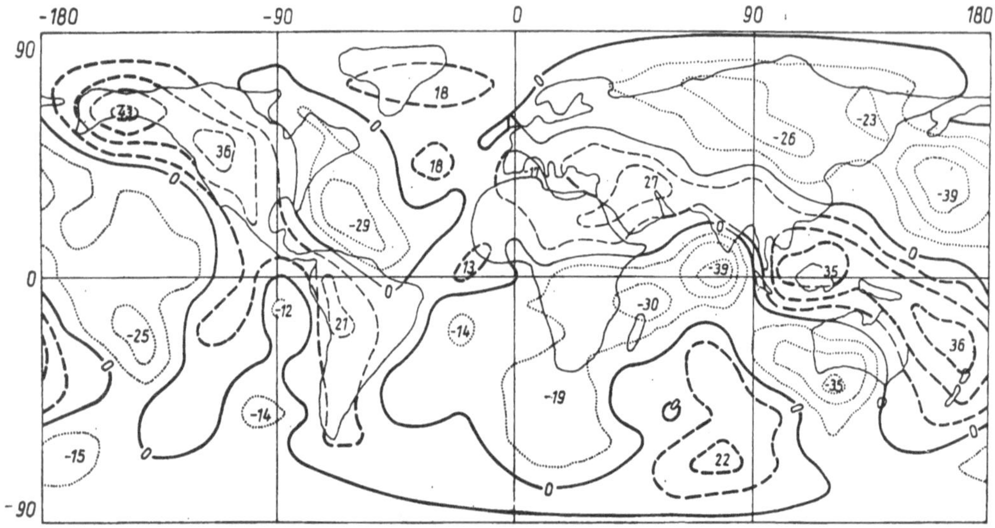

Abb. 3. Differenz der gemessenen und der approximierenden Form

ergab, daß etwa ein Drittel der Geoidundulationen durch oberflächliche und zwei Drittel durch tiefe Wirkungsfaktoren verursacht werden. Es ist daher klar, daß ohne eine Eliminierung der Wirkungen, die den größeren Teil der aus der Tiefe stammenden Faktoren repräsentieren, die Korrelation der Geoidfigur mit den Oberflächenformen nicht untersucht werden kann.

Die tiefen Wirkungsfaktoren sind dabei aber noch immer unvollkommen berücksichtigt. Die angewandte mathematische Methode eliminiert nämlich automatisch auch jenen Teil der oberflächlichen Faktoren, die den Anforderungen der Rotationssymmetrik der Approximation aus zwei Richtungen entsprechen. Deren Berücksichtigung könnte vielleicht auf iterative Weise erreicht werden.

Außerdem sind wir nicht in der Lage, den Verzögerungseffekt der mathematischen Approximation abzuschätzen. Jedoch könnte eine Untersuchung der Einzelheiten uns ein Bild darüber verschaffen, in welchem Maße die gewonnenen Anomalien als reell angesehen werden können. Zur näheren Untersuchung dieser Frage wollen wir uns — ohne Berücksichtigung der Karte der oberflächlichen Wirkungsfaktoren — dem Studium gewisser Einzelheiten der Geoidfigur zuwenden, die bisher noch nicht zu klären waren, aber wegen ihrer Regelmäßigkeit als bedeutend angesehen werden müssen. Zunächst schien es so, als sei das doppelte lokale Minimum der großen nordamerikanischen Senke bei einer geeigneten Wahl der tiefen Faktoren durch eine Verfeinerung der Approximation zu klären. Aber die Betrachtung des Oberflächeneffektes zeigt, daß das von dem aus der Tiefe wirkenden Faktor hervorgerufene Minimum von dem durch die Kordillieren verursachten Maximum gekreuzt wird und als Folge dessen ein doppeltes Minimum entsteht. Diese Erscheinung wird durch die an beiden Seiten des amerikanischen Kontinentes auftretende und durch die Oberflächenwirkung des Pazifischen und Atlantischen Ozeans hervorgerufene negative Anomalie verstärkt.

Eine ähnliche Erklärung könnte auch für die zwei negativen Anomalienzüge, die im Gebiet der großen Indien-Anomalie an der Nord- und Südseite des Äquators nahezu symmetrisch auftreten, gegeben werden.

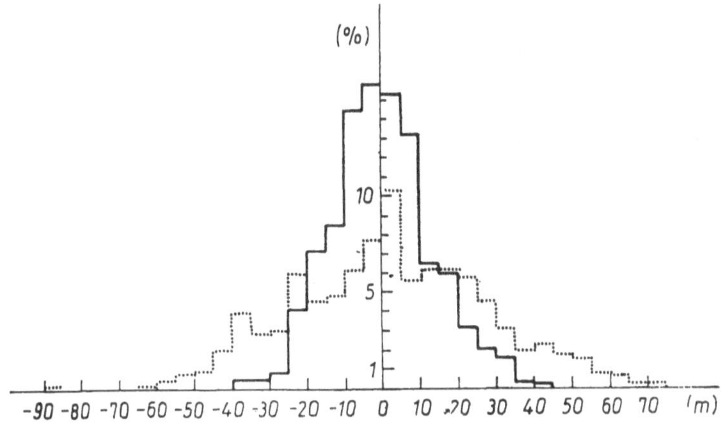

Abb. 4. Prozentuale Verteilung der kontinuierlichen Linie: Differenz, gebrochene Linie, Verteilung der Geoidhöhen

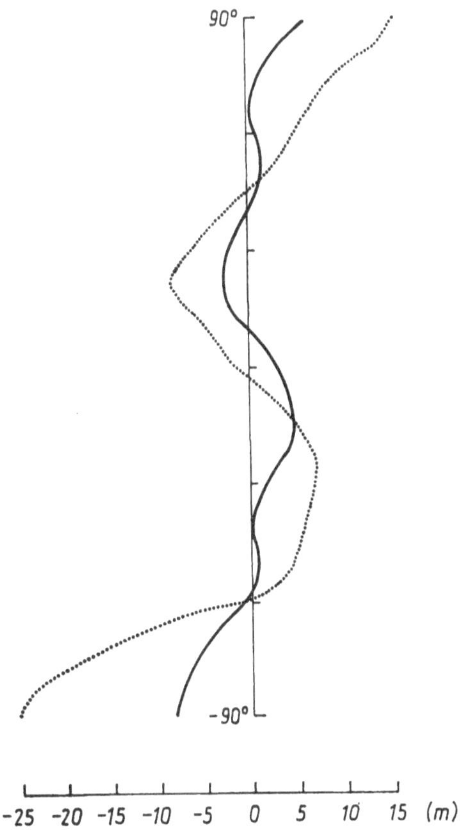

Abb. 5. Die Änderung der „Birnenform" im Laufe der Annäherung: kontinuierliche Linie: zonaler Teil der Differenz, gebrochene Linie: zonaler Teil des Geoids

Es ist also festzustellen, daß es gelungen ist, in erster Näherung die oberflächennahen und tiefen Wirkungsfaktoren sowie die Glieder der polaren Abplattung, die durch die Erdumdrehung und Massenverteilung hervorgerufen werden, zu trennen. Es hat sich ferner herausgestellt, daß die vielfach erwähnte Birnenform der Erde nur eine Scheindeformation darstellt, die sich als Folge der verwendeten mathematischen Methoden ergibt (Abb. 5).

Weitere Schritte lassen hoffen, daß eine vollständige physikalische Interpretation vorgenommen werden kann und wir im Stande sein werden, die isostatische Ausbalanzierung der Oberflächen-Massen durch numerische Daten zu belegen bzw. den Effekt der oberflächlichen statischen und der dynamischen Inhomogenitäten zu erkennen.

Unsere Untersuchungen hatten die säkularen Änderungen des erdmagnetischen Feldes als Ausgangspunkt. Es wurde aus diesen Änderungen auf eine großangelegte und sich in großen Tiefen abspielende Massenbewegung, d. h. auf einen Zusammenhang des Erdmagnetfeldes mit den Massen der Erde geschlossen.

Die Exzentrizität und die Bewegung des magnetischen Dipols wurde dabei aus der Inhomogenität und der Bewegung des inneren Erdkernes abgeleitet. Diese Erscheinungen müssen sich aber auch in der Geoidfigur und deren Änderungen niederschlagen. Es ergab sich aus den Untersuchungen, daß die Figur des Geoids durch Masseninhomogenitäten beeinflußt wird, die sich zum Teil im Mittelpunkt der Erde, zum Teil an der Erdoberfläche befinden. Eine säkulare Änderung der Geoidfigur muß offenbar mit einer Veränderung der Inhomogenitäten des Erdkerns verbunden sein. Die Bewegung der oberflächennahen Massen und deren Umwandlung kann nur Veränderungen hervorrufen, die in geologischen Zeitmaßstäben betrachtet werden können. Ausnahmen können jedoch vielleicht die Wirkung von Eis- und Wassermassen bilden, deren Umlagerungszeit schon in Tausenden oder sogar Hunderten von Jahren meßbar sind.

Aus allem diesen ist zu entnehmen, daß nur solche Wirkungsfaktoren einen allgemeinen und meßbaren Grad der säkularen Änderung besitzen können, die sich im Erdkern befinden. Unwillkürlich drängt sich dabei die Frage auf, welchen eventuell kompensierenden Einfluß die mit der Änderung der Figur des Geoids einhergehende Veränderung des Ausmaßes und der Massenverschiebungen auf die Änderung der Gravitation ausübt. Da es sich hierbei um sehr geringe Wirkungen handelt, können diese durch die beschriebenen Veränderungen wesentlich betroffen werden. Einzelheiten hierzu können nur durch möglichst lange und genaue Meßreihen und durch den Vergleich aller Ergebnisse miteinander erzielt werden. Nur hierdurch ist es möglich, weitere Kenntnisse über die physikalischen Zustände der Materialien des Erdkörpers und deren Prozesse zu liefern.

Geophys. u. Geol. Geophys. Veröff. d. KMU Leipzig B. I H. 4 S. 33–44 Berlin 1978

Zur Entwicklung regionaler tektonischer Senkungseinheiten im Kreuzungsbereich kontinentaler Scherungszonen, speziell in Mitteleuropa

G. Olszak und H. Thierbach[1]

Zusammenfassung: Mit dem stetigen Übergang „fixistischer“ zu „mobilistischer“ Betrachtungsform der Geotektonik wird eine neue Klassifizierung tektonischer Einsenkungsformen erforderlich. Die vorgelegte Einteilung von Senkungseinheiten läßt eine spezifische Zuordnung ihrer Entwicklung im Rahmen tektonophysikalischer Prozesse zu, die in Übereinstimmung mit regionalen geophysikalischen Parametern sowie den Grundformen des Krustenaufbaues steht. Statistische Untersuchungen krustaler Mächtigkeiten in Senkungsgebieten weisen auf die wesentliche Rolle horizontalen Stofftransportes, auch in der Erdkruste, hin.

Für die primäre Anlage sowie die weitere Entwicklung von Senkungsstrukturen spielen tiefenbruchbedingte Dreispaltenstrukturen eine maßgebende Rolle.

Der Ursprung und die Entwicklung großer tektonischer Einheiten — Hebungs- wie Senkungsstrukturen — ist stets mit der Anlage und Wechselwirkung großer Störungen bzw. Lineamente in Zusammenhang mit der Bewegung verschieden großer Schollen verbunden.

Während intensive Hebungsstrukturen („Gebirge“), unabhängig, ob mit Falten- oder Blockcharakter, in den meisten Fällen eine Abhängigkeit von tiefen Störungen linearer oder gürtelförmiger Erstreckung erkennen lassen, sind für die Anlage von Senkungsstrukturen (Becken) zumeist Kreuzungsbereiche von linearen Störungssystemen typisch.

Die Verbindung von Senkungsstrukturen mit Kreuzungsbereichen von großen Störungssystemen wird bereits seit längerer Zeit erkannt. Allerdings wurde damit nicht die genetische Beziehung, besonders die Frage Ursache—Wirkung angesprochen.

Die mit dem „Geodynamics-Project“ grundsätzlich angeregten Untersuchungen der Tiefenprozesse und ihrer Wirkungsform bei der Bildung der tektonischen Krustenstrukturen werden durch die Forschungen, die zu den Theorien der Plattentektonik führten, in starkem Maße aktiviert. Das gilt auch für die oben genannte Verbindung von Störungskreuzung und Einsenkungsraum.

Es erscheint zunächst sinnvoll und möglich, eine Klassifizierung der Senkungsstrukturen nach Prozessen der Plattentektonik abzuleiten. Geht man von zwei Bewegungsformen dieser Theorie, dem Öffnen (opening, spreading) und Schließen (closing) aus, so lassen sich globale tektonische Prozesse einem kontinuierlichen Ablauf zuordnen (Abb. 1) und zu dem plattentektonischen Zyklus in Beziehung bringen, der 1969 von J. T. Wilson postuliert wurde. Dabei findet man die in Abb. 2 aufgeführten Absenkungsformen.

[1] Anschrift der Verfasser:
Prof. Dr. sc. nat. G. Olszak, Dozent Dr. rer. nat. habil. H. Thierbach, Sektion Physik, Fachbereich Geophysik der Karl-Marx-Universität Leipzig, 701 Leipzig, Talstraße 35.

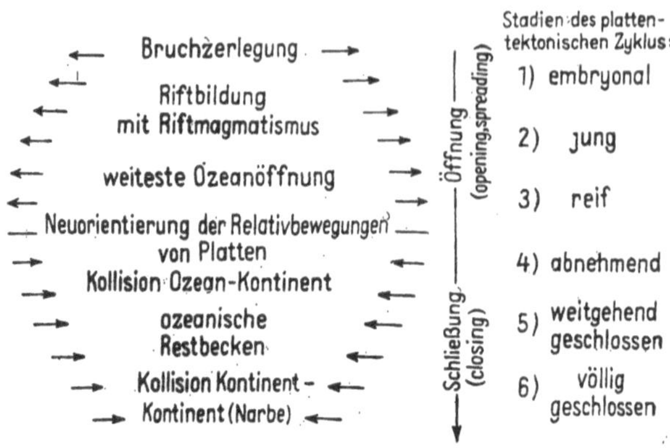

Abb. 1. Globale Dehnungs- und Einengungsprozesse in Beziehung zum plattentektonischen Zyklus J. T. WILSONS (1969)

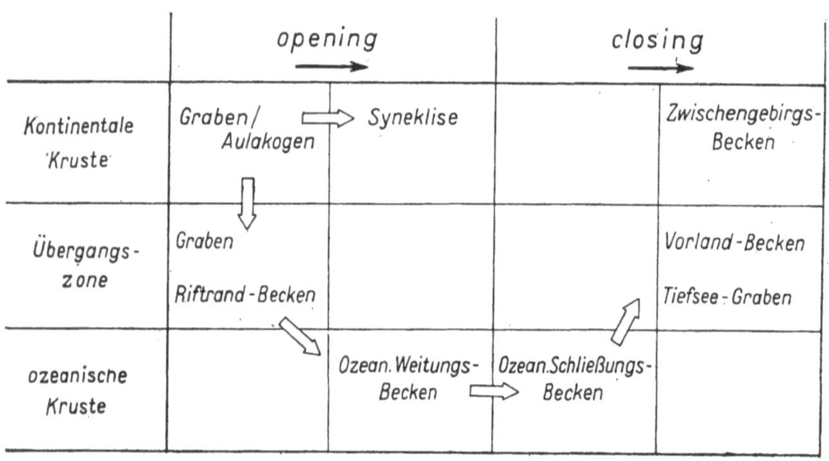

Abb. 2. Vereinfachte Klassifizierung von tektonischen Einsenkungsformen nach Öffnungs- bzw. Schließungsvorgängen im Rahmen der Plattentektonik

Nach dieser Einordnung erscheint eine primäre Unterscheidung der Senkungsstrukturen nach ihrer Bindung an Öffnungs- und Schließungsprozesse bei der Relativbewegung von Platten sinnvoll. Diese Zweiteilung findet zugleich ihre Widerspiegelung im Strukturbau von Kruste/Lithosphäre (Abb. 3).

Von Öffnungsvorgängen abhängige Senkungsformen zeigen eine Ausdünnung von Kruste und Lithosphäre. Dazu gehören z. B. Oberrheintalgraben, Dnepr-Donez-Aulakogen und die Norddeutsch-Polnische-Senke. In besonderem Maße steht diese mit der Reduzierung der sog. Basaltschicht in Zusammenhang. Konsolidierte und sedimentäre „Granitschicht" behalten beim Senkungsprozeß im kontinentalen Bereich oft summarisch ihre Mächtigkeit, was in Verbindung mit der damit ± gleichen Tiefe der CONRAD-Diskontinuität auf deren metamorphen Charakter hinweist (G. OLSZAK, 1975).

Die Abbildung 4 zeigt die Reduzierung der Mächtigkeiten von Gesamtkruste bzw. konsolidierter Kruste mit dem Anwachsen der Sedimentmächtigkeit beim Senkungsvorgang. Zur Darstellung der Abhängigkeit wurden 18 Randsenken der Osteuropäischen Tafel analysiert. Die Untersuchung einiger korrelativer Bindungen, die speziell an einigen Tiefenprofilen der Norddeutsch-Polnischen-Senke erhalten wurden, sind in Abb. 5 dargestellt.

Senke / Mächtigkeit	Oberrheintal-Graben	Dnepr-Donez-Becken	Nordd.-Poln. Senke	Schwarz.-Meer	Peru-Chile-Graben	Vorkarpaten-Senke
Kruste, ges.	↓	↓	↓	↓	↑	↑
Konsolidierte „Granit"-Sch.		↓	↓	↓	—	—
„Basalt"-Sch.		↓	↓	↓	↑	↑

↓ verringerte Mächtigkeit ↑ erhöhte Mächtigkeit — keine Veränderungen festgestellt

Abb. 3. Das Verhalten krustaler Mächtigkeiten bei der Bildung tektonischer Einsenkungsformen

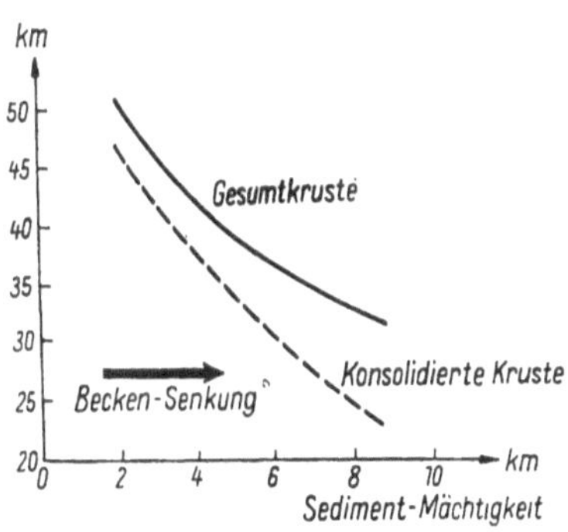

Abb. 4. Das Verhalten der Sedimentmächtigkeit zur Mächtigkeit von Gesamtkruste bzw. konsolidierter Kruste bei der Beckensenkung (Weitungsstrukturen)

Senkungsformen in Verbindung mit Schließungsvorgängen zeichnen sich zunehmend durch eine erhöhte Mächtigkeit von Erdkruste bzw. Lithosphäre aus. Diese Erhöhung findet spezifisch im Bereich der aktiven Einengung — der Subduktionszone und in der deformierten Stirnpartie der vorgeschobenen kontinentalen Kruste — statt, in denen die neuen Senkungsformen entstehen. Dazu gehören Tiefseegräben, Vorland- und Zwischengebirgsbecken.

Vorlandbecken wie Riftrandbecken sind als Senkungsstrukturen in der Übergangszone in besonders hohem Maße für die Anlage von Erdöl-Erdgaslagerstätten typisch.

Durch den Wechsel von Öffnung zu Schließung liegen heute mitunter beide Senkungsstrukturen nebeneinander. Ein typisches Beispiel bietet die KW-Provinz des Persischen Golfes: Eine Öffnung führte im älteren Mesozoikum zum prismenförmigen Riftrand-

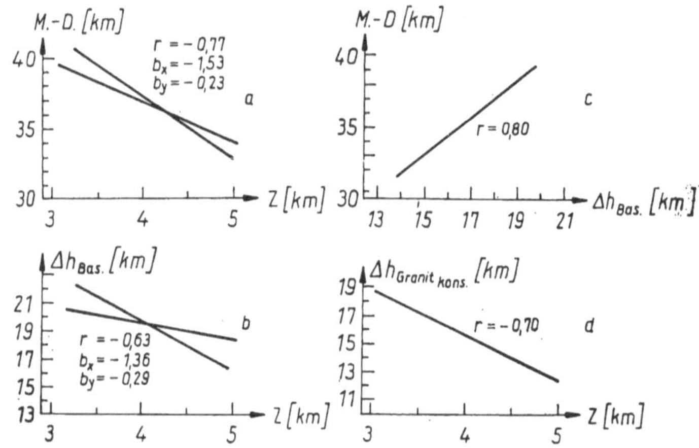

Abb. 5. Die Veränderung krustaler Mächtigkeiten beim Senkungsvorgang (Weitungsstrukturen); als Bezugsbasis dient der seismische Reflektor Z, der annähernd der Zechsteinbasis entspricht

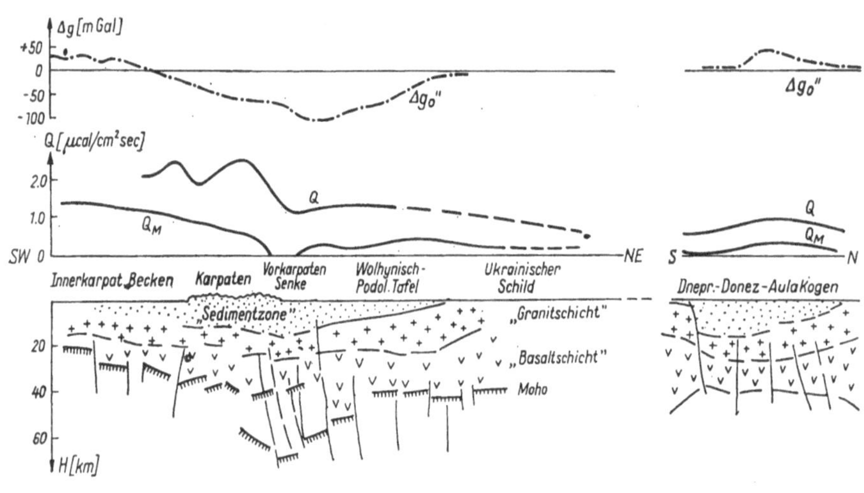

Abb. 6. Schematisches Tiefenprofil vom Innerkarpatischen Becken zum Dnepr—Donez—Aulakogen nach V. B. SOLLOGUB u. a. (1970) sowie R. I. KUTAS (1972)

becken mit der Bildung von Öllagerstätten. Parallel daneben finden wir die kretazischen Öllagerstätten, deren Senkungsraum beim folgenden Schließungsprozeß gebildet wurde. Beide Senken liegen streifenförmig nebeneinander. W. R. DICKINSON (1974) berichtet über den direkten Einfluß der mobilistischen Arbeitsweise auf die aktuelle Strategie der Suche und Erkundung von Kohlenwasserstoffen in diesem Gebiet.

Als Senkungsstruktur im Prozeß der Schließung kann mit V. B. SOLLOGUB u. a. (1970) z. B. auch die Vorkarpatensenke eingeordnet werden (Abb. 6). Das kommt in einem

Profil bei R. I. Kutas (1972) zum Ausdruck, das vom innerkarpatischen Becken über die Karpaten, die Vorkarpatensenke zum ukrainischen Schild, darüber hinaus zum Dnepr-Donez-Aulakogen verläuft. Dessen Situation als eindeutige Weitungssenke in einer dreistrahligen Struktur wird später behandelt.

Wähend die Vorkarpatensenke als Struktur im Einengungsraum erhöhte Krustenmächtigkeit aufweist, zeigt das Dnepr-Donez-Aulakogen als Senkungselement im Weitungsraum reduzierte Mächtigkeit; das Schwerebild zeichnet den regionalen Krustenbau nach. Interessant ist die Trennung des vom Mantel kommenden Wärmeflusses Q_M vom gesamten an der Erdoberfläche gemessenen Wärmefluß Q. Das innerkarpatische Becken wie das Dnepr-Donez-Aulakogen weisen im erhöhten Wärmefluß auf jüngere bzw. ältere aufsteigende thermale Konvektion.

Auf die Heterogenität im Aufbau der SW-Randzone der osteuropäischen Tafel (OET) ist mehrfach hingewiesen worden. H. Stille (1947) rechnete diese Zone und damit auch die Vorkarpatensenke in dem von V. B. Sollogub u. a. (1970) behandelten Bereich zu einer „uraltangelegten tektonischen Einheit Europas", dem Grönland-Pontus-Lineament, über dessen Existenzberechtigung hier nicht diskutiert werden soll.

Von J. Głazek u. a. (1973) ist der Raum zwischen dem Ukrainischen Schild und den Karpaten dagegen als ein in NW-Richtung verlaufender Arm einer im Schwarzmeer lokalisierten jüngeren dreistrahligen Struktur interpretiert worden. Mehrfach ist zuletzt wohl von C. Roman (1970) und von J. F. Dewey u. a. (1973), darauf hingewiesen worden, daß im östlichen Karpatenbogen eine echte, relativ junge, alpidische Subduktionszone nachzuweisen ist, an der die Osteuropäische Tafel unter die damals im Inselbogenstadium befindlichen Karpaten untertauchte. Diese komplizierte Entwicklung wurde mit der Einbeziehung der Karpaten in den kontinentalen Bereich Europas abgeschlossen, macht sich aber heute noch durch die hohe seismische Aktivität der Vrancea-Zone bemerkbar. Auch die andesitischen Förderungen der Căliman-Gurghiŭ-Harghita-Zone im Miozän gehören in diesen Zusammenhang (D. P. Rădulescu, 1973).

Kehren wir zur Situation der Störungskreuzung bei Senkungsstrukturen zurück. Wie gesicherte Untersuchungen zeigen, wird der Einsenkungsvorgang durch eine Periode der Hebung und des Zerbrechens der betreffenden Krustenscholle eingeleitet. Auf die mit diesem Einleitungsprozeß verbundenen magmatischen Vorgänge wies bereits H. Cloos (1939) in seiner Arbeit „Hebung—Spaltung—Vulkanismus" hin. Das Zerbrechen von Krustenschollen und die Bildung großer Störungen ist somit bereits an den Beginn des Hebungsvorganges gebunden, wobei diese sowie weitere Störungen der differenzierten Absenkung der Schollen dienen (Abb. 7). Betrachten wir die mechanisch bedingte geometrische Spaltenbildung einer sich aufwölbenden (aufbeulenden) Platte, so ist der dreistrahlige Stern eine typische Grundform beim Aufreißen der Scholle. Diese dreistrahlige Form wurde lange Zeit in der tektonischen Strukturanalyse vernachlässigt, da das Arbeiten mit idealen Kluftnetzen auf einem fixierten Schollensystem zu vierstrahligen orthogonalen bis steilen Kreuzungen von Störungen führt. Die Beobachtungen in der geologischen Natur führten entsprechend demgegenüber zu Widersprüchen, z. T. auch zu formalistischen Darstellungen.

Wie verläuft dieser Prozeß, der zur Bildung von „Dreispaltenstrukturen" und den damit verbundenen Senkungsformen führt? In Zonen thermischer Aktivierung ergeben sich über die Ausdünnung der Lithosphäre uplift und Bruchzerlegung. In der weiteren Entwicklung folgen Aufspaltung und Weitung an diesen Bruchstrukturen der Kruste/Lithosphäre.

Thermisch aktivierte Zonen dieser Art müssen wir als „thermische Zentren 2. Ordnung“ bezeichnen, die etwa den physikalisch unzureichend definierten „hot spots“ entsprechen können, welche wiederum in undefinierter Weise genetisch mit den „plumes“ (W. J. Morgan, 1968) verbunden werden. „Thermische Zentren 1. Ordnung“ beziehen wir auf die global wirkenden thermischen Konvektionsströme der Asthenosphäre. Beruhen diese bereits auf stofflicher und damit physikalischer Inhomogenität der Erde, so führt deren eigene stofflich-physikalische Inhomogenität zu internen thermalen Konvektionsströmen 2. Ordnung, die im Grenzbereich Asthenosphäre/Lithosphäre tektonophysikalisch wirksam und geophysikalisch meßbar werden. Durch thermischen

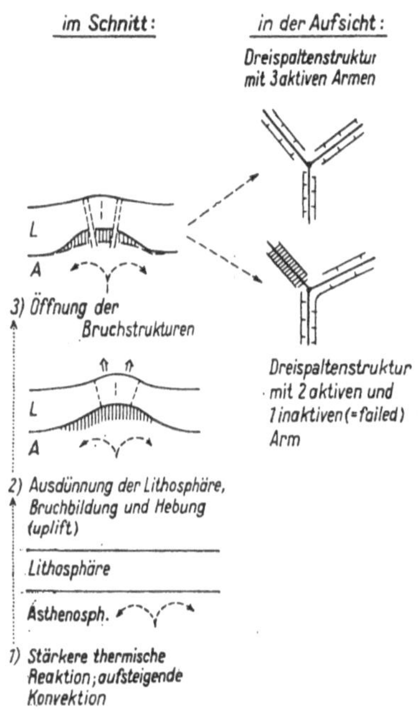

Abb. 7. Die Entwicklung der Dreispaltenstruktur (in Aufsicht und Schnitt) als initiale Etappe der Weitungs-Senkungsstruktur

Ausgleich mit ihrer Umgebung — speziell über Wärmeströmung — besitzen sie in Verbindung mit ihrer räumlichen Begrenzung (einige 100 km) auch eine zeitlich begrenzte Lebensdauer, wahrscheinlich von einigen 10—100 Mill. Jahren.

Das tektonische Resultat dieser Prozesse ist nach unserer Auffassung mit dem Begriff „Dreispaltenstruktur“ — durch die darin enthaltene „Spaltung“ — besser charakterisiert, als mit dem Terminus „triple junction“, da durch den Begriff „junction“ eher eine verbindende als die tatsächlich trennende Wirkung zum Ausdruck kommt.

Zentren thermischer Aktivierung 2. Ordnung in den oberen Bereichen der Asthenosphäre bzw. die über ihnen liegenden Dreispalten- und Senkungsstrukturen zeigen neben den typischen thermischen Merkmalen oft gravimetrische Maxima und erhöhte seismologische Aktivität. Dazu kommen an der Erdoberfläche Zonen hoher Gradienten rezenter Spannung und Krustenbewegungen.

Zu den in der oberen Kruste erkennbaren geologischen Prozessen gehören neben dem Ablauf von Hebung—Spaltung—Absenkung oft relative Rotationsbewegungen der Schollen, die zu Sphenochasmen führen können (H. Thierbach, 1974) sowie basischer

Magmatismus. Die dabei wirksamen Dreispaltenstrukturen bilden nach K. Burke und J. F. Dewey (1973) im Idealfall drei Arme, die in Winkeln von je 120° zueinander stehen. Die tektonisch-magmatische Aktivität dieser Großstruktur erweist sich oft als sehr differenziert. Die Mehrzahl der vorliegenden Beobachtungen weist auf zwei aktive und einen „ruhigen" (failed) Arm, der nur kurzfristig und nicht in jedem Falle eine geringe magmatische und dehnungstektonische Beanspruchung zeigte. Wenn zwei von diesen Armen sich aktiv zu Rifts erweitern und damit ihre Ränder zu Schollenrändern werden, so ist der auffällige Knick in der Schollenbegrenzung verständlich, damit auch die Feststellung N. S. Šatskijs (1955), daß die Zentren der Dreispaltensysteme generell an Einbuchtungen des Tafelrandes gebunden sind.

Werden dabei erweiterte Rifts als Geosynklinen angesprochen und kontinentale Arme der Dreispaltenstrukturen als Aulakogene, so erklärt sich die Formulierung, daß „Aulakogene in Geosynklinen hineinstreichen" (N. S. Šatskij, 1955).

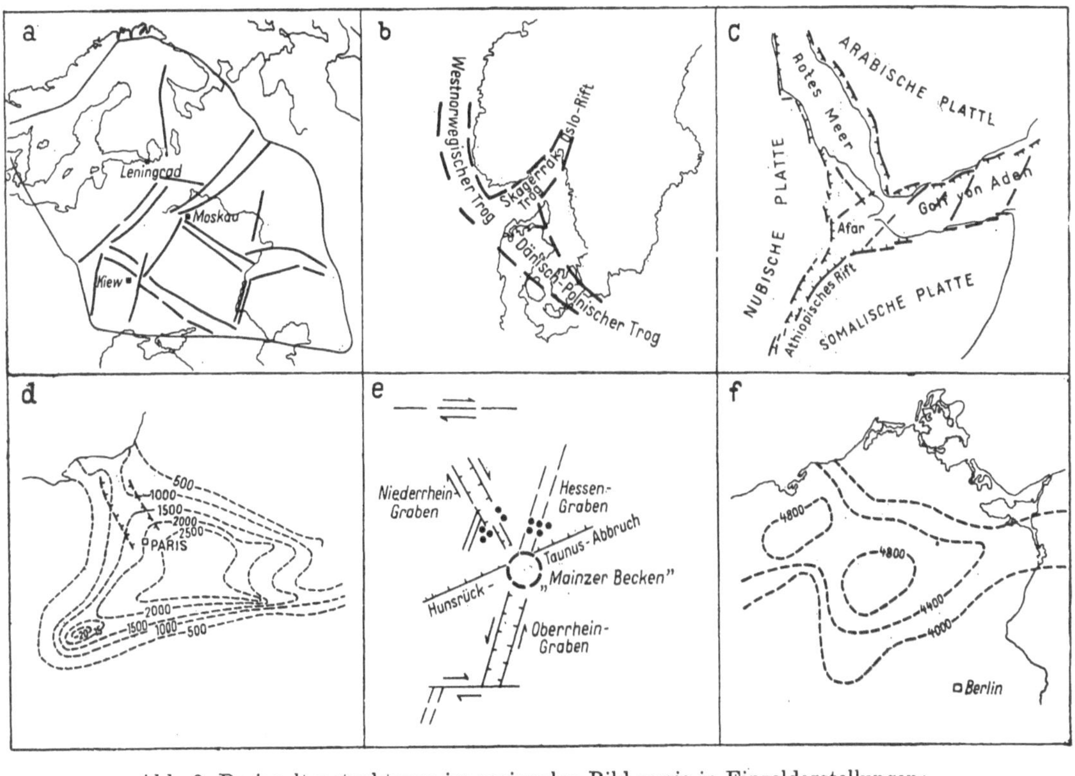

Abb. 8. Dreispaltenstrukturen im regionalen Bild sowie in Einzeldarstellungen;
a) Osteuropäische Tafel: schematische Darstellung von Grabensystemen und Tiefenstörungen nach V. E. Chain (1964);
b) Skagerak-System nach A. Whiteman u. a. (1975);
c) Dreispaltenstruktur Afar nach V. G. Kazmin (1975);
d) Dreispaltenstruktur als Grundform der Entwicklung des Pariser Beckens;
e) Kreuzungssystem „Mainzer Becken" als erweiterte Dreispaltenstruktur, unter Berücksichtigung der Vorstellungen von K. Burke und J. F. Dewey (1973), J. H. Illies (1975) u. a.;
f) Dreispaltenstruktur Pritzwalk als Primärform des „Ostelbischen Massivs", abgeleitet von der Z-Basis-Karte von A. J. Kononov und H. Rische (1964)

Es erscheint uns oft als sehr unvorteilhaft, in diesem Zusammenhang den Begriff „Geosynklinen“ zu verwenden, der doch im Vokabularium der Fixisten eine eng begrenzte, bevorzugt faltungstektonische Stellung einnimmt.

Dreispaltenstrukturen werden im regionalen Verband sowie in Einzeldarstellungen in Abb. 8 gezeigt. Sie unterscheiden sich in der Bildungszeit wie im regionalen Auftreten. Es besteht kein Zweifel, daß Dreispaltenstrukturen existieren, solange Großschollen relativ zueinander in Bewegung sind. Bereits in alten Tafeln lassen sie sich in größerer Anzahl nachweisen. Die Darstellung dieser Systeme ist uneinheitlich. Während man bei jungen Systemen, die heute noch in Fortentwicklung sind, meist markante Grabenbegrenzungen zur Charakterisierung benutzen kann, muß man bei älteren Formen auf Linienführungen der Gebirgsoberkante oder die Basislinie markanter Horizonte und dabei auf deren Ausbuchtungen zurückgreifen.

In den Kartenbeilagen moderner tektonischer Arbeiten sind hin und wieder Strukturen zu finden, die bei flüchtiger Betrachtung als Dreispaltensysteme angesprochen werden könnten. Die Erfahrung lehrt jedoch, daß nicht jede Bruchkreuzung mit dreistrahliger Anordnung oder Führungen von Tieflinien bzw. geophysikalischer etwa in Dreiecksform als Dreispaltenstrukturen gedeutet werden dürfen.

In Abb. 8a wird eine vereinfachte Darstellung von Großgrabenstrukturen der Osteuropäischen Tafel vorgelegt, die 1964 von V. E. Chain veröffentlicht wurde. Sie zeigt die Lage unterschiedlich alter Aulakogene und bedeutender Tiefenbrüche. Da die enge Beziehung von Aulakogenen und Armen von Dreispaltenstrukturen als gesichert gelten kann, muß besonders auf die Lage der Aulogene zueinander geachtet werden. Dabei sind Patschelma-System und Dnepr-Donez-Aulagogen unschwer als Bestandteile von Dreispaltenstrukturen zu erkennen. Auf diese Situation haben bereits K. Burke und J. F. Dewey (1973) hingewiesen.

In Abb. 8b ist ein permisches Dreispaltensystem skizziert, dessen Zentralbereich nach A. Whiteman u. a. (1975) westlich von Jütland liegt. Markante Arme dieser Struktur sind der Westnorwegische und der Skagerak-Trog. Dieser setzt sich in das Oslo-Rift fort. Damit erfährt letzterer eine überzeugendere tektonische Einbindung als in der Synthese der Mittelmeer-Mjösen-Zone Stilles (1945). Der Dänisch-Polnische Trog als sogen. ruhiger Arm der Dreispaltenstruktur ist auffällig in seinem Aufbau und hat besondere Bedeutung durch seine Lage im südwestlichen Randbereich der OET. Von polnischen Geologen (J. Głazek u. a. 1973) wird diese Zone, unabhängig von der Deutung A. Whitemans u. a., als Arm eines weiteren Dreispaltensystems gewertet, das sein Zentrum im Schwarzen Meer hat. Damit liegt eine von H. J. Teschke (1975) völlig abweichende Interpretation vor.

In Abb. 8c ist das gut bekannte Gebiet rezenter Dreispaltenbildung mit dem Zentrum in Afar (nach V. G. Kazmin, 1975) dargestellt. Die drei — in diesem Falle gleichwertigen — Arme bilden das Rote Meer, der Golf von Aden und das Äthiopische Rift, das z. Z. in eine spreading Entwicklung eintritt (D. P. McKenzie u. a. 1970). Dieses Dreispaltensystem ist der bisher einzige Komplex, für dessen Fortentwicklung in den nächsten 5 Mill. Jahren eine Aussage entwickelt wurde (I. G. Gass und I. L. Gibson 1969).

In Abb. 8d wird angeregt, an den Beginn der Entwicklung im Pariser Becken eine Dreispaltenstruktur zu stellen. Das ist nicht nur wegen der auffälligen Ausbuchtungen der Tiefenlinien der Kristallin„oberkante“ nach NW, SW und O berechtigt. Das Pariser Becken liegt dem nordatlantischen Ozean, der sich noch im Öffnungsstadium befindet, und durch großräumige Bruchstrukturen seiner Randzonen (Biskaya, Aquitanien,

Kanal) auszeichnet, sehr nahe. Das bedeutet, daß auch das Pariser Becken, strukturmäßig mit Aquitanien und dem Kanal verbunden, einem sich öffnenden Ozean tributär ist, zu dessen speziellen Strukturformen die Dreispaltensysteme gehören.

Markant ist das Dreispaltensystem (8e), das vom „Mainzer Becken" ausgeht und nach J. H. ILLIES (1975) sein Zentrum bei Oppenheim am Rhein hat und von K. BURKE und J. F. DEWEY (1973) unter Bezugnahme auf H. CLOOS (1939) als „Frankfurt-junction" interpretiert wurde; wie die Struktur Afar ist dieses System jung, doch gibt es in keinem der Arme Anzeichen für spreading und axialen Magmatismus. Die Bearbeiter stimmen darin überein, daß die Gräben vom Ober- und Niederrhein sowie die Hessische Straße die Leitelemente dieser Dreispaltenstruktur darstellen. Da die Schwächezonen des Ober- und mittleren Niederrheins durch erhöhte Seismizität ausgezeichnet

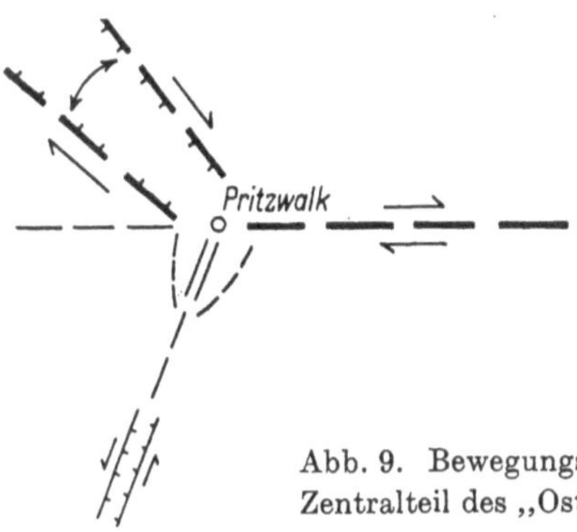

Abb. 9. Bewegungsvorgänge einer Dreispaltenstruktur im Zentralteil des „Ostelbischen Massivs"

sind, dies aber für die Hessische Straße nicht zutrifft, ist letztere als der weniger aktive (3.) Arm der Großstruktur zu bewerten. Es darf nicht übersehen werden, daß bei der bisherigen Interpretation der „Struktur Frankfurt" ein Bauelement außer acht gelassen wurde, das — dem Streichen varistischer Strukturen folgend — WSW-ONO gerichtet verläuft und durch die scharfen Abbrüche von Hunsrück und Taunus, aber auch als alte Blockgrenze durch die Versetzung der Moho um 5 km markiert wird (H. BARTELSEN u. a., 1975).

Sofern diese flachherzynisch streichende Schwächezone, die sich im Mainzer Becken durch mehrere Parallelstörungen manifestiert, gleichwertiges Bauelement dieses Raumes ist, liegt in diesem Fall ein Dreispaltensystem vor, das — wie seltene Beispiele beweisen — durch mehr als drei Leitlinien gesichert ist.

In Abb. 8f wird über die bisherigen Vorstellungen hinaus das Ostelbische Massiv mit einer Dreispaltenstruktur in Verbindung gebracht. Bei der Analyse der Basislinien des Zechsteins nach A. J. KONONOV und H. RISCHE (1964) wird man auf das Beckenzentrum mit der 4800-m-Tiefenlinie und deren Ausbuchtungen aufmerksam. Die Arme verlaufen von diesem Zentrum aus in NW-, SSW- und Ost-Richtung.

Die Abbildung 9 zeigt den fossilen bzw. z. T. rezenten Bewegungsmechanismus einer Dreispaltenstruktur, deren Zeitraum im Ostelbischen Massiv liegt. Die rotationsförmige NW-Öffnung ist zeitlich mit der primären Konturenbildung der Norddeutsch-Polnischen Senke verbunden (s. H. THIERBACH 1974). An diesem Arm der Dreispaltenstruktur fanden im Rahmen der Flankenbewegungen der Senke auch im weiteren Ablauf der

Einsenkung mehrfach begrenzte horizontale Relativbewegungen unterschiedlicher Tendenz statt. Auf diese Rotationsbewegungen weist auch H. BRAUSE (1975) auf der Grundlage von Richtungsdivergenzen größerer tektonischer Störungen hin. Der SSW Arm der Struktur zeigt mehrfach grabenartige Anlagen, die sich in der weiteren Verfolgung über die Gera-Unstrut-Zone (H. RAST, 1966) zur Hegau-Heldburg-Zone (W. CARLÉ, 1952) mit Parallelversetzung in den Oberrheintal-Graben fortsetzen (R. LAUTERBACH, 1962). Im Gegensatz zu den vorgenannten Armen zeigt der OW-Arm der Dreispaltenstruktur keinen sichtbaren Weitungscharakter, sondern flexurartige Relativbewegung, die dem Grundmechanismus von OW-Störungen auf der Norderde entspricht (R. LAUTERBACH, 1972, G. OLSZAK, 1975). Die in Abb. 10 skizzierten geologischen und

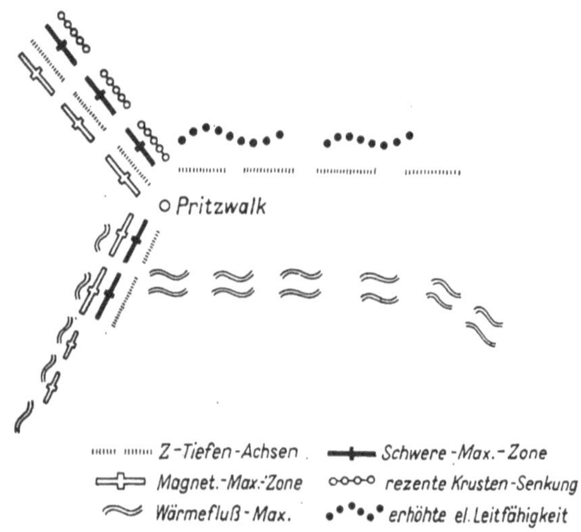

Abb. 10. Geologische und geophysikalische Merkmalsparameter zur Lage einer Dreispaltenstruktur im Bereich des „Ostelbischen Massivs"

geophysikalischen Merkmalsparameter weisen übereinstimmend auf die Existenz einer Dreispaltenstruktur. Sie bedürfen jedoch bezüglich ihrer Bindung an die Entwicklung dieser Struktur einer eingehenderen Interpretation.

Somit ergeben sich abschließend folgende wesentliche Aussagen:

1. Auf der Grundlage plattentektonischer Vorstellungen müssen zwei Grundformen von Senkungsstrukturen unterschieden werden, die an Öffnungs- bzw. Schließungsvorgänge bei Schollenbewegungen gebunden sind.
2. Bei der Bildung von Senkungsstrukturen, die an Öffnungsvorgänge gebunden sind, findet nach kurzem „uplift" eine vom oberen Mantel ausgehende Umformung der Kruste statt, die zur Ausdünnung sowohl der sog. Granitschicht wie Basaltschicht führt. Damit ergibt sich eine Hochlage des oberen Mantels.
3. Die bei diesen Senkungsstrukturen bisher oft beobachteten Kreuzungen von Störungen zeigen nach neuen detaillierten Untersuchungen meist eine dreistrahlige Anordnung, die bereits beim einleitenden uplift-Vorgang angelegt wird. Wir bezeichnen sie als Dreispaltenstruktur.

4. Die Arme der Dreispaltenstruktur besitzen meist unterschiedlichen und in geologischer Zeit wechselnden Charakter in bezug auf ihre räumliche Platznahme sowie die an ihnen stattfindenden Bewegungsmechanismen.
5. Bei der Untersuchung von Becken besitzt die räumliche und dynamische Erforschung der zugrunde liegenden Dreispaltenstrukturen wesentliche Bedeutung, u. a. für die Einschätzung der Migration von Magma und Minerallösungen flüssiger oder gasförmiger Phase.

Literatur

BARTELSEN, H.; MEISSNER, R., und MURAWSKI, H., Seismic reflection measurements analog the geotraverse Rhenoherzynikum. Proc. Europ. Seismol. Comm. 1975 (im Druck), (engl.).

BRAUSE, H., Paläodrift — Tektonik in Mitteleuropa. Z. ang. Geol., Berlin, **21** (1975) S. 338—349.

BURKE, K., and DEWEY, J. F., Plume generaled triple junctions: Key indicators in applying plate tectonics to old rocks. J. Geol. Chicago **81** (1973) 4, p. 406—433, (engl.).

CARLÉ W. Die Hegau-Heldburg-Zone ein rheinisch streichendes Lineament in Süddeutschland. Jh. geol. Abt. Württ, statist. L. A. Stuttgart **2** (1952).

CHAIN, V. E., Allgemeine Geotektonik. Isd. Nedra Moskva 1964, (russ.).

CLOOS, H., Hebung — Spaltung — Vulkanismus, Elemente einer geometrischen Analyse irdischer Großformen. Geol. Rdsch., Stuttgart, **30** (1939) 4A, S. 401—527.

DEWEY, J. F.; PITMAN, W. C.; RYAN, W. B. F., and BONNIN, J., Plate tectonics and the evolution of the Alpine System. Geol. soc. Amer. Bull., Boulder, **84** (1973) 10, p. 3137—3180, (engl.).

DICKINSON, W. R., Subduction and oil migration. Geology, Boulder, **2** (1974) p. 421—424, (engl.).

GASS, I. G., and GIBSON, I. L., Structural evolution of the rift zones in the middle East. Nature, London, **221** (1969) (5184) p. 926—930, (engl.).

GŁAZEK, J.; TRAMMER, J., and ZAWIDZKA, K., The alpine nucrofacies with Glomospira densa (Psantić) in the Muschelkalk of Poland and sane related palaeogeographical and geotectonic problems. Acta Geol. Pol. Warszawa **23** (1973) 3, p. 463—482, (engl. mit poln. Zus.).

ILLIES, J. H., Taphrogenesis and plate tectonics. In: ILLIES-FUCHS (Herausg.): Approaches to Taphrogenesis, Stuttgart 1974, p. 433—460, (engl.).

KAZMIN, V. G., Rift Structural evolution of Red Sea-Aden regions. Bjul. Mosk. obšč., isp. prir. otd. geol. Moskva **80** (1975) 3, S. 116—128, (russ.).

KONONOV, A., und RISCHE, H., Aufgaben, Stand und Ergebnisse der reflexionsseismischen Regionalerkundung in der DDR. Ber. Geol. Ges. DDR, Berlin, Sonderheft 2 (1694) S. 75—86.

KUTAS, R. I., Certain features of heat flow distribution on the territory of the Ukraine and their relations to tectonics. Geotektonika Moskva, 4 (1972) S. 48—58, (russ.).

LAUTERBACH, R., Rhenotype Strukturen im Bilde geologisch-geophysikalischer Untersuchungsergebnisse Mitteleuropas. Ber. Geol. Ges. DDR, Berlin, **7** (1962) 3, S. 325—336.

—, Paläomagnetisch ermittelte Pollagen und deren Verträglichkeit mit Informationen über frühere ideale kontinentale Bruchnetze in Europa. Gerlands Beitr. Geophysik, Leipzig, **81** (1972) 3/5, S. 205—212.

MCKENZIE, D. P.; DAVIES, D., and MOLNAR, P., Plate tectonics of the Red Sea and East Africa. Nature, London, **226** (1970) (5242) p. 243—248, (engl.).

MORGAN, W. J., Rises, trenches, great faults and crustal blocks. J. geophys. res., Richmond, **73** (1968) 6, p. 1959—1982, (engl.).

OLSZAK, G., Zur Rolle horizontaler Kräfte im tektonischen Plan Mitteleuropas. Z. Geol. Wiss., Berlin, **3** (1975) 4, S. 407—415.

RÀDULESCU, D. P., Position of the Călimani-Gurghiŭ-Harghita area within the neozolc volcanic zone of the alpine regions. Anularul Inst. Geol. Bucuresti 1973, p. 7—14, (engl.).

RAST, H., Zur Frage rheinisch gerichteter Strukturen im Thüringer Becken. Geophys. Geol., Leipzig 9 (1966) S. 33—43.

Roman, C., Seismicity in Romania – evidence for the sinking lithosphere. Nature, London, **228** (1970) (5277) S. 1176–1178, (engl.).

Šatskij, N. S., Über die Entstehung des Patschelma-Troges, vergleichende Tektonik alter Tafeln 5. Bjul. Mosk. obšč. isp.-prir., otd. geol. Moskva, **30** (1955) 5, S. 5–26, (russ.).

Sollogub, V. B.; Čekunov, A. V., u. 16 andere, Grundlegende Resultate und Probleme bei der Untersuchung des Tiefenbaus der Erdkruste in der Ukraine mit seismischen Methoden. Geophys. sborn. AN Ukrain. SSR, Kiev, **38** (1970), (russ.).

Stille, H., Betrachtungen zum Werden des europäischen Kontinents (mit besonderer Berücksichtigung der Mittelmeer-Mjösen Zone). Z. dtsch. geol. Ges. **97** (1945) 1, S. 7–29, Berlin 1947.

–, Uralte Anlagen in der Tektonik Europas. Z. dtsch. geol. Ges. **99** (1947) S. 150–174, Stuttgart 1949.

Teschke, H. J., Zur regionalgeologischen Stellung und historischen Entwicklung des Südwestrandes der osteuropäischen Tafel (Dobrudsha-Nordsee-Lineament). Vortr. 22. Jahrestagung GGW, Dresden 1975.

Thierbach, H., Genese und Strukturformen der Sphenochasmen. Ber. Zentralinst. Phys. Erde, Potsdam 1974.

Whiteman, A.; Naylor, D.; Pegrum, R., and Rees, G., North sea throughs and plate tectonics Tectonophysics, Amsterdam, **26** (1975) 1–2, p. 39–54, (engl.).

Wilson, J. T., Static or mobile earth: the current scientific revolution. Tectonophysics, Amsterdam, **7** (1969) 5–6, p. 600–601, (engl.).

Geophys. u. Geol. Geophys. Veröff. d. KMU Leipzig Bd. I H. 4 S. 45–51 Berlin 1978

Zur Problematik der Strukturentwicklung Mitteleuropas im Paläozoikum aus mobilistischer Sicht

H. THIERBACH[1]

Zusammenfassung: Von mobilistisch interpretierenden Tektonikern wird angenommen, daß das varistische Tektogen aus einem mitteleuropäischen Ozean hervorging; dieser durchlief während des Devons und Karbons eine closing-Entwicklung i. S. des WILSON-Zyklus. Auf Grund von Erfahrungen, die durch regionale Vergleiche gewonnen wurden, muß diese Entwicklung durch einen langwierigen Prozeß mehrerer Kollisionen der ozeanischen und kontinentalen Schollen charakterisiert sein. Dabei spielen unterschiedlich wirksame Subduktionen an Inselbögen und Schollengrenzen andinen Typs, Horizontalverschiebungen und magmatische Prozesse eine bedeutende Rolle. Wenn auch der mitteleuropäische Raum nach erfolgter varistischer Kollision allein von bruchtektonischen Prozessen betroffen wurde, die die älteren Strukturentwicklungen nur unbedeutend veränderten, somit das paläozoische Bild weitgehend erkannt werden kann, ist es doch nach dem augenblicklichen Stand unserer Kenntnisse noch sehr schwierig, die wesentlichen Etappen im closing-Prozeß des Mitteleuropäischen Ozeans exakter zu erfassen.

Die Ansicht, daß Kratone — als Resultate der Krustenbewegungen tektonischer Ären — sich in einen dauernd steifen Zustand befinden, der bei tektonischer Beanspruchung der Kratone nur Brüche und Flexuren größeren Ausmaßes zuläßt, wird heute zum mindesten von den Mobilisten nicht mehr akzeptiert. Im Gegenteil ist man bei dieser Denkrichtung heute der Meinung, daß sich in kontinentalen Schollen Großstrukturen entwickeln, die u. a. Anlaß zur Entstehung und Ausbreitung von Ozeanen führen (sea floor spreading (DIETZ 1961, HESS 1962), plate tectonics (MCKENZIE und PARKER 1967, MORGAN 1968)).

Da nach Vorstellungen WILSONS (1969) einem Ausbreitungs- und Reifeprozeß eines Ozeans ein Schließungs-Stadium (closing) folgt, in dem sich auf Kosten der ozeanischen Schollen kontinentale Massen einander nähern und in einem Kollisionsprozeß miteinander vereinigt werden, müssen nach der mobilistischen Interpretation tektogenetische Prozesse als Hauptelemente der closing-Entwicklung WILSONS in Erscheinung treten.

Da die Kollisionen zunächst zwischen ozeanischen und kontinentalen Schollen erfolgen und eine Kontinent—Kontinent-Kollision erst nach völliger Dezimierung ozeanischer Platten stattfinden kann, sich aber beide Kollisionstypen in schollenrandstauenden Prozessen äußern, gilt es als sicher, daß jede „Gebirgsbildung" einer tektonische Ära zwei große Etappen durchläuft.

Das kann auch für die Entwicklung des Varistischen Gebirges zutreffen, sofern man die Vorstellungen einiger Tektoniker (BADHAM und HALLS 1975, BURRETT 1972, COSGROVE 1972, FLOYD 1975, LAURENT 1972, MCKERROW und ZIEGLER 1972, NICOLAS

[1] Anschrift des Verfassers:

Dozent Dr. rer. nat. habil. H. THIERBACH, Sektion Physik Fachbereich Geophysik der Karl-Marx-Universität Leipzig, 701 Leipzig, Talstraße 35.

1972 u. a.) anerkennt, wonach in Mitteleuropa während des Paläozoikums ein Ozean bestanden hat, der über mehrere 100 Mio. Jahre eine kontinentale Großscholle mit nordamerikanischen und nordeuropäischen Anteilen von einer weiteren Großscholle trennte, deren Komponenten südeuropäisch und afrikanisch waren. Man sagt zwar, daß diese Großschollen im NW bzw. SO des Mitteleuropäischen Ozeans gelegen haben, ist sich aber darüber im klaren, daß die Lage und Konturierung der kontinentalen und ozeanischen Großschollen, dazu auch die Lage der Pole und die Orientierung der Rotationsachse unserer Erde in früheren geologischen Perioden bzw. Ären von den heutigen grundverschieden waren.

Das Paläozoikum Mitteleuropas ist durch viele stratigraphische, paläontologische, geotektonische, geochemische u. a. Faktoren ausgezeichnet, die fast ausschließlich der varistischen (tektonischen) Ära zugeordnet werden können. Nach der bisher dominierenden fixistischen Interpretation belegen diese Fakten eine sich über mehrere Perioden hinweg entwickelnde, in ihren Teilelementen äußerst kompliziert gebaute Geosynklinale, aus der i. S. des Geotektonischen Zyklus Stilles etappenweise ein Tektogen/Orogen entstand. Die zunächst vertretene Annahme fast ausschließlich faltungsbedingter Prozesse im Geosynklinalbereich wurde in letzter Zeit dahin korrigiert, daß rein alpinotype Vorgänge auf die eigentliche Tektogenese konzentriert sind, während die Entwicklungszeit davor, begonnen mit der Anlage der Geosynklinalen, sowie der weitere Ablauf nach dem Tektogenprozeß von einer deutlichen Bruch- und Blocktektonik bestimmt werden. Das bedeutet, daß auch horizontale Bewegungen mit ihrem vielzeitigen Formenschatz in den Zeiten vor und nach der Tektogenese i. e. S. auch bei der fixistischen Interpretation eine bedeutende Rolle spielen müssen.

Die Mobilisten nehmen an, daß sich der Mitteleuropäische Ozean im älteren Paläozoikum entwickelte, etwa an der Wende Silur/Devon seine größte Ausbreitung besaß und zu Beginn des Devons in seinen Schließungsablauf eintrat, der Ende Karbon mit der varistischen Kontinent—Kontinent-Kollision abgeschlossen wurde (asturische Kollision, Burrett 1972).

Es wird vermutet, daß die unterschiedlichen kambrischen Faunenprovinzen Skandinaviens auf der einen, Böhmens, der Mt. Noire und der Bretagne auf der anderen Seite durch den in Öffnung befindlichen mitteleuropäischen Ozean mit weit auseinanderliegenden Ufern bedingt sind. Weiterhin wird angenommen, daß die Schließung des Kaledonischen Ozeans im NW Europas (heutiger Lage) die Öffnung des benachbarten Mitteleuropäischen begünstigt hat. Es kann sich auch der Einfluß einer alten Tethys bemerkbar machen, die anscheinend schon damals dem kombinierten Bewegungstyp (aufeinander zu + aneinander vorbei driftende Schollen) unterworfen war. Noch ist es verfrüht, die Anfänge des mitteleuropäischen Ozeans mit präkambrischen Dreispaltensystemen in Verbindung zu bringen, die von Burke und Dewey (1973) aus dem Baltikum erwähnt werden. Leider sind die Belege für das Wachstum des Mitteleuropäischen Ozeans bisher sehr gering und regionale voneinander abweichende Faziesbereiche der Randzonen nach diesen Gesichtspunkten noch zu wenig untersucht worden. Es kann sich bei diesem Riftozeanen um ein Wiederöffnen eines Vorgängers, d. h. um ein reopening Wilsons (1966) oder um eine „Neuanlage" im kontinentalen Raum handeln, die Olszak und Thierbach (1976) mit Hilfe der Dreispaltentektonik zu klären versuchen. Eine solche Lösung ist aus mobilistischer Sicht plausibel und für Fixisten annehmbar: Die zu Beginn der Geosynklinalentwicklung wahrscheinlich gemachte Dreispaltentektonik tritt dann mit kräftigerer Aussage an die Stelle der „Regeneration", jenes kaum belegbaren Prozesses, in dem nach STILLE Teile ursprünglich versteiften Gebietes wieder in den mobilen Zustand zurückfallen, aus dem dann neue Geosynklinalen geboren werden können.

Wenn die Dreispaltentektonik als einleitender Prozeß auch der Geosynklinalentwicklung gesehen wird, ist von dieser Etappe aus eine Annäherung des geotektonischen Zyklus STILLES an den spreading-closing-Zyklus WILSONS durchaus denkbar.

Für eine Interpretation der tektogenetischen Entwicklung in der varistischen Ära gibt es nach BADHAM u. a. (1975) drei Möglichkeiten:

1. Im Sinne der Fixisten ohne jede Beteiligung plattentektonischer Vorstellungen,
2. mit Hilfe einer Kollision zweier kontinentaler Schollen über einen zentraleuropäischen Ozean,
3. als „andine Orogenese“ über einer nach N eintauchenden Subduktionszone, die somit den gesamten tektogenetischen Ablauf bestimmt.

Nach der Meinung von OLSZAK und THIERBACH (1975) sind die beiden letzteren Abläufe jedoch Teilentwicklungen eines einzigen Prozesses im Sinne WILSONS, wobei die Kollision vom andinen Typ (Punkt 3) als Vorläufer der Kollision zweier Kontinentalschollen (Punkt 2) zu gelten hat.

Bei einer Kollision werden Schollengrenzen in den seltensten Fällen gerade Linien sein; die Schollen treffen auch kaum mit einander parallelen Rändern aufeinander auf. Vertritt man die Auffassung, daß keine Geradlinigkeit vorliegt und die Schollenränder unter einem Winkel zusammenstoßen, so ergeben sich unter — dem Aspekt einer „schiefen Kollision“ — extreme Bereiche mit bedeutenden Überschiebungen, die an eine alpinotype Deckentektonik erinnern (flake tectonics, OXBURGH 1972), daneben Gebiete, in denen der Schub vor Beginn einer Kollision zum Stillstand kam und festerartige Reste der sonst vollständig dezimierten ozeanischen Kruste vorerst erhalten werden konnten. Beispiele hierfür bieten das Schwarze Meer und der Südteil des Kaspisees. Zur Klärung dieser sehr komplizierten Zusammenhänge werden von verschiedenen Tektonikern sehr unterschiedliche Argumente vorgebracht.

Der große globale Entwicklungsabschnitt, den WILSON (1969) als Schließungsprozeß i. w. S. charakterisiert, kann durch zeitlich ungleich starke Bewegungen der aufeinanderzuwandernden kontinentalen Schollen ausgezeichnet sein, für den Mitteleuropäischen Ozean wird für den Zeitraum vom Silur bis zum frühen Devon ein beschleunigtes, von da ab bis zur varistischen Kollision ein langsames Driften gefordert (BADHAM und HALLS 1975). Nur regional wirksame und nicht fortlaufend aktive Subduktionszonen bedingen eine geringe Annäherungsgeschwindigkeit der aufeinander zudriftenden kontinentalen Platten. In diesem Falle wird, ggf. unter Beteiligung „lokaler“ Rotationen und durch Horizontalverschiebungen ausgezeichneter Störungssysteme (strike-slip-faults), mit einem unbedeutendem Auftreffwinkel gerechnet: Je kleiner dieser Winkel, desto gemäßigter ist die Kollision. Als Folge davon ergibt sich ein Gebirge, das nicht auf Grund von Krustenverdickung hoch aufgerichtet sein kann wie etwa die Alpen. Das entspricht übrigens der Vorstellung der Fixisten, die im varistischen Orogen nur ein Mittelgebirge sehen möchten. Eine weniger starke Kollision bedingt verständlicherweise eine nur unbedeutende Überschiebungs- und Deckentektonik, darüber hinaus eine geringe Einklemmung ophiolithischer Reste ehemaliger ozeanischer Kruste. Bekanntlich sind diese Phänomene im varistischen Raum nicht sonderlich häufig. Lediglich im Zentralsächsischen Lineament i. S. von WATZNAUER (1965) und KURZE (1966), etwa am SO-

Rand der Münchberger Gneismasse und des Granulitgebirges, sind Ultrabasite vorhanden, die als Reste der einstigen Mitteleuropäischen Ozeanscholle aufgefaßt werden können, die sich bei der Kontinent—Kontinent-Kollision der Variszlden zwischen den beiden aufeinander einwirkenden kontinentalen Massen eingeklemmt erhalten haben. In Anbetracht der vermuteten nur schwachen Kollision und der geringen Überschiebungsintensität übergreifender Schollenteile von der Kollisionszone aus ist es angebracht, letztere in nicht zu großer Entfernung vom Mittelsächsischen Lineament zu suchen: Über genetische Beziehungen dieses Streifens verklemmter Ophiolithe mit einem heute etwa 100 km entfernt liegendem Beireich einer zentralen varistischen Narbe, die von Burrett (1972) sowie Nicolas (1972) am S-Rand der rhenoherzynischen Zone gefordert und von Lutzens (1975) in der von Brause (1970) als Mitteldeutscher Scheitelungszone definierten varistischen Vergenzwechselzone angenommen wird, sind konkrete Vorstellungen noch nicht veröffentlicht worden. Die Deutung wird dadurch erschwert, daß über die tektonische Stellung einiger zwischen diesen beiden Zonen gelegener tektonischer Einheiten, z. B. des Granulitgebirges, für dieses mobilistische Modell noch keine Erklärung gefunden worden ist.

Nach Informationen von Fitch (1972) und Hill (1972) kann eine weitreichende Tiefenbruchtektonik vom Typ horizontalverschiebender Störungen (transcurrent faults) an die Stelle der Subduktionsprozesse treten, wenn diese vorübergehend oder für immer ihre Aktivität verlieren. Diese zu den Plattengrenzen und der Hauptrichtung tektonischen Transports subparallelen Störungen können unregelmäßige unterschiedlich große Vorsprünge der aufeinander einwirkenden Platten abschneiden und auf diese Weise Fragmente kontinentaler Kruste in der ozeanischen Platte zurücklassen. Mögliche Reste ozeanischer Kruste in der kontinentalen Platte sollen zunächst nicht berücksichtigt werden. Bei der Abtrennung solcher Fragmente sind basische Magmen aktiv. Zum gleichen Prozeß wird die Bildung einer großen Zahl schmaler, von Brüchen begrenzter Becken gerechnet. Ihre Deformation erfahren sie durch die erneut einsetzende Subduktionstätigkeit. Olszak und Thierbach (1976) sowie Frank (1976) stellen mit Wilson (1966) diese Senkungsformen im Schließungsprozeß der Ozeane den völlig anders gearteten Becken des spreading-Stadiums gegenüber.

Bei der abschließenden Kollision müssen die Fragmente kontinentaler Platten zusammen mit dem Material der ihnen fremden Umgebung in ein Gesamttektogen einbezogen werden. Sie sind von dort schon seit längerer Zeit, auch von den Fixisten, als Fremdkörper erkannt, aber sehr unterschiedlich interpretiert worden. Allerdings ist bisher von keiner Seite an einen genetischen Zusammenhang zwischen solchen Fragmenten kontinentaler Schollen und Innenmassiven von Faltungsgebirgen i. S. von Janšin (1965) gedacht worden. Für die richtige Einschätzung der Fragmente ist es wichtig, daß sie das gleiche Fundament wie die Großscholle haben müssen, der sie entstammen.

Aus diesen Beobachtungen ergibt sich somit ein Zusammenspiel von Mikroschollen, (?episodisch aktiven) Subduktionszonen, transcurrent Störungen, basischem Vulkanismus und bruchbegrenzten schmalen Becken in äußerst komplizierten Prozessen. Die einzelnen Vorgänge, die in einem Zeitraum von 10er Millionen Jahren ablaufen, nach unseren heutigen Kenntnissen mobilistisch ausreichend zu interpretieren, dürfte genau so schwer sein wie die Etappen exakt zu belegen, die eine Geosynklinalentwicklung von einer tektogenetischen Phase zur anderen durchlaufen haben mag.

Es ist aus der Entwicklungszeit eines Mitteleuropäischen Ozeans auch noch nicht von Inselbögen berichtet worden, die sich nach Wilson (1973) dann am Rand eines sich schließenden Ozeans bilden, wenn eine stationär kontinentale Scholle von der benachbarten mobilen ozeanischen unterfahren wird. Immerhin kann in Mitteleuropa an solche Phänomene gedacht werden. Aus der alpidischen Ära berichten z. B. Lebedinski und Šalimov (1966) über die Widerspiegelung von Inselbögen in der heutigen Struktur der Karpaten, d. h. eines heute mitten im kontinentalen Bereich gelegenen Gebietes.

Vermutlich zu Beginn der varistischen Kollision i. e. S. bzw. der tektogenetischen Prozesse, die nach fixistischer Auffassung zur Auffaltung des Gebirges führen, schalten sich gebietsweise in sich ständig steigerndem Maße gravitative Umlagerungen ein. Sie äußern sich z. B. im Harz nach den Untersuchungen von Lutzens, Reichstein, Schwab u. a. (Zusammenfassung bei Lutzens 1975) in einer Abfolge von Turbiditflysch, Olisthostromen, gravitativen Gleitschollen und Gleitbecken. Diese Abfolge wird mit einem Liefergebiet in Beziehung gebracht, das nach mobilistischen Vorstellungen die Zone der varistischen Narbe darstellt.

Die varistische Kollision in Mitteleuropa wird von vielen Tektonikern als eine endgültige angesehen; d. h., es erfolgte kein reopening des Mitteleuropäischen Ozeans i. S. Wilsons (1966). Das bedeutet, daß nach dieser Kollision auf längere Zeit globaltektonische Phänomene in Mitteleuropa nur untergeordnete Bedeutung hatten. Wahrscheinlich fanden zunächst noch horizontale Bewegungen zum Ausgleich des bei der schiefen Kollision erreichten Ungleichgewichtes in der Massenverteilung statt. Bei der allgemein postulierten geringen Intensität des Aufeinandertreffens der nordwestlichen und südöstlichen Großscholle müssen die Bewegungen allerdings nur geringe Dimensionen erreicht haben. In diesem Sinne sind auch die von Brause (1970) vorgebrachten Argumentationen zu verstehen.

Unter dem Einfluß eines spreading im Nordatlantik während des Mesozoikums sowie der gleichzeitigen kombinierten Annäherungs- und Horizontalverschiebungstektonik in der Tethys könnten in Mitteleuropa ebenfalls größere Schollenbewegungen erwartet werden. Die Saxonische Ära ist jedoch durch Bruchschollentektonik mit auffäligen vertikalen Bewegungen ausgezeichnet.

Erst die Umstellung des südeuropäischen Bauplanes infolge der Kollision in der Tethys bereitet dieser Entwicklung ein Ende. Abwechselnde horizontale und vertikale Bewegungen innerhalb großer Schwächezonen sind in der globalen Tektonik kein Sonderfall, u. a. hat Aprodov (1964) darauf hingewiesen. Die Vorgänge im Oberrheintalgraben und in zugehörigen Bruchstrukturen, die nach mobilistischer Anschauung bei einer Beteiligung von Dreispaltenstrukturen einem beginnenden spreading-Prozeß zugehören (Olszak und Thierbach, 1976), sind Belege für ein erneutes Regime der Horizontalverschiebungen. Die diese jüngste Großtektonik Mitteleuropas bestimmenden steilen Richtungen harmonieren zusammen mit ihren Antilinien keineswegs mit dem alten varistischen Bauplan, ein Phänomen, das auch in anderen Großräumen und unterschiedlichen tektonischen Ären beobachtet wurde, z. B. im Sarmatischen Schild (Šatskij und Bogdanov, 1958), aus dem Präkarbon (Sollogub und Čekunov, 1975).

Bei allen Überlegungen ist zu bedenken, daß die Untersuchungen, die in den letzten 100 Jahren im Paläozoikum Mitteleuropas durchgeführt worden sind, und die Konsequenzen, die man daraus zog, nur möglich waren, weil durch die postvaristischen vertikalen Krustenbewegungen der Saxonischen Ära Schollen des bis dahin völlig unter Deckgebirge verborgenen tiefliegenden varistischen Gebirges in mehreren Blöcken herausgehoben wurden. Dagegen sind die von Schroeder (1973) angeführte, für die Lösung vieler Probleme nachteilige, mit dem uplift gleichzeitige starke Zerstückelung und mächtige Sedimentüberdeckung der abgetauchten Blöcke für eine Ausdeutung im großen Rahmen von geringerer Bedeutung.

Die größten Schwierigkeiten bietet bis jetzt jedoch die Interpretation der fossilen Narbenzone, der Nachweis und die Analyse der einstigen Anteile des Mitteleuropäischen Ozeans. Es wird von allen Bearbeitern derartiger Phänomene hervorgehoben, daß es nur in den seltensten Fällen möglich ist, die mit den basischen Magmen der ozeanischen Kruste vergesellschafteten Sedimentite abzugrenzen und deren Herkunft sowie Abfolge zu bestimmen (Smith, 1972). Mit dem endgültigen dosing des mitteleuropäischen Ozeans ist demnach eine räumlich wie zeitlich äußerst vielseitige Entwicklung abgeschlossen, über die sich in gewohnter Weise (Historische und Strukturgeologie) nicht berichten läßt.

Literatur

Aprodov, V. A., Strukturell-geotektonische Klassifikation von Tiefenbrüchen. In: Tiefe Brüche, S. 5–25, Nedra, Moskau 1964.

Badham, J. P. N., und Halls, C., Microplate tectonics, oblique collisions and evolution of the Hercynian orogenic systems. Geology **3** (1975) 7, S. 373–376.

Brause, H., Variszischer Bau und „Mitteldeutsche Kristallinzone". Geologie **19** (1970) S. 281 bis 292.

Burke, K., und Dewey, J. F., Plume-generated triple junctions: key indicators in applying plate tectonics to old rocks. J. of Geology **81** (1973) 4, p. 406–433.

Burrett, C. F., Plate tectonics and the Hercynian orogeny. Nature **239** (1972) 5368, p. 155–157.

Cosgrove, M. E., The geochemestry of the K-rich Permian volcanic rocks of Devonshire, England. Contr. Mineralogy and Petrology **36** (1972) S. 155–170.

Dietz, R. S., Continent and ocean evolution by spreading of the sea floor. Nature **190** (1961) 4779, p. 854–857.

Fitch, T. J., Plate convergence, transcurrent faults and internal deformation adjacent to southeast Asia and the western Pacific. J. Geophys. Res. **77** (1972) p. 4432–4460.

Floyd, P. A., Geochemestry, origin and tectonic environment of the basic and acidic rocks of Cornubia, England. Geol. Ass. (London) Proc. **83** (1972) S. 385–403.

Frank, V., Regionaler Vergleich tiefer Becken und ihrer geophysikalischen Charakteristika. Unveröff. Dipl.-Arbeit, KMU Leipzig, 1976.

Hamilton, W., The Uralides and the motion of the Russian and Siberian platforms. Geol. Soc. Amer. Bull. **81** (1970) p. 2553–2576.

Hill, M. L., Is the San Andreas a transform fault? Geology (Boulder) **2** (1974) p. 535–538.

Jansin, A. L., Das Problem der Zwischenmassive. Bjul. MOIP, otd. geol. **40** (1965) 5, p. 8–39.

Johnson, G. A. L., Closing of the Carboniferous sea in western Europe. In: O. H. Tarling und S. K. Runcorn (edit.), Implications of continental drift to the Earth sciences. **2** (1973) p. 843–850.

Kurze, M., Die tektonisch-fazielle Entwicklung im NE-Teil des Zentralsäschichen Lineamentes. Freiberger Forsch.-H., C **201** (1965).

Laurent, R., The Hercynides of South Europe, a model. Int. Geol. Congr. 24//, Montreal 1972. Proc. sec. 3 (1972) p. 363–370.

Lebedinskij, V. J., und Salimov, A. I., Über die Widerspeigelung von Inselbögen in der heutigen Struktur der Karpaten und der Gebirgskrim. In: Vulkanische und vulkanisch-plutonische Formationen **2** (1966) 259–265.

Lutzens, H., Ein Beitrag zur Geologie des Unterharzes – metamorphe Zone, Südharz- u. Selkemulde. Z. Geol. Wiss. **3** (1975) 3, S. 267–299.

McKenzie, D. P., und Parker, R. L., The North Pacific: an example of tectonics on a sphere. Nature **216** (1967) p. 1276–1280.

McKerrow, W. S., und Ziegler, A. M., Paleozoic oceans. Nature **240** (1972) p. 92–94.

Morgan, W. J., Rises, trenches, great faults and crustal blocks. J. Geophys. Res. **73** (1968) p. 1959–1982.

Nicolas, A., Was the Hercynian orogenic belt of Europe of the Andean type? Nature **236** (1972) 5344, p. 221–223.

Olszak, G., und Thierbach, H., Zur Entwicklung regionaler tektonischer Senkungseinheiten im Kreuzungsbereich kontinentaler Scherungszonen, speziell in Mitteleuropa. Z. Geol. Wiss. **4** (1976).

Oxburgh, E. R., Flake tectonics and continental collision. Nature **239** (1972) 5369, p. 202–205.

Šatskij, N. S., und Bogdanov, A. A., Grundzüge des tektonischen Baues der Sowjetunion. Fortschritte der Sowjetischen Geologie **1** (1958).

Schroeder, E., Probleme tektonischer Untersuchungen im Orogen, speziell in den Varisziden. In: Stockwerkbau und Felderteilung, Veröff. Zentralinst. Physik der Erde **14** (1973) S. 273–302.

Smith, A. G., Pre-mesozoic plate-tectonics. XXIV. Int. Geol. Congr. Canada 1972, Rep. Sect. 3, S. 166–171.

Sollogub, V. B., und Čekunov, A. V., Abyssische Struktur und Entwicklung der Erdkruste. In: Problem der Physik der Erde in der Ukraine, S. 118–141, Verlag Dumka, Kiev 1975.

Thierbach, H., und Olszak, G., Paläotektonische Strukturen in Mitteleuropa im Übergangsbereich von Kontinent zu Ozean. Hallesches Jb. **2** (1976).

Watznauer, A., Stratigraphie und Fazies des erzgebirgischen Kristallins im Rahmen des mitteleuropäischen Varistikums. Geol. Rdsch. **54** (1965) 2, S. 853–860.

Wilson, J. T., Did the Atlantic close and then reopen? Nature **211** (1966) 5050, p. 676–681.

Wilson, J. T., Static or mobile earth: the current scientific revolution. Tectonophysics **7** (1969) 5–6, p. 600–601.

Wilson, J. T., Mantle plumes and plate motions. Tectonophysics **19** (1973) 2, p. 149–164.

Geophys. u. Geol. Geophys. Veröff. d. KMU Leipzig Bd. I H. 4 S. 53–66 Berlin 1978

Interpretation geophysikalischer Potentialfeldanomalien im Gebiet des „Ostelbischen Massivs“

W. NEUMANN[1]

Zusammenfassung: Seit rund 50 Jahren bildet das ostelbische Anomaliengebiet einen Schwerpunkt der geologisch-geophysikalischen Erkundung der Norddeutsch-Polnischen Senke. Während dieses Zeitraums waren die Bemühungen um eine Klärung der Anomalienursache nicht gleichbleibend intensiv, und die Ergebnisse sind — gemessen an unseren heutigen Ansprüchen — als noch immer nicht zufriedenstellend einzuschätzen. Neben einer widerspruchsfreien komplexen Bearbeitung aller Erkundungsdaten sind künftig auch die disziplinorientierten Interpretationsarbeiten zu intensivieren. Dazu gehört auch die Analyse der Potentialfelder, deren Informationsinhalt bei weitem noch nicht voll ausgeschöpft ist.

1. Geologisch-geophysikalische Situation

Der Komplex der ostelbischen geophysikalischen Potentialfeldanomalien umfaßt bei Grobbetrachtung eine ovale Fläche von rund 15000 km² mit einer vorherrschenden NW—SE-Streichrichtung der Isanomalen und deckt sich annähernd mit dem Gebiet, in dem die Zechsteinbasis tiefer als 4300 m liegt. Hinsichtlich dieser Ausdehnung und mit einer Amplitude von 300 nT und 45 mGal ist er eine der markantesten Erscheinungen der Norddeutsch-Polnischen Senke (NPS). Das Deckgebirge der NPS setzt sich aus Gesteinen mittelpaläozoischen bis känozoischen Alters zusammen und erreicht eine Gesamtmächtigkeit bis 10 km. Der Anomalienkomplex nimmt nach seiner geologisch-geotektonischen Lage eine Sonderstellung ein: Er liegt zwischen der Ost-Europäischen Tafel (OET) und den Varisziden. Auch eine mögliche Zuordnung zu einer dieser Einheiten ist verschiedentlich diskutiert worden. Nach den Vorstellungen von PUTZIGER (1966), (OLSZAK) 1967 u. a. scheint das Anomaliengebiet einer einzigen großtektonischen Einheit anzugehören und eine mehr oder weniger eigene Entwicklung durchgemacht zu haben. Daraus ließe sich die Schlußfolgerung ziehen, daß für die Beschreibung und Detailerkundung des sogenannten verdeckten ostelbischen Massivs (OEM) die Randgebiete und seine Umgebung nur wenig Ansatzpunkte für Extrapolationen und für gesicherte Analogieschlüsse bieten. Mit gegenteiligen Gedanken setzen sich z. B. LAUTERBACH (1962) sowie OLSZAK und THIERBACH (1973) auseinander. Die Feststellung, daß das Gebiet im Kreuzungsbereich zweier tektonischer Schwächezonen liegt, nämlich der rhenotypen Mittelmeer-Mjösen-Zone mit einer SSE-NNW-streichenden Schwächezone, die sich nach OLSZAK (1967a) über das Böhmische Massiv hinaus verfolgen läßt, unterstreicht die besondere tektonische Situation (Abb. 1).

[1] Anschrift des Verfassers:
Dr. sc. nat. W. NEUMANN, Sektion Physik, Fachbereich Geophysik der Karl-Marx-Universität Leipzig. 701 Leipzig, Talstraße 35.

Da das OEM — nach einer älteren Vorstellung als ein „Inselkern" der Pompeckjschen Schwelle — in erster Linie eine Quelle geomagnetischer und gravimetrischer Anomalien ist, wird die Abbildung der wirklichen geologisch-geotektonischen Situation so schwierig, zumal die Interpretation der Potentialfelder die Probleme der Superposition und des Äquivalenzprinzips bei dem zweifelsfrei heterogenen stofflichen und strukturellen Aufbau

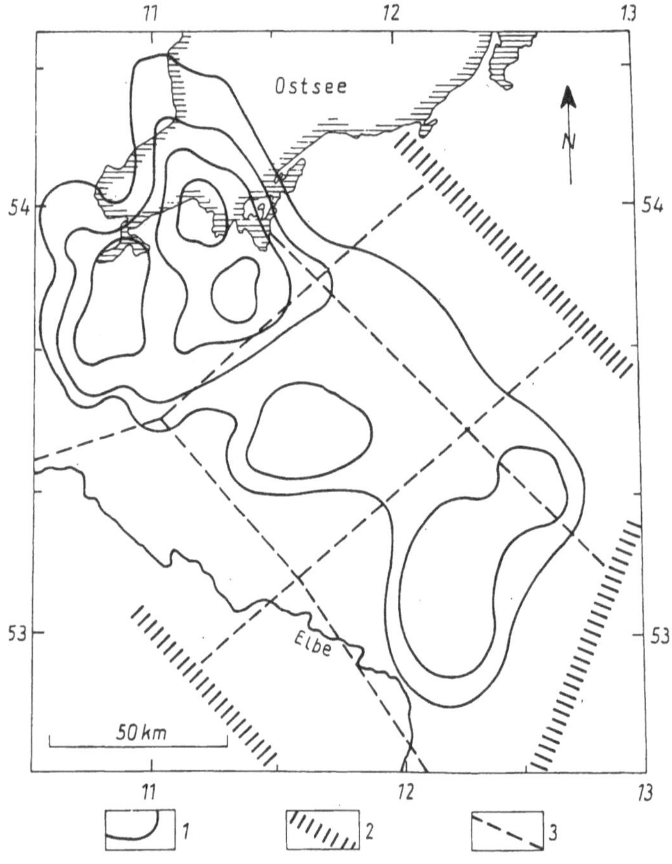

Abb. 1. ΔT-Anomalienkomplex „Ostelbisches Massiv" mit Pritzwalker, Parchimer und Westmecklenburger Teilgebieten.
1 — Anomalienkontur; *2* — Tiefenbruch; *3* — tektonische Störung

des OEM zu bewältigen hat. Eine endgültige Klärung des Wesens dieses Anomalienkomplexes, des geologischen Stoffes und der geotektonischen Struktur des Störkörpers und seiner geologischen Entwicklung ist aus diesen Gründen heute noch nicht zu erwarten.

Andererseits kann aber gesagt werden, daß dieses Untersuchungsgebiet wegen seiner besonderen Schwierigkeiten ein ausgezeichnetes Testobjekt für alle Interpretationsverfahren bietet, die mit anspruchsvoller Aufgabenstellung auf komplizierte geologische Situationen angewendet werden sollen. Es ist klar, daß man zur Deutung alle sich darbietenden Erkundungsmöglichkeiten heranziehen und im Komplex bearbeiten muß und darauf zu achten hat, daß die Ergebnisse der einzelnen Disziplinen sich nicht widersprechen. Die Widerspruchsfreiheit ist zwar notwendig, aber nicht hinreichend, wenn man bedenkt, daß der Informationsinhalt der Einzeldisziplinen sicher noch nicht voll ausgeschöpft ist. Das gilt insbesondere auch für die Potentialmethoden, auf die wir trotz der Ergebnisse der Tiefenseismik nicht verzichten können.

2. *Rückblick auf frühere Deutungsversuche*

Die Entdeckung der ostelbischen Anomalien in den zwanziger Jahren verdanken wir eigentlich einem Meßfehler. Bei der geomagnetischen Vermessung 1. Ordnung hatten Eschenhagen und Edler im Jahre 1914 einen Störbetrag von über 600 nT angegeben, was H. Reich zu Detailvermessungen anregte. Die Amplitude konnte er zwar nicht reproduzieren, erhielt aber eine ovale Anomalienfläche mit annähernd richtiger Amplitude im Bereich von Pritzwalk in der Prignitz. Zu ihrer Erklärung sagte er 1925: „Nicht zu verhehlen sind indes die Schwierigkeiten bei der Deutung magnetischer Anomalien. Nach meinen Untersuchungen glaube ich nicht, daß das Diluvium für die großen Anomalien in der Umrandung der Ostsee verantwortlich zu machen ist ...“ Man muß sich vergegenwärtigen, daß zu jener Zeit die Erprobung des magnetischen Prospektionsverfahrens zur Lösung geologischer Aufgaben noch im Anfangsstadium steckte, eine quantitative Interpretation der Anomalien sich erst langsam entwickelte und die Meinung weit verbreitet war, daß die tiefere Erdkruste ziemlich homogen aufgebaut sei.

1932 formulierte Reich zunächst recht vorsichtig: „Die magnetische Anomalie könnte mit Heraushebungen des kristallinen Untergrunds zusammenfallen, die wahrscheinlich dem entsprechen, was man sonst in der Geologie mit dem Namen Massiv zu belegen pflegt.“ Einige Absätze weiter sagte er aber dann: „Alle größeren magnetischen Anomalien nämlich, bei denen man die Ursache kennt, lassen sich auf kristalline Gesteine — Eruptiva oder kristalline Schiefer — zurückführen. Die „Massiv-Theorie“ ist also gut begründet.“ So einfach wäre also die Interpretation, wenn man sich allein auf einige einfache Analogieschlüsse berufen könnte und nicht untersuchen würde, welche Merkmale eigentlich für eine bestimmte Situation wesentlich sind und inwieweit es gestattet ist, die Erklärung einer Erscheinung zur Deutung einer anderen ähnlichen — denn genau dieselben wiederholen sich wohl kaum — zu übertragen. Der Begriff des Massivs wird auch heute noch verwendet, wenn auch mehr im Sinne eines geophysikalischen Massivs, d. h. eines Komplexes positiver magnetischer und gravimetrischer Anomalien.

Die gravimetrische Anomalie ist in ihren Hauptzügen erst durch die Messungen in den Jahren 1936—1944 bekannt geworden, wenn auch eine geringe Felderhöhung bereits in der ersten von Kossmat 1921 veröffentlichten Schwerekarte nach Pendelmessungen zu erkennen ist. Die Zielstellung lag damals vor allem im Nachweis isostatischer Effekte, des mehr oder weniger gestörten Schwimmgleichgewichts regionaler Krustenteile, besonders in Gebieten morphologisch sichtbarer Massendifferenzen.

Die Ergebnisse der geophysikalischen Vermessungen und den Stand nach dem Zweiten Weltkrieg haben vor allem v. Zwerger (1948), Siemens (1953) für die Gravimetrie und Lauterbach (1954) für die Magnetik zusammenfassend dargestellt. Die Tatsache, daß sich die gravimetrischen und magnetischen Anomaliengebiete im großen gesehen ungefähr decken, wurde als Stütze für ein Schwellengebiet, eine Hochlage basischen bis intermediären Materials angesehen. Auch Metamorphite oder Migmatite könnten als Störursache in Frage kommen. V. ZWERGER hatte jedoch darauf hingewiesen, daß eine Aufragung des kristallinen Untergrunds nicht zwingend aus den Anomalien abgeleitet werden muß. Übereinstimmend war man der Meinung, daß im Gebiet der ostelbischen Anomalien ein sehr inhomogenes Erdkrustenstück mit intensiver Schollenzerstückelung im Zusammenhang mit der rheinischen Lineamentstruktur vorliegt.

Wegen der Schwierigkeit, die Potentialfeldanomalien in einen lokalen und einen regionalen Anteil zu trennen, war eine Interpretation aus diesen Messungen allein nur mehr qualitativ möglich. Einen neuen Aufschwung in den Erkundungsarbeiten und in der Deutung der Anomalien haben die reflexionsseismischen Messungen in den fünfziger Jahren eingeleitet. Nach diesen Ergebnissen war das Gebiet vom Zechstein bis zur Kreide ein Sedimentationstrog. MEINHOLD stellte 1955 fest: „Das Pritzwalker Massiv repräsentiert weder eine Aufragung des kristallinen Untergrunds, noch einen saxonischen Horst. Das Kristallin muß überall in Tiefen gesucht werden, die größer als 4000 m sind.

Damit schieden die Vorstellungen eines kristallinen Untergrunds in geringer Tiefe mit saxonischen Strukturen oder eines kristallinen Massivs mit langanhaltender Hebungstendenz aus, und es schien nur noch die Vorstellung einer relativen Hochlage basischer Gesteinskomplexe im tieferen kristallinen Untergrund annehmbar zu sein. Dem schienen auch die ersten Ergebnisse von tiefenseismischen Voruntersuchungen zu entsprechen (PUTZIGER, 1963), wonach im Pritzwalker Teilgebiet mit einem Störkörper basischen Gesteinstyps mit steilen Dichtekontrastflächen zu rechnen wäre, dessen Oberkante in 7 km Tiefe liegt und der eine Dichtedifferenz von 0,15 bis 0,2 g/cm^3 zur Umgebung besitzt.

Auch eine Hochlage der Moho-Diskontinuität würde gut zur Erklärung des gravimetrischen Bildes passen. Abschätzungen mit der statistisch gesichert erscheinenden ANDREEV-Relation ergaben eine Aufwölbung der Moho von fast 3 km bei einer Oberkantentiefe von rund 27 km (OESBERG, 1965). Nach neueren tiefenseismischen Ergebnissen dürfte in dieser Tiefe erst die CONRAD-Diskontinuität zu erwarten sein. Die Diskrepanz hat ihre Ursache hauptsächlich in der unscharfen Tiefe-Schwere-Beziehung, deren Fehler im Einzelfall recht beträchtlich (rund ± 10 km) sein kann. Dieses Beispiel unterstreicht die Gefahr voreiliger Analogieschlüsse, die auf Grund einzelner zufällig übereinstimmender Merkmale gezogen werden.

3. Aspekte moderner Interpretationen

Die 60er Jahre sind durch die Anwendung neuer Vermessungs- und Interpretationstechniken gekennzeichnet. STRACHOV (1970) bezeichnete diese Periode als „Übergangsetappe", in der es fast zu den Routinearbeiten gehörte, Feldfortsetzungen, Polreduktionen und andere Feldtransformationen durchzuführen, deren Ergebnisse unsere Vorstellungen über die Stockwerksgliederung der Erdkruste bereicherten.

Eine hohe Meßpunktdichte ist von grundlegender Bedeutung für die detaillierte Strukturerkundung auch des tieferen Untergrunds; denn die Genauigkeit der Aussagen wird hauptsächlich davon bestimmt, wie es gelingt, oberflächennahe und laterale Effekte zu erkennen und zu eliminieren, d. h. wesentliche Signale von unwesentlichen zu trennen. Gerade im Bereich der ostelbischen Anomalien bereiten die Salinarstrukturen mit ihren z. T. recht kräftigen gravimetrischen Wirkungen erhebliche Schwierigkeiten bei der Feldertrennung. Außerdem ist hier nach dem gegenwärtigen Erkenntnisstand mit einer sehr beträchtlichen Variation der Dichte- und Magnetisierungskontraste in der horizontalen Ebene zu rechnen.

Durch die Anwendung von Integralformeln und statistischen Momenten können gute Aussagen über den mehr regionalen Störcharakter erzielt werden. Wenn jedoch eine sehr heterogene Störursache mit starken lokalen Änderungen sowohl in der Horizontalen als auch in der Vertikalen vorliegt, dann führen diese Auswerteverfahren auf Grund ihrer integrierenden Wirkung durch Glättungseffekte zu ungenauen oder unscharfen Abbildungen. ADLER (1968) hat eine Reliefkarte des magnetisch wirksamen Untergrunds konstruiert, die trotz starker Einschränkungen bei der Anwendung der Integralformel plausible Werte für die Oberkante zeigt. Die Tiefenwerte schwanken zwischen 6,5 km und 9,0 km, wobei die größeren Tiefen in den Teilgebieten von Pritzwalk und Parchim, die geringsten dagegen im Raum von Plau auftreten. Zu etwas größeren Werten für die Tiefen magnetischer Kontrastflächen gelangte MUNDT (1969) mit Hilfe der Autokorrelationsfunktion: 10—11 km, 14 km und 18—19 km. Für die Tiefen der Dichtekontrastflächen erhielt er nach der gleichen Methode 7 km und 12—13 km.

Fortschritte wurden bei Modellberechnungen und in den Theorien zur Ähnlichkeitsanalyse sowie der direkten und indirekten Interpretation erzielt. Die praktischen Anwendungen beschränkten sich aber noch vorwiegend auf einfache Situationen isolierter Anomalien. Das gleiche gilt auch für die mathematischen Filterverfahren. Die Aufstellung geeigneter Suchfilter für die verschiedensten Erkundungsaufgaben fand zunehmende Beachtung.

Relativ weit gediehen sind die Arbeiten zur Verknüpfung wesentlicher Anomalienmerkmale für eine Einschätzung der Lagewahrscheinlichkeit tektonischer Störungszonen. Eine Scharung von Isogammen mit ausgeprägtem Streichen deutet immer auf Bruchzonen oder Grenzflächen hin. Während sich Zerrüttungszonen oder gangförmige Intrusionen durch Kammlinien magnetischer und gravimetrischer relativer Extrema erkennen lassen, drücken sich tektonische Störungen mit vertikalen Versetzungen (das sind Stufenmodelle) am besten durch maximale Horizontalgradienten der Anomalien aus. Beide Typen lassen sich durch Merkmalsvektoren — d. h. durch Kombination bestimmter Anomalienparameter — voneinander unterscheiden. Die Lagewahrscheinlichkeit solcher Diskontinuitäten kann durch Erhöhung der Anzahl übereinstimmender Merkmale vergrößert werden, indem man weitere geophysikalische Verfahren einbezieht. Die in Abb. 1 skizzierten tektonischen Störungszonen lassen sich auf diese Weise unschwer verifizieren. Detailliertere Ergebnisse mit besseren quantitativen Aussagen werden künftig wahrscheinlich von der Clusteranalyse zu erwarten sein (v. HOYNINGEN u. a. 1975; NEUMANN, 1976).

Gegenwärtig stehen wir am Beginn einer neuen Etappe der Interpretationsarbeiten. Sie ist gekennzeichnet durch

— den konsequenten Übergang von qualitativen zu quantitativen Begriffen,
— den Systemcharakter des Interpretationsprozesses,
— die Einführung erkenntnistheoretischer und wahrscheinlichkeitstheoretischer Aspekte.

Die wichtigen Kategorien der Signifikanzanalyse und Entscheidungstheorie bauen auf der Erkenntnis auf, daß das Interpretationsergebnis so gut ist, wie es uns gelingt, Wesentliches von Unwesentlichem zu trennen. Die Effekte der Superposition und Äquivalenz sind in der Vergangenheit überbetont worden, was die Weiterentwicklung der Auswerte-

und Interpretationsarbeiten gehemmt hat. Zweifellos bilden die Potentialverfahren unscharf ab. Der Unschärfegrad hängt hauptsächlich mit der erreichten Güte der Signal-Rauschen-Trennung zusammen. Theoretisch läßt sich eine viel höhere Auflösung gewinnen, als es zur Zeit in der Praxis erst möglich ist. Die Potentialmethoden haben wegen des großen Informationsinhalts der Potentialfelder wieder an Aktualität gewonnen; denn es setzt sich immer mehr die Einsicht durch, daß es für praktische Belange keine nichtabzählbare Menge von Quellenverteilungen für ein Feld gibt und daß es gelingen wird, dank der genaueren Messungen und der technischen Möglichkeit, sehr große Datenmengen und umfangreiche Rechenoperationen zu bewältigen, die Zahl der wahrscheinlichen Quellenverteilungen sehr klein zu machen.

Seit den letzten Jahren gibt es zahlreiche Verfahren der Einzelinterpretation und erste Ansätze für eine Komplexinterpretation, die in speziellen Situationen, für die sie entwickelt und aufgestellt worden sind, recht gute Dienste leisten. Gegenwärtig wird nach Methoden geforscht, die eine hohe Effektivität der Interpretation garantieren und allgemeiner anwendbar sind. Über eine Abstraktion des gesamten Interpretationsprozesses hofft man, zu optimalen Lösungen zu gelangen. In dieser Richtung arbeitet in der Sowjetunion vor allem die Leningrader Schule um F. M. Gol'cman.

Am Anfang der modernen Interpretationsmethodik steht neben der strengen Formulierung der Aufgabe und der Zielstellung die exakte und objektive Beschreibung der Ausgangssituation und des zur Verfügung stehenden Primärmaterials. Wichtige Arbeitsetappen sind die Gewinnung aussagekräftiger Merkmalsparameter, die Klassifikation und Rayonierung der Erscheinungen. An der geologischen Fragestellung im allgemeinen hat sich in den letzten Jahrzehnten nichts geändert, wohl aber sind die Ansprüche in quantitativer Beziehung zur besseren Abbildung des Untergrunds gewachsen. Sie betreffen

— die Struktur des Untersuchungsobjekts,
— den Stoff (d. h. die petrologischen Daten),
— das Alter (die Genese und Entwicklung) und
— die Stellung des Objekts im regionalen Rahmen.

Fragen wir nach der Sicherheit der Aussagen über diese Kategorien für das OEM, dann stellen wir fest, daß wir recht praktikable Anschauungen über die Struktur haben, daß hinsichtlich der petrophysikalischen Daten wahrscheinliche Angaben gemacht werden können, über Alter und geologisch-geotektonische Einordnungen aber nur Vorstellungen mit dem Bewertungsgrad „möglich“ existieren.

4. *Rayonierungsergebnisse*

Es ist unbestritten, daß im betrachteten Gebiet signifikante gravimetrische und geomagnetische Anomalien existieren, deren Lage und Verlauf bei allen Transformationen und verschiedenen allgemein üblichen oder vertretbaren Referenzfeld-Reduktionen in großen Zügen erhalten bleiben. Auch bei der isostatischen Reduktion verschwindet die Schwereanomalie nicht, was darauf hinweisen mag, daß hier ein „verklemmtes Erdkrustenstück“ vorliegt. Die Schlußfolgerung jedoch, daß es sich wegen der isostatischen Unausgeglichenheit um eine junge Bildung handeln müsse, ist nur eine mögliche Deutung. Aus der Existenz der Potentialfeldanomalien folgt mit Sicherheit, daß das OEM durch einen Block erhöhter Dichte und Magnetisierung repräsentiert wird.

Die quantitative Detailuntersuchung einer ausgedehnten, heterogenen Region setzt eine optimale Gebietseinteilung voraus. In der ersten Arbeitsphase empfiehlt sich deshalb der Aufbau eines hierarchischen Systems von wohlunterscheidbaren Anomalienarten oder -typen zur übersichtlichen Grobgliederung des Untersuchungsgebietes. Die Anwendung dieser Verfahrensweise auf den ostelbischen Anomalienkomplex haben NEUMANN und LANGE (1975) beschrieben. Der Aufbau ihrer Klassifikationsdendrogramme zeigt die Möglichkeit einer Felderung der Gesamtanomalie in Teilanomalien unterschiedlicher Charakteristiken. Von den Ergebnissen hervorzuheben sind

— die laterale Versetzung der magnetischen Anomalien gegenüber den gravimetrischen,
— Andeutungen für unterschiedliche Tiefen gravimetrischer und magnetischer Störquellen,
— gewisse Ähnlichkeitsbeziehungen zwischen der Pritzwalker und den Westmecklenburger Teilanomalien,
— die besondere Ähnlichkeitsstruktur von gravimetrischem und geomagnetischem Störfeld im Gebiet von Pritzwalk.

Die Felderung der Gesamtanomalie ist Ausdruck eines heterogenen Aufbaus und führt zur Vorstellung von „Einheiten“ oder „Teilschollen“, die wahrscheinlich wie der geologische Gesamtkomplex tektonisch angelegt sind. Möglicherweise haben über längere Zeiträume anhaltende, unterschiedliche Bewegungsabläufe stattgefunden, ebenso wie präkambrische Relikte und junge basische Intrusionen vorliegen könnten. Wahrscheinlich ist, daß kein einheitlicher Intrusivblock vorliegt, wie es verschiedentlich vergleichsweise für das Bramscher Massiv angenommen wird, obwohl die Existenz von basaltischen Intrusionen in tektonischen Schwächezonen und besonders im Bereich von Kreuzungsstellen durchaus diskutabel ist.

Die Rayonierung bestimmter Merkmale oder Merkmalsgruppen gehört zu den wichtigsten vorbereitenden Arbeiten zur Interpretation geophysikalischer Isanomalenkarten. Es bieten sich grundsätzlich zwei Möglichkeiten an: Rayonierung nach signifikanten Feldänderungen, die Grenzen — mögliche tektonische Störungen — abbilden oder nach geophysikalisch uniformen Räumen, d. h. nach der Erhaltungstendenz bestimmter Merkmale in begrenzten Gebieten. Beide Wege führen zu Kartendarstellungen mit häufig fast deckungsgleichen Rayons.

Abb. 2 zeigt das Ergebnis einer Grobrayonierung mit einem einfach zusammengesetzten Merkmalsvektor. Trotz der in diesem Beispiel recht groß gewählten Klassenbreite deutet sich aber an, daß es innerhalb des ostelbischen Anomalienkomplexes einerseits vergleichbare, wiederkehrende Strukturelemente gibt, daß andererseits aber auch in den sechs „Teilschollen“ des OEM von Dambeck-Klütz, Parchim, Pritzwalk, Rathenow-Wesenberg, Goldberg-Plau und Schwaan mit einem heterogenen geologisch-geotektonischen Aufbau gerechnet werden muß.

CONRAD (1975) fand beim regionalen Vergleich der Ausdehnung und Figur der Potentialfeldanomalien, daß das OEM dem in Süddänemark gelegenen Ringköbing-Fünen-Hoch (mit rund 50 mGal, 200 nT und negativen Flankenanomalien) ähnlich ist, für das ein präkambrischer Gneiskomplex als Störursache angenommen wird. Eine Extrapolation scheint zulässig, da sie auch mit anderen Fakten nicht im Widerspruch steht. Wendet man die für eine geotektonische Klassifizierung großregionaler Gebiete von KARATAEV u. a. (1973) aufgestellten 15parametrischen Merkmalsvektoren auf die Situation im Raum des OEM an, dann könnte man das OEM einer präkambrischen Struktur vom Typus „Voruralische Senke" zuordnen.

Eine junge Ozeanisierung tiefer Krustenteile kann sowohl im südwestlichen Vorfeld der Osteuropäischen Tafel als auch in Teilstrukturen der Westeuropäischen Tafel als durchaus wahrscheinlich angesehen werden, wenn man gelten läßt, daß sie die alten

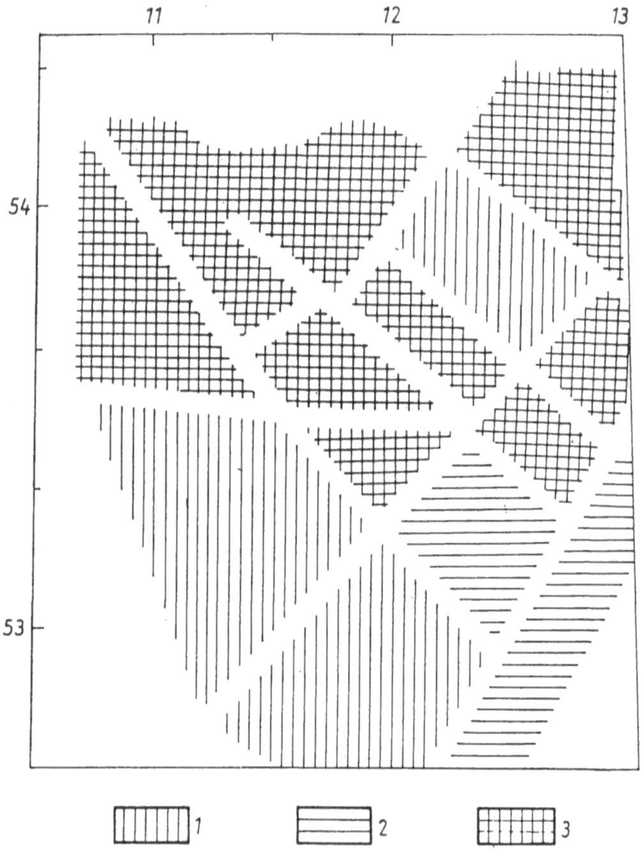

Abb. 2. Geophysikalische Rayonierung nach den Δg_{zz}-Anomalien für das gleiche Gebiet der Abb. 1 (vereinfachte Darstellung nach Ergebnissen von KÖHLER und SCHUBERT, 1973). Felderung nach Isoliniendichte D und Streichrichtungswinkel W:

1 — {*D*: groß, *W*: groß}; *2* — {*D*: groß, *W*: klein}; *3* — {*D*: klein, *W*: beliebig}

Relikte noch nicht ausgelöscht hat. Die relative Selbständigkeit des OEM wird durch Untersuchungen der vertikalen Krustenbewegungen deutlich. Nach den Ergebnissen von SCHWAB u. a. (1973) ist ein mehrmaliger Wechsel von Hebungen und Senkungen in der Erdgeschichte und eine verzögerte rezente Senkungstendenz dieses Gebiets gegenüber seiner Umgebung zu verzeichnen.

Die Benennung der regionalen Struktur des OEM ist zur Zeit noch immer nicht endgültig und erfordert weitere Untersuchungen sowie eine Begriffsbildung, die eine eindeutige geologische und geophysikalische Beziehung des Ausdrucks zum Objekt stärker berücksichtigt. So haben die von Olszak und Thierbach (1973) zur Diskussion gestellten sechs Varianten möglicher Strukturmodelle die Bedeutung von Arbeitshypothesen: Hochlage im Tiefenbereich der Conrad-Diskontinuität, Paläomassiv, Erscheinungsform tektonischer Aktivierung, Aulakogen, Sphenochasma und Strömungszelle bilden keine wirklichen Alternativen; denn sie lassen sich wie disjunkte Teilmengen der Erdkruste beschreiben, bei denen die Schwerpunkte auf jeweils verschiedene Elemente (Geometrie, Alter, Entwicklung, Genese, Stoff oder Stoffverteilung) gelegt worden sind.

Künftig gilt es, detailliertere geophysikalische Rayonierungen mit komplexen Merkmalen und in Verbindung mit einer quantitativen Ähnlichkeitsanalyse durchzuführen, um die geologische Aussage zu verbessern. Der mathematische Algorithmus dazu bereitet keine grundsätzlichen Schwierigkeiten, gleichgültig, ob nach vorwiegend statistischer Verfahrensweise (Peschel, 1974) oder mehr auf deterministischer Basis (Neumann, 1976) gearbeitet werden soll. Dagegen liegt das Hauptproblem gegenwärtig in der Herleitung eines Repräsentanten, d. h. eines aussagekräftigen Merkmalsvektors (auch Vergleichsstandard, Normalprofil oder Etalon-Information genannt). Die Aufstellung von Repräsentanten ist deshalb so schwierig, weil sich keine Struktur auf der Erde in genau allen Elementen wiederholt. Es zeigt sich immer wieder, daß es nicht so sehr auf die Anzahl der Merkmalsparameter, sondern auf die Erfassung der wesentlichen ankommt. Es hängt also auch von der jeweiligen Aufgabe und der Arbeitshypothese ab, auf welche Übereinstimmungen verzichtet werden darf.

5. Quellen der Pritzwalker Anomalien

Die Potentialfeldanomalien des Pritzwalker Teilgebiets sind bislang am eingehendsten untersucht worden. Obwohl die Störursache heterogener aufgebaut ist, als es zunächst den Anschein hat, läßt sich die effektive Quellenstärke doch mit beträchtlicher Sicherheit angeben. Die nach verschiedenen voneinander unabhängigen Verfahren der direkten und indirekten Interpretation ermittelten Werte für die gesamte Störmasse Δm und das magnetische Moment ΔM betragen

$$\Delta m = (16 \pm 3) \cdot 10^{12}\,\mathrm{t} \quad \text{und} \quad \Delta M = (12{,}5 \pm 3{,}8) \cdot 10^{6}\,\mathrm{Wb} \cdot \mathrm{m}.$$

Diese Angaben können als Randwerte für alle spezifizierten Modellberechnungen verwendet werden. Die gravimetrisch und magnetisch wirksamen Quellen erstrecken sich über einen erheblichen Tiefenbereich.

Der Hauptanteil der gravimetrischen Störmasse liegt etwa zwischen 9 und 30 km Tiefe. Das Relief der Conrad- und Mohorovičić-Diskontinuität allein reicht zur Erklärung der gravimetrischen Anomalie bei weitem nicht aus. Mit einem Dichtekontrast im Bereich des oberen Mantels muß gerechnet werden. Die lateralen Dichtekontraste konzentrieren sich wahrscheinlich — nach Wiederholung verschiedenster Modellberechnungen — auf diskrete Tiefenzonen: Plausible Mittelwerte sind im Säulendiagramm der Abb. 3 dargestellt. Für die seitliche Ausdehnung können etwa 70 km angesetzt werden. Der große Tiefgang des Dichtekontrastes, der mit 0,04 g $\cdot$ cm^{-3} deutlich über dem großregionalen Mittelwert liegt, ist sowohl durch trial-and-error-Modellierung, als auch durch die Feldfortsetzung des totalen Gradienten nach der Methode von Bereskin (Köhler, Schubert, 1973) belegt.

Auf Grund der großen Sedimentmächtigkeit und des Massenüberschusses kann angenommen werden, daß die „Granitschicht“ eine relativ geringe Mächtigkeit aufweist. Um die Entstehung des Dichteüberschusses in größerer Tiefe zu erklären, sind zwei grundsätzlich verschiedene Hauptprozesse denkbar: Verjüngung der Kruste oder Alterung des oberen Mantels. Eine Entscheidung darüber, welcher dieser beiden Prozesse hier als Hauptursache für die Entstehung des Dichteblocks anzusehen ist, kann aus gravimetrischen Daten allein nicht getroffen werden. Beide Bildungsvorgänge könnten auch nacheinander abgelaufen sein, z. B. so, wie es in Abb. 3 schematisch in drei Etappen dargestellt ist. Wesentlich für dieses Bild ist ein irreversibler Dichtezuwachs durch Intrusionen und Metamorphose.

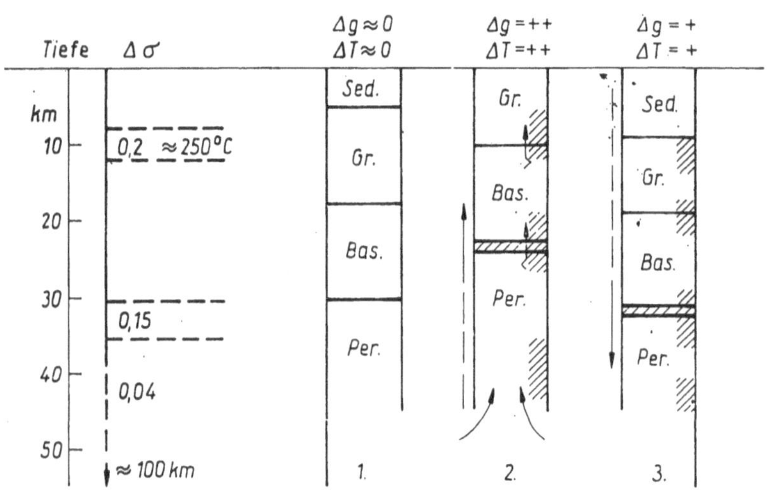

Abb. 3. Schema wahrscheinlicher Dichtekontrastzonen und der möglichen Bildung einer irreversiblen Dichtezunahme im Kruste/Mantel-Bereich

Für die Oberkante des magnetisch wirksamen Störkörpers sind Tiefen t_0 vorherrschend zwischen 8 und 9 km errechnet worden. Ihre Unterkante t_u läßt sich nicht sicherer bestimmen; jedoch ist es sehr wahrscheinlich, daß sie kaum über 20 km hinausreichen wird. Nach dem Amplitudenverhältnis der magnetischen Anomalie kommen als Modellformen entweder eine große zweidimensionale Platte mit $(i - \alpha) < 50°$ (i = Inklination, α = Einfallen) und $t_u > 5t_0$ oder mehrere dreidimensionale Einzelkörper in Betracht. Der erste Fall scheidet wegen Überschreitens der Curie-Temperatur aus.

Für die Abschätzung der Magnetisierung und der Suszeptibilität gibt es mehrere Möglichkeiten. Aus dem Quotienten $\Delta M/\Delta m$ folgt unter der Annahme einer monogenen Störursache und eines Dichtekontrasts von $\Delta\sigma = 0{,}20$ g/cm^3 unmittelbar ein Magnetisierungsbetrag von $I = 0{,}156 \cdot 10^{-6}$ Wb/m^2. Das entspricht einer effektiven Suszeptibilität von $\varkappa_{SI} = 0{,}003$, die bei vielen Gesteinsarten gemessen wird. Da das Volumen des magnetischen Störkörpers zweifelsfrei bedeutend kleiner als das des gravimetrisch wirksamen ist, muß der Suszeptibilitätswert erheblich größer sein. So erfordern diskrete Modellberechnungen Werte von mindestens 0,03. Schließlich kann wegen der Ähnlichkeit der Vertikalgradienten der Schwere mit den polreduzierten magnetischen Anomalien noch die Regressionsanalyse zur Bestimmung des petrophysikalischen Quotienten

$I/k\Delta\sigma$ (k = Gravitationskonstante) herangezogen werden. Diese kombinierte Informationsanalyse liefert Maximalwerte von $\varkappa_{SI} = 0{,}04$. Merkwürdigerweise liegen die Gebiete maximaler Magnetisierung an der Flanke der magnetischen Anomalie und streichen bevorzugt in EW- und NS-Richtung (Abb. 4). Es sieht ganz so aus, als würde der zentrale Kern von jüngeren Regenerationsräumen umgeben.

Mit hoher Sicherheit liegt die effektive Suszeptibilität — einschließlich remanenter Magnetisierungsanteile — in den Grenzen von $0{,}003 \ll \varkappa_{SI} \leqq 0{,}04$. Es ist durchaus nicht selten, daß basaltische Gesteine den oberen Grenzwert bei Zimmertemperatur

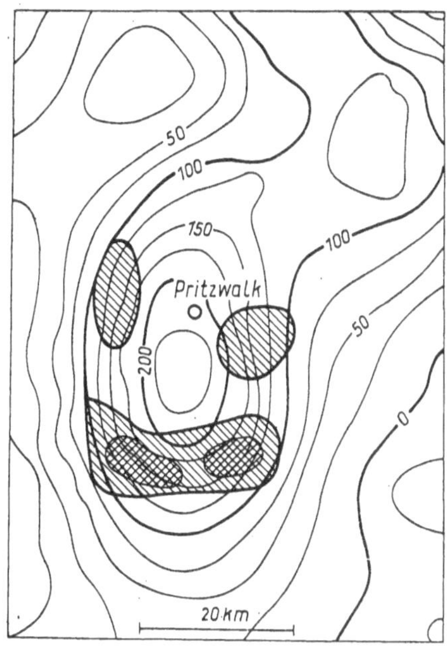

Abb. 4. ΔT_{Pol}-Anomalien in nT mit Bereichen maximaler Magnetisierung

erreichen. Vor allem junge Tiefenbasalte jedoch, die bei Intrusionen wenig Gelegenheit zur Oxydation und Entmischung hatten, enthalten als magnetische Komponente unentmischte Titanomagnetite und besitzen damit CURIE-Temperaturen unterhalb von 550 K. Dagegen kommen für eine Magnetisierung, deren Intensität sogar bei einer Temperatur von 750 K noch etwa den gleichen Anfangswert hat (HOPKINSON-Effekt), solche Gesteine in Frage, deren magnetische Minerale der Magnetit-Maghemit-Reihe angehören. Diese Minerale treten bevorzugt in Metamorphiten und z. B. präkambrischen Basalten auf (NEUMANN, 1970). Hiernach scheint die Annahme eines metamorphen Gesteinskomplexes mit einem hohen Magnetitgehalt als Hauptursache der magnetischen Anomalie fast zwingend zu sein.

Altersangaben könnten gemacht werden, wenn die Richtung der remanenten Magnetisierung bekannt wäre. Nach dem Anomalienbild lassen sich für das Untersuchungsgebiet folgende plausible Randbedingungen aufstellen:

— der Magnetisierungsvektor liegt in der Ebene des gegenwärtigen magnetischen Meridians und fällt steil ein:

$$67^\circ \leqq i_N \leqq 110^\circ,$$

— die remanente Magnetisierung übertrifft nicht die induzierte Komponente: $I_r \leqq I_i$,
— für die natürliche, resultierende Magnetisierung gilt die Ungleichung:

$$I_N = |\vec{I}_r + \vec{I}_i| > \frac{1}{2} I_i.$$

Wie Abb. 5 veranschaulicht, spannen die möglichen Vektoren $\vec{I}_r$, die diese drei Bedingungen erfüllen, eine weite Fläche auf. An der Charakteristik ändert sich nichts, wenn die Randbedingungen geringfügig modifiziert werden. Die Inklination i_r variiert in einem Bereich von 180° und läßt sich für die gestellte Aufgabe nicht sicher genug aus den geomagnetischen Anomalien ermitteln.

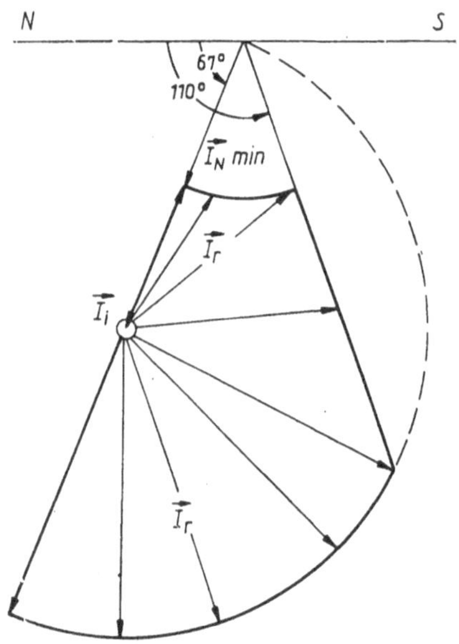

Abb. 5. Mögliche Verteilung der Magnetisierungsvektoren für das Pritzwalker Anomaliengebiet; $\vec{I}_N$ = natürliche, $\vec{I}_i$ = induzierte und $\vec{I}_r$ = remanente Magnetisierung

6. *Schlußbemerkungen*

Wir stehen am Anfang einer neuen Interpretationsetappe, die sich auf erkenntnis- und wahrscheinlichkeitstheoretische Aspekte stützt und umfangreiches Datenmaterial verschiedenster Erscheinungsfelder zu verarbeiten hat. Eine quantitative, objektive Beschreibung und Analyse der Informationsquellen gehört zu den grundlegenden Teiloperationen.

Es wird empfohlen, die Arbeiten zur Detailrayonierung der einzelnen Gebiete des OEM fortzuführen und unter Einbeziehung anderer geophysikalischer Daten zu intensivieren. Darüber hinaus sollte auch die Aufstellung erweiterter quantitativer Merkmale, die stoffliche und strukturelle Parameter umfassen, zur Festlegung vergleichbarer regionaler Situationen nicht unbeachtet bleiben, um Analogieschlüsse besser begründen zu können. Wenn es uns gelingt, genauere Aussagen über die Natur der stofflichen und tektonischen lateralen Grenzen zu machen, dann ist zu hoffen, daß wir von möglichen zu wahrscheinlichen Vorstellungen auch über die regionale Stellung des verdeckten Ostelbischen Massivs und seine historische Entwicklung gelangen.

Literatur

ADLER, G., Reliefkarte nach PETERS, Nordteil der DDR. Unveröff. Ergebnisbericht VEB Geophysik Leipzig, 1968.

CONRAD, W., Regionaltrends von Potentialfeldanomalien im weiteren Gebiet des Südwest-Randes der Osteuropäischen Tafel. 22. Jahrestagung d. Ges. Geol. Wiss. DDR, Dresden 1975.

v. HOYNINGEN, W., GRÄSSL, S., und JACOBS, F., Anwendung mehrdimensionaler Datenreduktionsverfahren zur Informationsverdichtung bei der geophysikalischen Interpretation. Z. geol. Wiss. **3** (1975) 4.

KARATAEV, G. I.; VATLIN, B. P., und ZACHAROVA, T. L., Methoden der komplexen geologischen Interpretation gravimetrischer und magnetischer Anomalien (russ.). Novosibirsk 1973.

KÖHLER, R., und SCHUBERT, H., Rayonierung nach dem Schwerebild II. Unveröff. Ergebnisbericht VEB Geophysik, Leipzig 1973.

KOSSMAT, F., Die mediterranen Kettengebirge in ihrer Beziehung zum Gleichgewichtszustande der Erdrinde. Abh. math.-phys. Kl. sächs. Akad. Wiss. **38** (1921) 2.

LAUTERBACH, R., Beiträge zur tektonischen Deutung der geomagnetischen Übersichtskarte der DDR. Wiss. Z. Karl-Marx-Univ. Leipzig, math.-nat. Reihe, 1953/54.

—, Rhenotype Strukturen im Bilde geologisch-geophysikalischer Untersuchungsergebnisse Mitteleuropas. Ber. geol. Ges. DDR, **7** (1962), 3.

MEINHOLD, R., Ergebnisse reflexionsseismischer Messungen im Bereiche der geophysikalischen Anomalien der Prignitz. Wiss. Z. d. Karl-Marx-Univ. Leipzig, math.-nat. Reihe, **5** (1955/56) 4.

MUNDT, W., Statistische Analyse geophysikalischer Potentialfelder hinsichtlich Aufbau und Struktur der tieferen Erdkruste. Abh. Geomagnet. Inst., Nr. 41, Berlin 1969.

NEUMANN, W., Versuch einer thermomagnetischen Analyse zur Gesteinsklassifikation; Teil 2. Geophysik und Geologie, Leipzig, 15 (1970).

—, Einige Erfahrungen bei der horizontalen geophysikalischen Rayonierung. Vortrag zum 35. Forsch.-Seminar d. Sektion Geol. Wiss. d. E.-M.-Arndt-Univ. Greifswald 1976. Im Druck.

—, und LANGE, E., Zur Beschreibung geophysikalischer Karten. Z. geol. Wiss. **3** (1975) 4.

OESBERG, R.-P., Über den Stand und die Aufgaben bei der geologisch-geophysikalischen Erforschung der Erdkruste und des oberen Erdmantels in Mitteleuropa. Unveröff. Dipl.-Arbeit. Inst. Geophys. Erk. u. Geologie, Karl-Marx-Univ. Leipzig, 1965.

OLSZAK, G., Zur Stellung tiefer Brüche im Rahmen von Schwächezonen der Erdkruste, erläutert an einigen Beispielen Mitteleuropas. Geophysik u. Geologie, Leipzig, 10 (1967).

—, Einige Gedanken zum Bau und zur Entwicklung der Erdkruste im Bereich Mitteleuropas. Geophysik u. Geologie, Leipzig, 11 (1967). (a).

—, und THIERBACH, H., Einige geologisch-geophysikalische Strukturelemente der Norddeutsch-Polnischen Senke und ihre möglichen Beziehungen zu Tiefenbau und Entwicklung dieses Krustenabschnitts. Z. geol. Wiss. **1** (1973) 2.

PESCHEL, G., Entwicklung von theoretischen Lösungswegen, Methoden und Rechenprogrammen zur komplexen Interpretation geowissenschaftlicher Informationen. Unveröff. Jahresbericht Sektion Geol. Wiss. E.-M.-Arndt-Univ. Greifswald 1974.

PUTZIGER, K., Tiefenseismische Versuchsmessungen im Bereich der Pritzwalker Anomalie. Unveröff. Dipl.-Arb. Inst. Geophys. Erk. u. Geol. d. Karl-Marx-Univ. Leipzig, 1963.

—, REINHARDT, H.-G., und WEGERT, F., Geophysikalische Beiträge zur Erkundung des regionalen geologischen Baues in Norddeutschland. Geophysik und Geologie, Leipzig, 8 (1966).

REICH, H., Die Bedeutung der neuen geophysikalischen Untersuchungsmethoden für die Geologie nach den bisherigen Erfahrungen. Z. Geophysik **1** (1925).

—, Über eine magnetische Anomalie in der Prignitz und ihre Bedeutung für die Geologie des norddeutschen Flachlandes. Fortschr. Geol. Paläontol. **11** (Deeke-Festschrift), 1932.

SCHWAB, G., TESCHKE, H.-J., und JUBITZ, K.-B., Zur Raum-Zeitbeziehung zwischen rezenten Krustenbewegungen und Paläotektonik (Norddeutsch-Polnische Senke). 2. Intern. Symp. „Geodäsie und Geophysik der Erde", Potsdam 1973.

SIEMENS, G., Die Schwerekarte der DDR. Freiberger Forsch.-Heft C 7, 1953.

STRACHOV, V. N., Über den Stand und die Probleme einer mathematischen Theorie der Interpretation magnetischer und gravimetrischer Anomalien (russ.). Fizika Zemli Nr. 5 (1970).

v. ZWERGER, R., Der tiefere Untergrund des westlichen Peribaltikums. Abh. Geol. Landesanstalt Berlin, NF 210 (1948).

Geophys. u. Geol. Geophys. Veröff. d. KMU Leipzig Bd. I H. 4 S. 67–77 Berlin 1978

Gammaspektrometrische Untersuchungen an atmosphärischem Schwebestaub

G. JUST und G. WINTER[1]

Zusammenfassung: Unter Verwendung größerer Probenmengen wurden mit Hilfe von Ge(Li)-Detektoren mittlerer Größe, wie sie in der Kernspektroskopie verwendet werden, gammaspektrometrische Messungen an schwachaktiven Materialien durchgeführt. Hierbei konnten Informationen über die unter Aussendung von Gammastrahlung zerfallenden natürlichen und künstlichen Nuklide erhalten werden. Die Folgeprodukte der radioaktiven Edelgase ^{220}Rn, ^{222}Rn verursachen im atmosphärischen Schwebestaub eine erhebliche Radioaktivität, die quantitativ bestimmt werden konnte. Von den bekannten künstlichen Radionukliden wurden ^{144}Ce, ^{141}Ce, ^{125}Sb, ^{7}Be, ^{103}Ru, ^{106}Ru, ^{137}Cs, ^{95}Zr und ^{95}Nb identifiziert. Im Beobachtungszeitraum (seit März 1975) wurde eine deutliche Abnahme der künstlichen Radioaktivität im Schwebestaub festgestellt.

1. *Einleitung*

Seit 1974 wird durch das Stadtobservatorium der Karl-Marx-Universität (KMU) Leipzig (Sektion Physik, Fachbereich Geophysik) in monatlichen Abständen über der Innenstadt von Leipzig atmosphärischer Staub entnommen und verschiedenen chemischen und mikrobiologischen Untersuchungen unterzogen. Für die Entnahme der Proben werden die Filteranlagen der Frischluftversorgung des Universitätskomplexes genutzt. Die Ansaugöffnungen befinden sich in Höhen von 2, 50 und 120 m über der Erdoberfläche. Der hohe Luftdurchsatz ermöglicht es, in kurzen Zeitabständen größere Probenmengen zu entnehmen.

Im vorliegenden Beitrag wird der Versuch unternommen, die Aussagefähigkeit gammaspektrometrischer Messungen an diesem Material zu diskutieren.

Die Gammaspektrometrie geringaktiver natürlicher Materialien entwickelte sich in den letzten Jahren von der Einkanalanalyse (LAUTERBACH, 1964) über die Verwendung von Vielkanalanalysatoren (HÖHNDORF, 1973) (beide arbeiteten mit großen NaJ(Tl)-Detektoren) bis zum Einsatz von hochauflösenden Spektrometersystemen mit Halbleiterdetektoren (LOOS, 1975; JUST, 1975). Die Anwendung von Ge(Li)-Detektoren mittlerer Größe (30 bis 40 cm^3) und der Einsatz von Materialmengen über 500 g ermöglichen die Registrierung auswertbarer Gammaspektren in relativ kurzen Meßzeiten. Die bei der Untersuchung des Schwebestaubes verwendete Meßgeometrie wurde bereits zur quantitativen Bestimmung von Uran, Thorium und Kalium in geologischen Mate-

[1] Anschriften der Verfasser:

Geophys. G. JUST, Sektion Physik, Fachbereich Geophysik der Karl-Marx-Universität Leipzig, 701 Leipzig, Talstraße 35;

Dr. sc. nat. GEORG WINTER, Akademie der Wissenschaften der DDR, Zentralinstitut für Kernforschung Rossendorf/Dresden.

rialien und zur Einschätzung des radioaktiven Gleichgewichtes in schwachaktiven Proben (Just, 1976) eingesetzt. In Abb. 1 ist die Meßanordnung dargestellt. Das Spektrometer (Eigenbau Zentralinstitut für Kernforschung der Akademie der Wissenschaften der DDR, (ZfK) Rossendorf) arbeitet mit einem Ge(Li)-Detektor aus ČSSR-Produktion.

Ohne chemische Trennung ist es möglich, die natürliche und künstliche Gammaaktivität des Schwebestaubes innerhalb weniger Stunden zu bestimmen. Für die Feststellung der Intensitäten der gammastrahlenden Folgeprodukte von ^{222}Rn und ^{220}Rn (natürliche radioaktive Edelgase) sind Meßzeiten unter 60 Minuten ausreichend, während für die Angabe der Intensitäten von ^{7}Be und einigen künstlichen Radionukliden 5 bis 10 Stunden erforderlich sind.

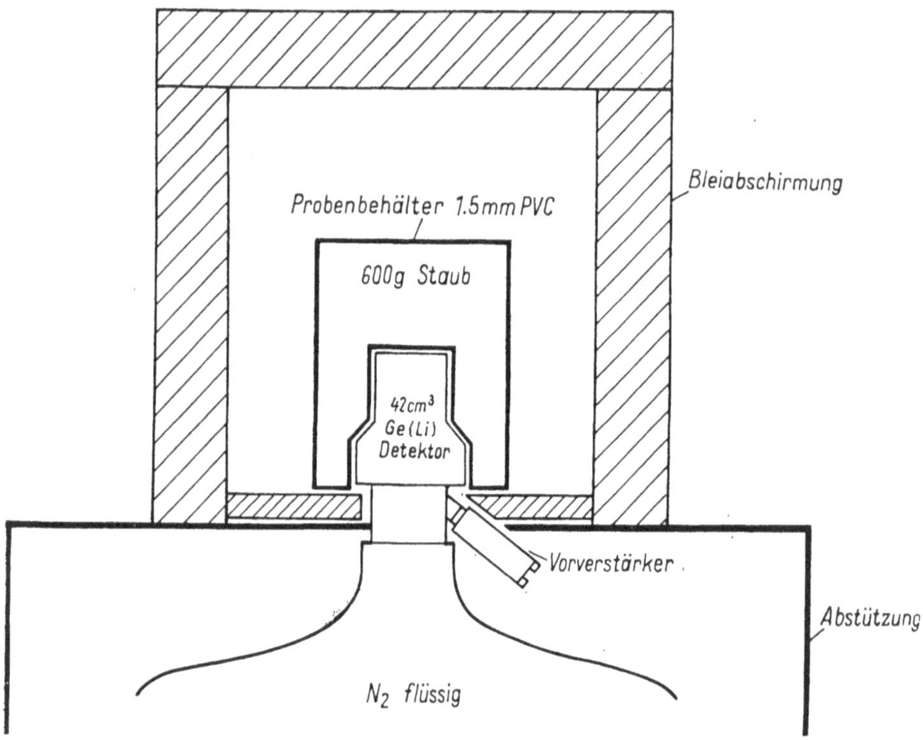

Abb. 1. Meßgeometrie zur quantitativen Analyse schwachaktiver Materialien

2. *Die Radioaktivität des atmosphärischen Schwebestaubes*

2.1. Allgemeines

Als Schwebestaub werden feste Partikel bezeichnet, die in der Luft suspendiert enthalten sind. Die Durchmesser der einzelnen Teilchen bewegen sich im Bereich von 10^{-8} cm (Ionen) bis 10^{-1} cm (Rußflocken). Durch Diffusion und Koagulation wird die Sedimentation im Schwerefeld unterstützt, und es erfolgt eine ständige Entfernung der Teilchen aus der Atmosphäre. Dabei ist die Tendenz zu beobachten, daß sich die Anzahl der

Schwebeteilchen verringert, während sich der mittlere Durchmesser vergrößert (JUNGE, 1952; HINZEPETER und MEYER, 1961).

Für die Radioaktivität des Schwebestaubes macht man in der Hauptsache drei Quellen verantwortlich:

a) seit der Entstehung des Planetensystems vorhandene radioaktive Elemente und deren Folgeprodukte;

b) induzierte Radionuklide, deren Bildung in der Hochatmosphäre ständig neu erfolgt;

c) künstliche radioaktive Isotope, die bei den Kernwaffentests in der Atmosphäre entstehen;

2.2. Untersuchungen der natürlichen Radioaktivität

Von den natürlichen radioaktiven Elementen, die sich aufgrund ihrer langen Halbwertszeit bis heute erhalten haben, sollen hier nur die wichtigsten Vertreter, die auch bei unseren Messungen beobachtet wurden, behandelt werden. Die Nuklide ^{238}U, ^{235}U und ^{232}Th und alle Glieder ihrer Zerfallsreihen bilden gemeinsam mit ^{40}K die Hauptquellen für die natürliche Radioaktivität der Erdkruste. Gesteinsstaub, Ruß und Asche, die durch natürliche Vorgänge (Vulkanismus, Meteoritenfall, Waldbrände, Wind usw.) und durch intensive Industrialisierung (Energieerzeugung, Aufbereitung von Rohstoffen) ständig in die Atmosphäre gelangen, enthalten einen Anteil an Uran, Thorium und Kalium und in einem bestimmten Verhältnis auch alle Glieder der natürlichen radioaktiven Zerfallsreihen. Abb. 2 zeigt eine Darstellung der Reihen von ^{238}U und ^{232}Th, die der Nuklidkarte von SEELMANN-EGGEBERT u. a. (1968) entnommen wurde.

Besondere Bedeutung kommt den radioaktiven Isotopen ^{222}Rn (Radon, $T_{1/2} = 3{,}8$ d) und ^{220}Rn (Thoron, $T_{1/2} = 55$ s) zu. Sie haben chemisch und physikalisch die Eigenschaften von Edelgasen. Aus allen Gesteinen an der Erdoberfläche (einschließlich Baumaterialien) erfolgt eine ständige Diffusion der radioaktiven Edelgase in die Atmosphäre. Die Intensität dieser natürlichen Entgasung ist von den Gehalten an Uran und Thorium in den Ausgangsmaterialien abhängig und wird durch eine Reihe von Faktoren wie Temperatur, Feuchtigkeit und Porosität beeinflußt. Von BARRETTO (1975) wurde gezeigt, daß ^{220}Rn in einem normalen Boden nur aus einer Tiefe von maximal 7 cm zur Oberfläche gelangen kann, während für ^{222}Rn unter gleichen Bedingungen theoretisch bis 400 m möglich sein können. Berücksichtigt man aber, daß die petrophysikalischen Eigenschaften in größeren Tiefen einer Änderung unterliegen, kann nur noch damit gerechnet werden, daß eine Schicht von 30 bis 40 m durchdrungen wird. Hinzu kommt, daß Biotite und Apatite (11 bzw. 17 ppm U) mehr Radon abgeben, als Xenotime und Monazite (6000 bzw. 500 ppm U).

Die Intensität des Radonüberganges aus der Bodenluft in die Atmosphäre wird nach Untersuchungen von CLEMENS u. a. (1974) sehr stark durch Luftdruckschwankungen mit Perioden von 1 bis 2 Tagen beeinflußt.

Nach dem Zerfall des Radonisotops lagert sich das Folgenuklid an schwebende Staubteilchen an und wird nach einer Verweilzeit von einigen Tagen durch Niederschläge wieder aus der Atmosphäre entfernt. Die auf diese Art „aktivierten" Staubteilchen (unter Aktivierung wird hier die Anlagerung eines gammastrahlenden Folgeisotopes verstanden) werden in den Filteranlagen abgeschieden. Damit sind sie für eine gammaspektro-

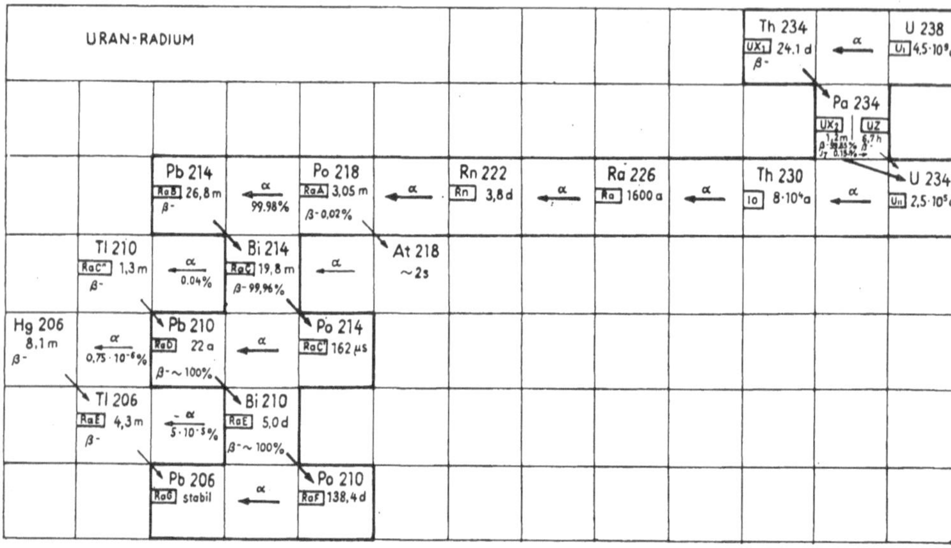

a)

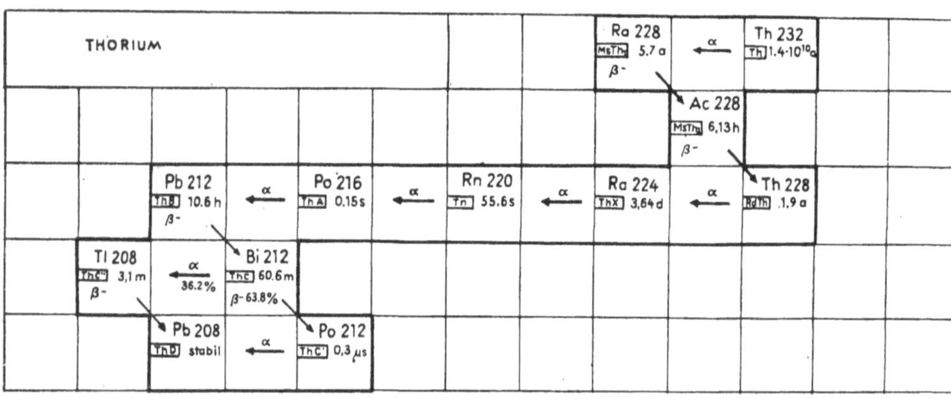

b)

Abb. 2. Zerfallsreihen von a) ^{238}U und b) ^{232}Th

metrische Messung zugänglich. Durch die Bestimmung der Gammaaktivität des Schwebestaubes sind Rückschlüsse auf die Radioaktivität der Luft möglich. Die Erfahrung zeigt, daß man über den Nachweis von ^{214}Pb den Radongehalt der Luft für einen Zeitraum von 3 Stunden vor der Entnahme der Probe beurteilen kann. Für ^{212}Pb beträgt diese Zeit etwa 2 Tage. Dabei wird natürlich eine kontinuierliche Arbeit des Luftfilters vorausgesetzt. Die Abklingkurve der integralen Gammaaktivität von Schwebestaub ist in Abb. 3 für die ersten Stunden nach der Entnahme dargestellt. Es ist gut zu sehen, daß der größte Teil der Radioaktivität durch die Anlagerung der Folgeisotope von ^{222}Rn und ^{220}Rn an die Staubpartikel verursacht wird. Die Aktivität verringert sich innerhalb von 4 Stunden um den Faktor 10.

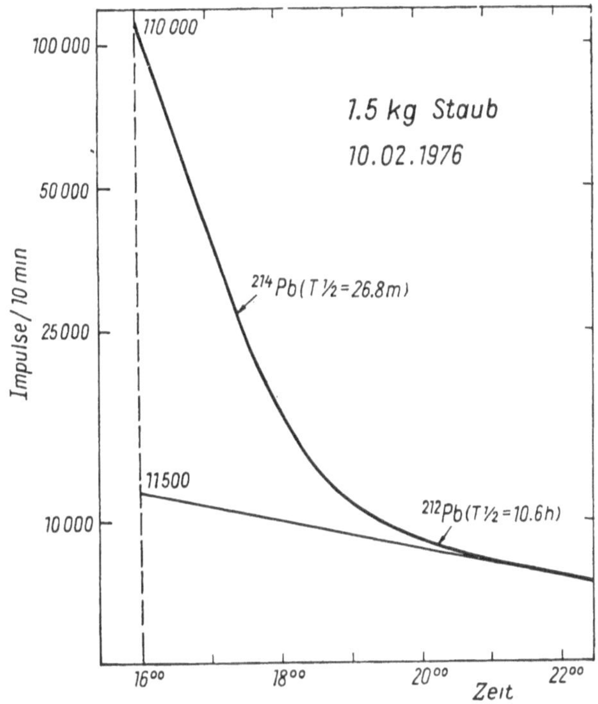

Abb. 3. Abklingkurve der integralen γ-Aktivität einer Schwebestaubprobe

Abb. 4 zeigt die Ergebnisse einer gammaspektrometrischen Untersuchung, die mit einem hochauflösenden Ge(Li)-Detektor durchgeführt wurde. Das Spektrum 4a wurde kurz nach der Entnahme registriert, während 4b nach Ablauf einer Woche gemessen wurde. Aus der Messung 4a konnte der Gehalt an ^{214}Pb und ^{212}Pb für den Entnahmezeitpunkt bestimmt werden. Die Intensitätseichung erfolgte dabei durch Vergleich mit einem Standard, der sich im radioaktiven Gleichgewicht befindet. Die Ergebnisse sind in Tabelle 1 als Äquivalent der dem Gehalt an ^{214}Pb und ^{212}Pb im Gleichgewicht entsprechenden Radonmenge angegeben.

Tabelle 1. Radonäquivalente in verschiedenen Materialien (Angaben in g/g)

Material	^{238}U (10^{-6})	^{232}Th (10^{-6})	^{222}Rn (10^{-18})	^{220}Rn (10^{-21})
Staub, (Abb. 4a)	*	*	75	41
Staub, (Abb. 4b)	*	*	0,6	0,7
Granit (Meißen)	9,0	35,0	1,4	4,1
Basalt (Stolpen)	2,5	9,2	0,5	1,1
Bodenprobe (Calau/Nl)	1,2	3,2	0,3	0,4

* nicht bestimmt

Der Radongehalt in geologischen Materialien unterliegt einer großen Variationsbreite. Obwohl Uran und Thorium in etwa gleichen Konzentrationen im Boden vorhanden sind, ist die Aktivität des ^{222}Rn in der Atmosphäre im Mittel 25mal höher, als die des ^{220}Rn. Verursacht durch die längere Halbwertszeit, ist die Wahrscheinlichkeit für die

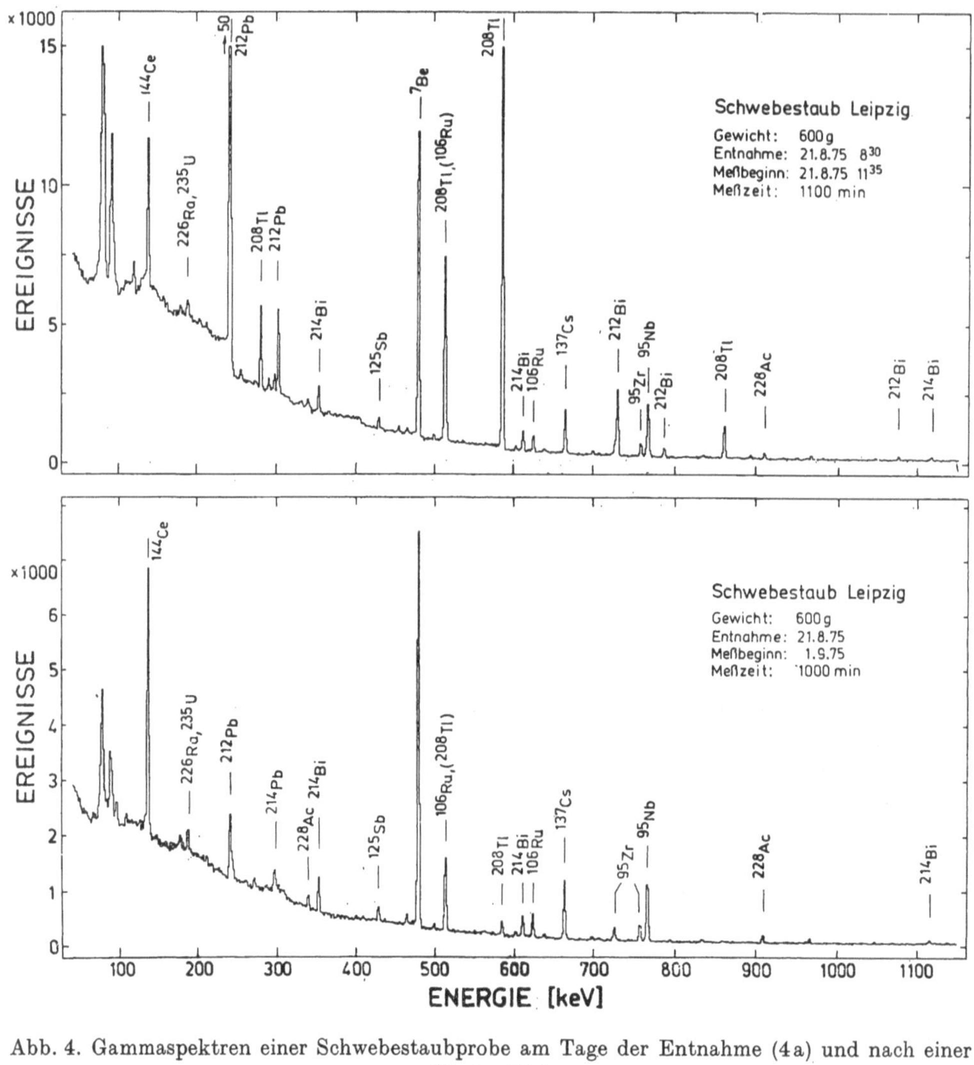

Abb. 4. Gammaspektren einer Schwebestaubprobe am Tage der Entnahme (4a) und nach einer Woche (4b)

Anlagerung eines ^{222}Rn-Atoms an ein Staubteilchen größer als für ein ^{220}Rn-Atom. Wenn man von einer Messung des Schwebestaubes auf die Aktivität der Luft schließen will, muß die Entnahme und Messung der Proben ständig unter gleichen Bedingungen erfolgen, da die ^{222}Rn-Folgeprodukte wesentlich schneller zerfallen sind als die von ^{220}Rn. Das Aktivitätsverhältnis ^{222}Rn/^{220}Rn, welches an Staubproben gemessen wurde, kann nicht ohne Korrekturen auf die Luft selbst übertragen werden.

Bei einer Betrachtung der Radioaktivität des Schwebestaubes über einer Großstadt muß die biologische Wirksamkeit der verschiedenen natürlichen Radionuklide, die nicht als Gammastrahler auftreten, einbezogen werden (KNIZHNIKOV, 1975; MOROZ & PARVENOV, 1971).

Langlebige Folgeprodukte der radioaktiven Edelgase können sich in längerer Zeit akkumulieren. Damit erhält die Frage nach den chemischen und physikalischen Eigenschaften des Materials Bedeutung. Die wechselnden Anteile an Ruß, Asche und Gesteinsstaub sowie die ständigen Änderungen unterworfenen Konzentrationen an aggressiven Gasen können eine fraktionierte Anlagerung zur Folge haben. Die zur Verfügung stehenden Probenmengen erlauben es, jederzeit die natürliche und künstliche Radioaktivität des Schwebestaubes zu verfolgen. Damit besteht die Möglichkeit, Rückschlüsse auf die Aktivität der Luft zu erhalten. Bei MOORSE, u. a. (1974) wurde mit Hilfe der langlebigen natürlichen Nuklide ^{210}Pb, ^{210}Bi und ^{210}Po, die allerdings nicht über eine gammaspektrometrische Messung bestimmt werden können, die Transportzeit von Luftmassen verfolgt.

2.3. Untersuchung der induzierten und künstlichen Radioaktivität im Schwebestaub

Von den induzierten Radionukliden konnte nur ^{7}Be nachgewiesen werden. Das Isotop wird in der Hochatmosphäre ständig nachgebildet und gelangt ähnlich wie die künstlichen Radionuklide der Kernexplosionen mit den Niederschlägen zur Erde.

Die künstlichen Radionuklide werden bei der Explosion von Bomben im Megatonnenbereich bis in Höhen von 12 km transportiert und verbreiten sich weltweit in der Stratosphäre. Nach verschiedenen Angaben (HINZEPETER und MEYER, 1961; KNIZHNIKOV, 1975) bewegt sich die Verweilzeit im der Stratosphäre zwischen zwei und fünf Jahren.

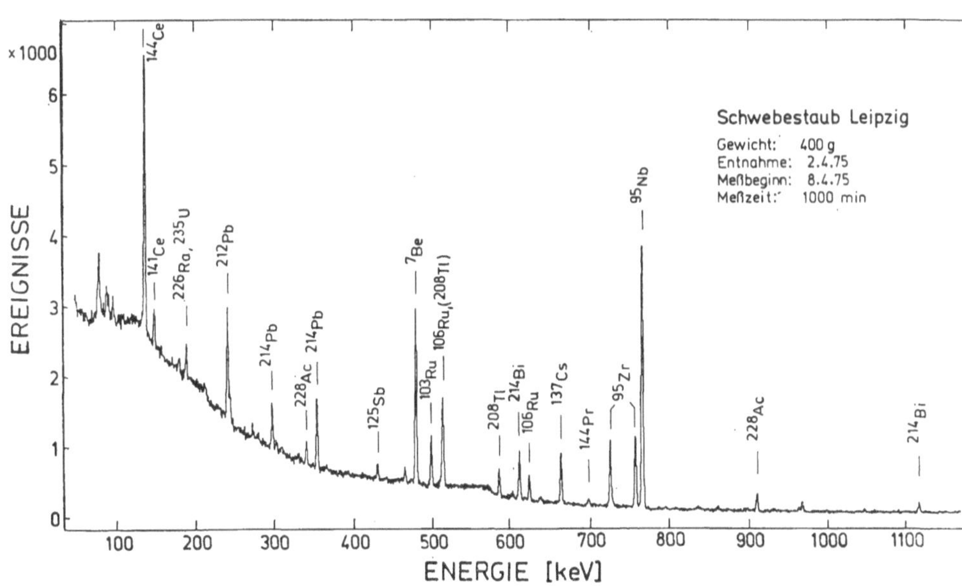

Abb. 5. Gammaspektrum einer Schwebestaubprobe vom März 1975

Bevorzugt im Frühjahr gelangen die Spaltprodukte in den mittleren Breiten zur Erdoberfläche. Die Meridionalverschiebung des multiplen Tropopausenbereiches bewirkt hier einen intensiven Luftmassenaustausch zwischen Stratosphäre und Troposphäre. Die bei der Kernspaltung von ^{235}U und ^{239}Pu entstehenden Nuklide enthalten in der ersten Zeit nach der Explosion etwa 200 verschiedene Radionuklide, deren Zahl aber nach einem Monat auf ca. 20 zurückgegangen ist. Der von uns untersuchte Staub enthielt neben geringen Anteilen von früheren Kernexplosionen vorwiegend die bei den Versuchen im Sommer 1974 entstandenen Nuklide.

Im April 1975 konnten bei unseren Untersuchungen ^{141}Ce, ^{144}Ce, ^{125}Sb, ^{103}Ru, ^{106}Ru, ^{137}Cs, ^{95}Zr und ^{95}Nb nachgewiesen werden. Spaltprodukte, bei deren Zerfall keine γ-Strahlung auftritt, werden hier nicht erfaßt. Die Abbildungen 4b und 5 zeigen die Gammaspektren von Staubproben, die im August 1975 und im März 1975 aus den Filteranlagen entnommen wurden. Tabelle 2 stellt die Intensitäten der einzelnen Nuklide dar.

Tabelle 2. Intensitäten verschiedener Spaltprodukte in drei Proben

Energie (KeV)	Nuklid	$T_{1/2}$	Intensität März 1975	August 1975	März 1976
133,5	^{144}Ce	284 d	94	70	26
145,4	^{141}Ce	32,5 d	14	—	—
427,9	^{125}Sb	2,7 a	17	15	—
477,6	^{7}Be	53,0 d	230	469	460
497,1	^{104}Ru	35,4 d	67	—	—
511,0 (a)	^{106}Ru	1,0 a	125	98	67
622,0	^{106}Ru	1,0 a	46	37	17
661,6	^{137}Cs	30,5 a	100 (b)	100 (b)	100 (b)
724,2 (c)	^{95}Zr	64,0 d	135	26	—
756,9	^{95}Zr	64,0 d	173	38	—
765,8	^{95}Nb	34,7 d	633	140	17

(a) Störung durch ^{208}Tl und Positronenannihilation

(b) Normierung auf die Intensität von ^{137}Cs

— die Aktivität betrug in der Probe März 1975 noch 1,0 pCi/g und ging über 0,5 pCi/g (August 1975) auf 0,28 pCi/g (März 1976) zurück. In untersuchten Bodenproben lag die Aktivität bei 0,2 pCi/g (Juli 1975).

(c) Störung durch ^{212}Bi

2.4. Altersbestimmung der Spaltprodukte

Altersbestimmungen an Spaltprodukten werden meist über die Intensitätsverhältnisse der Nuklide $^{89}Sr/^{90}Sr$, $^{140}Ba/^{89}Sr$ und $^{140}Ba/^{90}Sr$ durchgeführt (HINZEPETER und MEYER, 1961). Ebenso ist es möglich, durch Bildung der Intensitätsverhältnisse von $(^{95}Zr + ^{95}Nb)/^{144}Ce$, $^{103}Ru/^{106}Ru$ und $^{141}Ce/^{144}Ce$ Rückschlüsse auf den Zeitpunkt einer Zufuhr neuen Materials in die Atmosphäre zu ziehen. Durch Kombination von radiochemischen Trennungsgang und gammaspektrometrischer Messung (NaJ(Tl)-Detektor) konnten von Kolb (1971) gute Ergebnisse erzielt werden.

Wir haben die Intensitäten von ^{141}Ce und ^{144}Ce genutzt, um zu einer Aussage zum Alter der aus dem globalen stratosphärischen Fallout stammenden Anteile des Staubes zu kommen. Man kann davon ausgehen, daß sich die Ce-Isotope in ihren chemischen und physikalischen Eigenschaften nicht wesentlich unterscheiden, zu etwa gleichen Zeiten im Feuerball entstehen und sich daher sowohl bei globalen Transportvorgängen, als auch im lokalen Ausfall gleichberechtigt verhalten. Damit ist auch eine gleichmäßige Verteilung in der Probe (600 g) gesichert. Die Gammaenergien liegen so nahe beieinander, daß Absorption und Effektivität bei der Messung leicht berücksichtigt werden können. Aus Abb. 5 geht hervor, daß im März 1975 beide Ce-Isotope noch mit genügender statistischer Genauigkeit nachgewiesen werden konnten. Damit ist die Grundlage für eine Altersbestimmung vorhanden. Die Angaben über Spaltausbeuten der Isotope sowie die Wahrscheinlichkeit der Emission der betrachteten Gammaübergänge wurden der Literatur (Meixner, 1971; Seelmann-Eggebert u. a., 1968) entnommen. Die Ergebnisse der Altersbestimmungen an drei Proben aus dem Frühjahr 1975 (die Messungen erfolgten im April 1975) sind in Tab. 3 dargestellt.

Tabelle 3. Ergebnisse der Altersbestimmungen ^{141}Ce/^{144}Ce

Probe	Berechnetes Explosionsdatum
Dezember 1974	12. 5. 1974
Februar 1975	13. 6. 1974
März 1975	14. 6. 1974

Wenn eine längere Meßreihe vorliegt und somit eine Einschätzung des jahreszeitlich bedingten Ganges der Radionuklidkonzentration möglich ist, kann bei der Berechnung eines neueren Explosionsdatums der Anteil an älteren Spaltprodukten korrigiert werden. Diese älteren Spaltprodukte haben ihre Ursache in weiter zurückliegenden Explosionen. Damit wird das Nuklid mit der längeren Halbwertszeit eine Bedeutung erlangen. Für ^{144}Ce ($T_{1/2} = 284$ d) wurde der Einfluß von Explosionen aus dem Jahre 1973 (Sommer) untersucht (Tabelle 4).

Tabelle 4. Einfluß früherer Kernexplosionen auf die Altersbestimmung über ^{141}Ce/^{144}Ce am Beispiel der Probe März 1975

Alte Anteile (^{144}Ce) (%)	berechnetes Alter (Tage)	Explosionszeitpunkt
0	296	14. 6. 1974
30	283	27. 6. 1974
50	275	5. 7. 1974

Ein Fehler bei der Bestimmung der von früheren Ereignissen übriggebliebenen Anteile wirkt sich also nur unwesentlich auf das Ergebnis aus. Wenn man bedenkt, daß es sich in der Mehrzahl um Testserien gehandelt hat, zeigt sich die Notwendigkeit einer Korrektur. Die Kernwaffentests, die in der fraglichen Zeit von England, Frankreich und China durchgeführt wurden (Explosionen in der Atmosphäre), liegen in ihrer Datierung im Zeitraum zwischen dem 17. 6. 1974 und dem 29. 7. 1974. Da das von uns berechnete Alter auf einem etwas zu frühen Zeitpunkt liegt, müssen die Proben noch Spaltprodukte von den Explosionen aus dem Jahre 1973 enthalten. Tatsächlich konnten im Juli 1975 bei Messungen an Schwebestaub, der vom Mai 1974 aufbewahrt wurde (vor der Testserie 1974), noch Anteile an ^{144}Ce festgestellt werden. Die Messungen erfolgten mit einem Szintillationsspektrometer, wurden aber nicht quantitativ bearbeitet. Die Ergebnisse stimmen mit den Angaben von Ratter (1975) überein.

3. *Schlußfolgerungen*

In der vorliegenden Arbeit wurde gezeigt, daß durch hochauflösende γ-spektrometrische Untersuchungen am Schwebestaub des Stadtobservatoriums der KMU eine Vielzahl von Informationen über die Radioaktivität der bodennahen Luft gewonnen werden können. Bei dieser Methode ist eine chemische Aufbereitung der Proben nicht notwendig. Es können größere Probenmengen eingesetzt werden, die erlauben, in einer Meßzeit von wenigen Stunden eine ausreichende statistische Genauigkeit zu erreichen.

Aus den Messungen geht klar hervor, daß die Aktivität künstlicher Radionuklide in der bodennahen Luft im Untersuchungszeitraum stark zurückgegangen ist. Dies ist zweifellos eine Auswirkung der internationalen Verträge über das Verbot von Kernexplosionen in der Atmosphäre und die Beschränkung von unterirdischen Kernexplosionen.

Eine regelmäßige Untersuchung der Staubproben würde eine einfache Kontrolle über neue Emissionen künstlicher Radionuklide in die Atmosphäre ermöglichen, wobei auch der Zeitpunkt relativ genau ermittelt werden kann.

Für die Einschätzung einer Wirkung dieser Radioaktivität auf den Menschen ist es erforderlich, zusätzlich den Staubgehalt der Luft genauer zu bestimmen. Im Rahmen der vorliegenden Arbeit war dies nicht möglich.

Literatur

Barretto, P., Radon-222 Emanation Characteristics of Rocks and Minerals. IAEA — Pl 565/1 (1975).

Clemens, W., und Wilkening, M., Atmospheric Pressure Effects on 222-Rn Transport the Earth-Air Interface. J. Geophys. Res. 79 (1974) 33.

Junge, C., Die Konstitution des atmosphärischen Aerosols. Ann. d. Met., Beiheft, 1952.

Hinzepeter, M., und Meyer, K. H., Meteorologische Einflüsse auf radioaktive Beimengungen in der Atmosphäre. Gersbach & Sohn-Verlag, München 1961.

Hunter, H. F., und Ballou, N. E., Nucleonics 9 (1951).

Höhndorf, A., Auswertung von Gammaspektren zur quantitativen Analyse von Uran, Thorium und Kalium in Gesteinen. Geol. Jb., E 1, Hannover 1973.

Just, G., Gammaspektrometrische Untersuchungen an Proben aus Erdgasfördersonden. Unveröff. Ber. KMU 1975.

Just, G., Materialien zur Diplomarbeit. Unveröff. KMU 1976.

Kolb, W., Einfluß chinesischer Kernwaffenversuche auf die Radionuklidkonzentration in der bodennahen Luft. Ber. Ra/1/1971, Phys. Techn. Bundesanstalt, Braunschweig (1971).

Knizhnikov, V. A., Radioactive Contamination of the Environment and the Possible Consequences. IAEA (1975).

Lauterbach, R., Gammaspektrometrie geringaktiver natürlicher Gesteine zur petrogenetischen Untersuchung, zur Lagerstättenforschung und zur Grobbestimmung des Gesteinsalters. Kernenergie 8 (1964).

Loos, G., Untersuchungen an geologischen Materialien durch Messung der natürlichen Gamma-Aktivität. J. Radioanal. Chem. 28 (1975).

Meixner Ch., Gamma-Energien. Jül. — 811 — RX 1971.

Moorse, H. E., u. a., Origin of 222-Rn and its Long Lived Daughters in Air over Hawaii. J. Geophys. Res. 79 (1974) 33.

Moroz, B., und Parvenov, D., Die Einwirkung von ^{210}Po auf Organismen. (russ.) Atomizdat. Moskau (1971).

Ratter, R., unveröff. Dipl. Arb. KMU Sektion Physik (1975).

Seelmann-Eggebert, W., Pfennig, W., und Münzel, H., Nuklidkarte. 3. Auflage Gersbach & Sohn-Verlag, München (1968).

Geophys. u. Geol. Geophys. Veröff. d. KMU Leipzig. Bd. I H. 4 S. 79–84 Berlin 1978

Zur radioaktiven Wärmeproduktion basischer Vulkanite im Südteil der DDR

G. Just und C. Marle[1]

Bei der Berechnung von Krustenmodellen kommt neben den Resultaten verschiedener geophysikalischer Meßmethoden auch der Bestimmung des Temperaturfeldes und in diesem Zusammenhang der radioaktiven Wärmeproduktion eine bedeutende Rolle zu. Für die Ivrea-Zone (Höhndorf, 1975) und den Bereich des Alpenrandes (Rybach, 1976) wurden in der Vergangenheit Modellberechnungen vorgestellt, deren Ergebnisse im Zusammenhang mit tiefenseismischen Messungen und petrophysikalischen Daten eine Information über die Struktur der Erdkruste liefern können.

Die für das Erzgebirge vorliegenden Unterlagen wurden von Marle (1975) zusammengefaßt und lieferten ein mögliches Denkmodell für die geothermischen Verhältnisse in der Erdkruste, unter der Bedingung, daß die die Erdkruste aufbauenden Gesteine in ihren Gehalten an radioaktiven Elementen den aus Literaturangaben bekannten Durchschnittswerten gehorchen. Eine der Hauptschwierigkeiten für den Ansatz von geothermischen Berechnungen im Erzgebirge lag also bisher in der ungenügenden Information über die radioaktive Wärmeproduktion in den verschiedenen Gesteinskomplexen der mittleren und unteren Kruste.

In der vorliegenden Mitteilung sollen einige Ergebnisse neuer gammaspektrometrischer und aktivierungsanalytischer Bestimmungen der Gehalte an Uran, Thorium und Kalium in basischen Vulkaniten aus dem Südteil der DDR vorgestellt werden. Für die gammaspektrometrische Untersuchung der natürlichen Radioaktivität wurde ein 4096 Kanal Analysatorsystem mit einem 3″ × 3″ ⌀ NaJ(Tl)-Kristall (Nuclear-Chicago) des Fachbereiches Geophysik der KMU Leipzig und ein 2048 Kanal Analysator (Eigenbau ZfK Rossendorf) der AG Kernspektroskopie des ZfK Rossendorf der AdW der DDR mit einem 36 bzw. 42 cm^3 Ge(Li)-Detektor (UJV, Rec, CSSR) verwendet. Abb. 1 stellt das Gammaspektrum eines Referenzmaterials (ZGI – Standard GM) dar. Dieses lieferte zusammen mit dem Standard GnA (ZGI) und einem durch eine Reihe von Neutronenaktivierungsanalysen (Loos und Saupe, 1976) sehr genau untersuchten basischen Gestein, dem Basalt von Stolpen, die Anschlußwerte für die radiometrische Bestimmung der Gehalte an Uran, Thorium und Kalium in den zur Diskussion stehenden basischen Magmatiten aus dem Süden der DDR.

Der Einfluß von Verwitterungserscheinungen auf das radioaktive Gleichgewicht wurde an einem Beispiel überprüft. Tab. 1 verdeutlicht die Ergebnisse mehrerer Messungen an einem Material mit Verwitterungsrinde.

Der Einfluß der Verwitterungsrinde ist unerheblich, und da in der Mehrzahl der Fälle

[1] Anschriften der Verfasser:
Dipl.-Geophys. Günther Just, Dipl.-Geophys. Christina Marle, Sektion Physik, Fachbereich Geophysik der Karl-Marx-Universität Leipzig, 701 Leipzig, Talstr. 35.

frisches Material gewonnen werden konnte, sind Gleichgewichtsstörungen der Reihe $^{238}U-^{234}U-^{226}Ra$ von geringem Einfluß auf das Gesamtergebnis der Meßserie.

Die Berechnung der Werte für die radioaktive Wärmeproduktion der basischen Magmatite erfolgte nach den von RYBACH (1976) veröffentlichten Werten:

$$A(\mathrm{HGU}) = 0{,}317 \cdot \varrho(0{,}193\, C_{\mathrm{Th}} + 0{,}718\, C_{\mathrm{U}} + 0{,}262\, C_{\mathrm{K}}).$$

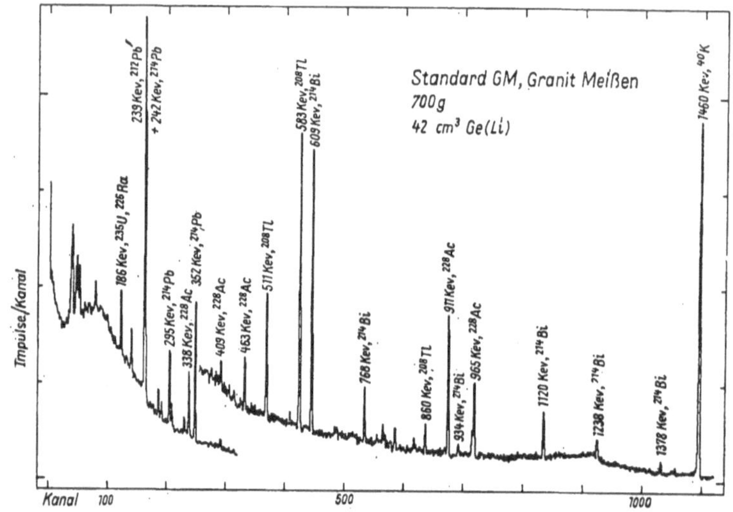

Abb. 1. Gammaspektrum des ZGI Standardmaterials GM Granit Meißen im Energiebereich von 50—1480 KeV — nur die zur Auswertung verwendeten Gammalinien wurden bezeichnet

Tabelle 1.

Untersuchungsmethode	Uran (ppm)	Thorium (ppm)
Gammaspektrometrie	4,5	10,6
Aktivierungsanalyse*	4,2	10,1

* Untersuchungen von LOOS und SAUPE (1976)

Der relative Anteil an der Gesamtwärmeproduktion eines Gesteins nimmt von Uran über Thorium nach Kalium ab. Eine geringfügige Änderung der Dichte wirkt sich auf den Mittelwert eines Gesteinskomplexes nur wenig aus.

Abb. 2 stellt die Verteilung von Uran und Thorium in den bisher untersuchten basischen Vulkaniten dar. Die Stellung der Diabase spricht für eine ozeanische Kruste, während die Variationsbreite der Basalte den von HEIER und ADAMS (1962) und LAUTERBACH (1962, 1964, 1971) angegebenen Werten für den Kontakt mit einer kontinentalen Kruste entspricht. Während die Diabase des Harzes und die Basalte des Osterzgebirges eine gute Korrelation aufweisen, sind die Basalte des Westerzgebirges durch ein gestörtes Thorium—Uran-Verhältnis gekennzeichnet. Die letzteren zeigen zusammen mit den Phonolithen des Westerzgebirges auch die höchsten Werte für die radioaktive Wärmeproduktion.

Die Aussagefähigkeit der Thorium—Uran-Verhältnisse wurde bei LAUTERBACH (1971) ausführlich diskutiert. Bei den Materialien des Osterzgebirges liegen die Werte zwischen 3,5 und 4,0. Die Abweichungen vom Mittelwert sind gering. Im Westerzgebirge und im Vogtland finden sich Verhältnisse zwischen 1,5 und 8. Außerdem sind die Gehalte an Thorium und Uran ebenso wie auch der K_2O-Gehalt erheblich angestiegen.

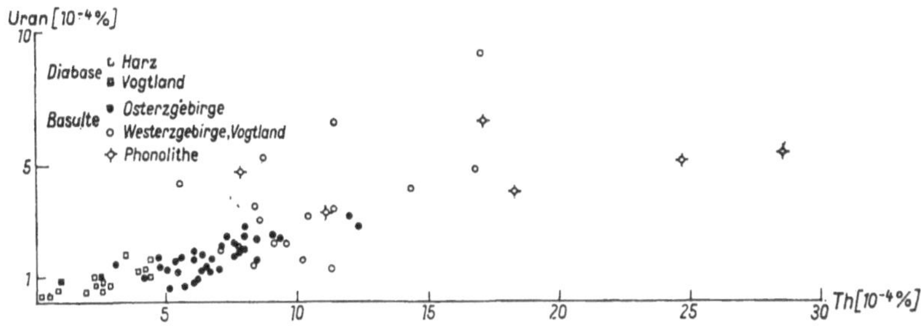

Abb. 2. Verteilung von Thorium und Uran in basischen Vulkaniten aus dem Süden der DDR

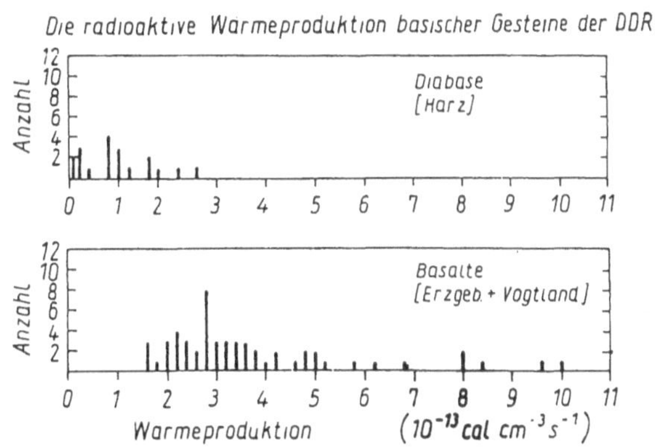

Abb. 3. Die radioaktive Wärmeproduktion basischer Vulkanite aus dem Südteil der DDR (Angaben in HGU (10^{-13} cal cm^{-3} s^{-1}))

Die radioaktive Wärmeproduktion A unter Berücksichtigung des Anteiles an ^{40}K wird auf Abb. 3 vorgestellt. Die untersuchten Gesteine mit einer Wärmeproduktionsrate über 4 HGU (10^{-13} cal^1 cm^{-3} s^{-1}) sind fast ausschließlich im Westerzgebirge bzw. im Vogtland zu finden. Für die Materialien des Osterzgebirges kann eine Häufung im Bereich von 2,8 HGU gefunden werden. Die Wärmeproduktionsraten der Diabase aus dem Harz lassen erkennen, daß hier die für basische Materialien zu erwartende Größenordnung nicht überschritten wird. Es scheint, als ob der Thoriumgehalt in den drei Gruppen von Diabasen, die sich in der Darstellung von Abb. 2 erkennen lassen, eine Untergliederung des initialen Magmatismus in drei Abschnitte zuläßt. Interessant ist, daß die Diabase mit dem höchsten Thoriumgehalt unmittelbar an die Gruppe der Basalte des Osterzgebirges grenzen. Bei der ausschließlichen Betrachtung von Uran, Kalium und auch der Gesamtwärmeproduktion läßt sich dagegen eine Überschneidung feststellen. Eine ausführliche Beschreibung der einzelnen Vorkommen und die Interpretation der vorhandenen radiometrischen, geochemischen und petrographischen Untersuchungsergebnisse, die derzeit zum Komplex der basischen Vulkanite vorliegen, kann im Rahmen dieser Mitteilung nicht gegeben werden.

Schlußfolgerungen

Die ersten Ergebnisse quantitativer Bestimmungen der natürlichen Radioaktivität basischer Vulkanite im Süden der DDR sprechen dafür, daß im Osterzgebirge der Durchbruch der basischen Schmelze zur Erdoberfläche in Verbindung mit Tiefenbrüchen in einem relativ kurzen Zeitraum und schnell erfolgte. Die Verunreinigung der Basalte mit Krustenmaterial ist gering. Die Gehalte an Thorium, Uran und Kalium entsprechen den in der Literatur angegebenen Werten für Basalte, die in eine kontinentale Kruste eingedrungen sind.

Im Westerzgebirge und im Vogtland erfolgte durch längeren Kontakt mit Material aus tieferen Bereichen der Erdkruste, die sich mit Sicherheit durch einen erhöhten Gehalt an radioaktiven Elementen auszeichnen, eine Assimilation und Differentiation, die sich an den Gehalten von Thorium, Uran und Kalium in oberflächlich anstehenden tertiären Eruptivstöcken (einschließlich Kammerbühl) verfolgen läßt.

Die Radioaktivität eines Materials aus der Kruste, das bei einer Assimilation als Quelle der zum Teil erheblichen Thorium- und Urangehalte in den basischen Gesteinen angesehen werden muß, dürfte weit über den Mittelwerten der Granite liegen. Ein normaler Granit mit Urangehalten von 2,8—5,6 ppm (Kirchberger Granit nach MAHFOUZ, 1970) kann mit Sicherheit nicht in der Lage sein, einer basischen Schmelze die Assimilation von 9 ppm Uran und 17 ppm Thorium (Extremfall) zu gestatten, ohne gleichzeitig den Charakter eines basischen Materials zu verwischen.

Die erhöhte Radioaktivität basischer Gesteine im Westerzgebirge und im Vogtland wurde an oberflächlich aufgeschlossenen Vorkommen festgestellt. Über den Zustand in Magmenkammern, die sich im Bereich der Kruste befinden können, gibt es vorerst keine belegbaren Auskünfte. Es kann aber damit gerechnet werden, daß basisches Material mit Wärmeproduktionsraten in einer Größenordnung, wie wir sie in der Regel bei Graniten und Porphyren vorfinden (Tab. 2), in tieferen Bereichen der Erdkruste lokal

Tabelle 2. Die radioaktive Wärmeproduktion einiger Magmatite (Mittelwerte aus JUST, 1976)

Vorkommen	Anzahl der Proben	Wärmeproduktion (HGU)	
		Bereich	Mittelwert
Porphyre (Nordwestsachsen)	5	4,4—8,2	6,5
Diabase (Harz)	15	$\leqq$0,1—2,6	0,9
Granodiorit (Lausitz)	1		4,9
Granit (Meißen)	1		11,5
Granit (Erzgebirge)*	2	8,3—12,4	10,4
Granit (Vogtland)	1		10.5

* Daten aus MARLE (1975) übernommen.

vorhanden sein kann. Diese Tatsache muß bei der Interpretation seismischer und geothermischer Messungen im Erzgebirge beachtet werden.

Die Frage, ob Material aus dem oberen Mantel nach Modellen und Berechnungen von SCLATER und FRANCHETEAU (1970) zur Erklärung der Wärmeflußmengen in einer ozeanischen Kruste bis zu Tiefen von 200—500 km erhöhte Radioaktivität besitzen kann, ist in dem hier diskutierten Zusammenhang von Interesse, würde aber lediglich die Ursachen für die gemessene erhöhte radioaktive Wärmeproduktion basischer Gesteine im Erzgebirge in größere Tiefen verlagern. Wie die Basalte des Westerzgebirges vermuten lassen, muß man im Bereich der unteren Kruste und im obersten Mantel mit Gehalten an radioaktiven Elementen und damit verbundenen Wärmeproduktionsraten rechnen, die über den bisher angenommenen Werten liegen. Zu ähnlichen Ergebnissen gelangte LAUTERBACH (1971) durch die Feststellung von abnormen Thoriumgehalten in verschiedenen Basalten.

Für die Erzielung sinnvoller Ergebnisse bei der Modellierung der Struktur der Erdkruste besonders in relativ engbegrenzten geologischen Einheiten wie in unserem Fall dem Erzgebirge muß man künftig von einer schematischen Übertragung der Daten, die für regionale Komplexe bzw. im Mittel für die gesamte Erde gelten, absehen. Besonders die Radioaktivität basischer Gesteine bedarf hier einer umfassenden Untersuchung.

Für das Wärmeregime der Erde im tiefkrustalen bzw. Mantelbereich ist die Schlußfolgerung zu ziehen, daß der vom Mantel in die Erdkruste übertretende Wärmefluß zwar in regionalen Dimensionen als konstant [0,4—0,6 HFU (10^{-6} cal cm^{-2} s^{-1})] (HURTIG und SCHLOSSER, 1973) angesehen werden kann, jedoch mit größeren Werten zu rechnen ist. Schon in der unteren Kruste kann eine entscheidende Änderung eintreten, und nicht immer ist wie bisher angenommen die oberste Kruste fast ausschließlich für die radioaktive Wärmeproduktion verantwortlich.

Wie bei MARLE (1975) dargestellt wird, ist das zur Zeit vorhandene Netz geothermischer Meßpunkte im Süden der DDR noch sehr lückenhaft. Abb. 4 zeigt einige Meß-

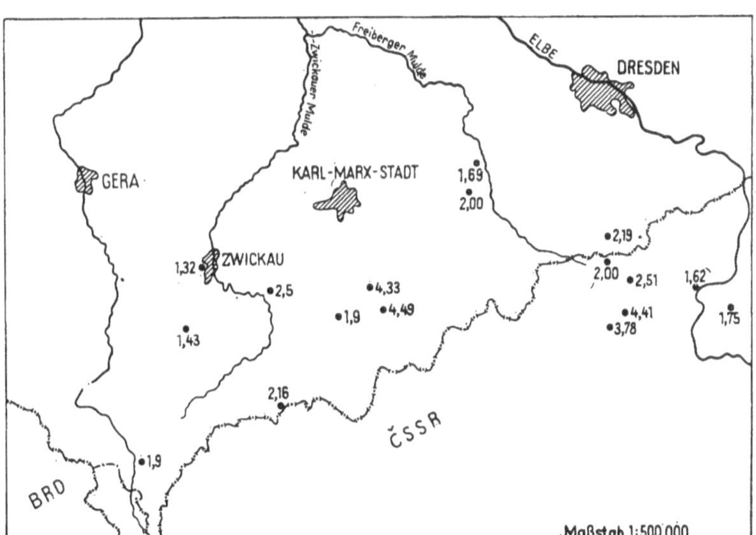

Abb. 4. Wärmefluß im Erzgebirge (HFU = 10^{-6} cal cm^{-2} s^{-1}) nach Angaben von SCHÖSSLER, SCHWARZLOSE (1959), ČERMAK u. a.

werte der positiven Wärmeflußanomalie des Erzgebirges. Die ersten Ergebnisse quantitativer radiometrischer Untersuchungen an tertiären basischen Vulkaniten des Erzgebirges belegen erhöhte Thorium- und Uran-Gehalte im westlichen Teil und deuten eine mögliche Fortsetzung anomaler Varhältnisse in Richtung Vogtland an.
Eine Ursache für die extrem hohen Gehalte an Thorium und Uran in den untersuchten basaltoiden Gesteinen sehen die Verfasser in speziellen Magmenentwicklungen, die mit erhöhten Werten für die radioaktive Wärmeproduktion der mittleren und unteren Kruste verbunden sind.

Für die freundliche Unterstützung bei der Auswahl der Proben sind die Verfasser Herrn Doz. Dr. R. JUBELT zu Dank verpflichtet.

Literatur

HEIER, K. S., and ROGERS, J. J. W., The Geochemistry of the Alkalis. Phys. Chem. Earth, 1962.

HURTIG, E., und SCHLOSSER, P., Wärmefluß in Mitteleuropa. Ztschr. f. geol. Wiss. 4 (1973).

HÖHNDORF, A., Geothermal Models of the Ivrea-Zone. J. Geophys. 41 (1975) 179–187.

HÖHNDORF, A., Radioaktive Wärmeproduktion in Gesteinen der Ivrea-Zone. Schweiz. mineral. petrogr. Mitt. 55 (1975) 89–102.

JUST, G., Bestimmung der natürlichen Radioaktivität geologischer Materialien unter Verwendung von Vielkanalanalysatoren und Halbleiterdetektoren. Unveröff. Ber. KMU Leipzig, 1976.

LAUTERBACH, R., Gammaspektrogramme von Basalten und anderen natürlichen Gesteinen ohne erhöhte Radioaktivität. Geophysik und Geologie, Leipzig 4 (1962).

LAUTERBACH, R., Kernenergie H. 8, 7 (1964).

LAUTERBACH, R., Hinweise zur Entwicklung von Erde und Mond auf Grund des Thoriumgehaltes von Mondgesteinen und irdischen Basalten. Wiss. Z. Karl-Marx-Univ., Leipzig, Math.-Naturwiss. R., 20 (1971) H. 4/5.

LOOS, G., und SAUPE, M., Uranbestimmungen in Standardmaterialien nach der Methode der zerstörungsfreien Aktivierungsanalyse. Unveröff. Mitt., ZfK Rossendorf d. AdW d. DDR, 1975.

LOOS, G., und SAUPE, M., Jahresbericht ZfK Rossendorf, 1976.

MAHLFOUZ, S., Zur Geochemie des Urans und Zinns im Kirchberger Granitmassiv. Diss. Jena, 1970.

MARLE, C., Geothermisches Krustenmodell Erzgebirge. Dipl. Arb. Freiberg, 1975.

RYBACH, L., Radioactive Heat Production in Rocks and its Relation to other Petrophysical Parameters. Pageoph. 114 (1976).

RYBACH, L., Die Gesteinsradioaktivität und ihr Einfluß auf das Temperaturfeld in der kontinentalen Kruste. J. Geophys. 42 (1976).

SCLATER, J. G., und FRANCHETEAU, J., The implications of terrestical heat flow observation on current tectonic and geochemical models of the crust and upper mantle of the earth. Geoph. J. R. astr. Soc. 20 (1970).

Geophys. u. Geol. Geophys. Veröff. d. KMU Leipzig Bd. I H. 4 S. 85–103 Berlin 1978

Zu einigen Problemen der Lagerstättenbildung und Minerogenie Mitteleuropas unter besonderer Berücksichtigung der DDR

L. Baumann[1]

Zusammenfassung: Ausgehend von neueren Erkenntnissen der Lagerstättenforschung und Metallogenie-Minerogenie werden einige wichtige Fragenkomplexe näher behandelt, die für die Lagerstättenbildung in Mitteleuropa sowie für die uns in der DDR speziell gestellten Aufgaben hinsichtlich der Lagerstättenprognose und -erkundung von besonderer Bedeutung sind. Dabei wird insbesondere auf folgende Problemkreise eingegangen:

– Geosynklinale Lagerstättenbildungen unter besonderer Berücksichtigung des prävariszischen Grundgebirgsstockwerkes (Beziehungen zur Neuen Globaltektonik, prävariszische Bildungsetappen und -typen);
– Probleme der sialischen Lagerstättenbildung im Variszikum (geochemische Spezialisierung und minerogenetische Vererbung, Mobilisationstheorie, Strukturtypen);
– Lagerstättenbildungen der Tafelaktivierung, insbesondere im Gefolge des postvariszischen Tafelmagmatismus (Lagerstätten der Senkungs-, Hebungs- und Übergangsgebiete, Spatlagerstättenbildungsmöglichkeiten);
– Minerogenetische Gliederung Mitteleuropas unter besonderer Berücksichtigung der DDR (Charakterisierung der minerogenetischen Haupteinheiten).

1. Einleitung

Der Nachweis und die Vorratserweiterung mineralischer Rohstoffe muß in Zukunft unter sich ständig erschwerenden Bedingungen der Suche, Erkundung und Erschließung neuer und bereits bekannter Lagerstätten in geologisch komplizierten Verhältnissen durchgeführt werden. Die Lösung dieser Aufgaben stellt erhöhte Anforderungen an einen entsprechenden wissenschaftlichen Vorlauf auf dem Gebiet der Lagerstättengenese und Metallogenie-Minerogenie. Im folgenden werden daher einige aktuelle Problemkreise der Lagerstättenforschung behandelt, die für die minerogenetische Analyse und Lagerstättenprognose in Mitteleuropa sowie speziell in der DDR von Bedeutung sind. Diese sind

– geosynklinale Lagerstättenbildungen sowie ihre Stellung im Rahmen der „Neuen Globaltektonik“,
– einige Probleme der sialischen Lagerstättenbildung,
– Lagerstättenbildungen im Gefolge des Tafelmagmatismus,
– minerogenetische Gliederung Mitteleuropas unter besonderer Berücksichtigung der DDR.

[1] Anschrift des Verfassers:
Prof. Dr. rer. nat. habil. L. Baumann, Sektion Geowissenschaften der Bergakademie Freiberg, 92 Freiberg/Sa., Zeunerstraße.
Sektion Geowissenschaften d. Bergakademie Freiberg, Veröffentl.-Nr. 602.

2. Geosynklinale Lagerstättenbildungen

Das „Geosynklinalstadium" wird exogen durch die Ausbildung mächtiger sandig-toniger-karbonatischer Sedimentformationen und endogen durch die Formation des Initialmagmatismus charakterisiert. Bei dem initialen simatischen Magmatismus handelt es sich um juveniles Material, das aus dem Bereich des oberen Mantels (Moho-Diskontinuität) auf den randlichen Zerrungszonen der Eugeosynklinale zum Aufstieg kommt. Die aufsteigenden Magmen sind teilweise undifferenziert (tholeiitbasaltisches Magma), teilweise sehr stark differenziert, wobei der Differentiationsort in verschiedenen Niveaus liegen kann (vom Oberen Mantel über Zwischenherde in der Erdkruste bis zur intrusiven, subvulkanischen bzw. submarinen Platznahme). Der initiale Magmatismus äußert sich dann in einem effusiven Zweig mit Diabasen, Spiliten, Keratophyren, Andesiten und Porphyriten einschließlich der zugehörigen Tuffe und in einem intrusiven Zweig mit gravitativer Differentiation. Zum intrusiven Zweig gehören als absaigernde Frühkristallisate die Peridotite und Pyroxenite, als aufsteigende die Anorthosite und als Produkte der Hauptkristallisation Norite und Gabbros sowie Diorite bzw. Plagiogranite. Diese basischen Magmatite kennzeichnen die Achsen der in Gebirgszüge verfalteten Eugeosynklinalgebiete (z. B. die sog. „Grünsteingürtel" des Urals oder der Dinariden). An beide magmatischen Entwicklungszweige sind bedeutende Lagerstättentypen gebunden (BAUMANN und TISCHENDORF 1976):

I. Lagerstätten verknüpft mit dem *effusiv-submarinen* Zweig:

— vulkanogen-sedimentäre Lagerstätten mit Fe (oxydischer Lahn-Dill-Typ, silikatischer Chamosittyp, karbonatischer Vareš-Typ und sulfidischer Fe-Cu-Typ);
  Innerhalb des sulfidischen Fe-Cu-Typs kann man nach SILLITOE (1972) auf Grund der Plattentheorie noch weiter untergliedern in einen

  Untertyp 1 (Diabas-Spilitformation, z. T. als Pillows = Bildungen der Spreading-Zone) mit vorwiegend Fe, (Mn) und Cu (Typ Cypern);

  Untertyp 2 (Keratophyrformation = Bildungen der Subduktionszone auf der ozeanischen Seite der Inselbögen) mit Fe, Cu sowie zunehmend Polymetalle (Typ Kuroko/Japan bzw. Rio Tinto/Spanien);

  Untertyp 3 (Bildungen in den Randmeeren auf der kontinentalen Seite der Inselbögen) mit Fe, Cu, Zn, Pb, Ag, Ba u. a.

— submarin-hydrothermale Lagerstätten (subvulkanisch) mit Fe-Mn (Gonzen), Fe-Cu-Zn-Pb-Ba (Rammelsberg, Ergani Maden, Meggen), Pb-Zn-Ba-F (Bleiberg-Kreuth, Raibl, Mešica, Nordafrika) und Sb-Hg (Almaden).

II. Lagerstätten verknüpft mit dem *intrusiven* Zweig:

Hier kommt es zu den bekannten intramagmatischen Aussaigerungslagerstätten (mit Cr, Pt, Ni-Fe, Ti-Fe u. a.).

Eines der gegenwärtig aktuellen Probleme der modernen Geowissenschaften ist die Kombination der Theorie der Geosynklinalentwicklung mit den Ergebnissen und Vorstellungen der Neuen Globaltektonik, insbesondere hinsichtlich seiner Konsequenzen für die Lagerstättenbildung und Regionale Minerogenie. Die neue Globaltektonik erlaubt nicht nur die geotektonischen Vorgänge, sondern auch viele lagerstättenbildende Prozesse z. T. in einem modernen Licht zu sehen (BAUMANN und TISCHENDORF 1976).

Nach den neueren Vorstellungen können die Geosynklinalen weitgehend als eine Kombination der Riftzonen mit den Subduktionszonen angesehen werden. Dabei werden die ophiolithischen Gesteinsassoziationen der eugeosynklinalen Zone als Reste der eingetauchten ozeanischen Kruste angesehen (sog. ,,Melange" in Form großer tektonischer Schuppen) und die magmatischen Andesitserien der miogeosynklinalen Zonen als Bildungen ehemaliger Inselbögen.

Die ozeanische Kruste wird bekanntlich von der Spreadingzone gebildet, indem es in den Rifts zum Aufstieg von Mantelmaterial (tholeiitbasaltischer Magmen) und zum Auseinanderschieben der ,,wachsenden" Krustenplatten kommt. Die ozeanische Kruste besteht aus ultrabasischen Gesteinen (Peridotite), Tholeiithbasalten und marinen Sedimenten.

Im Bereich der Riftzonen kann es vor allem an den Flanken durch das Aufsteigen hochthermaler Lösungen zu umfangreichen Elementanreicherungen kommen (Fe, Cu, Mo, Mn). Submarin-hydrothermale Lagerstättenbildungen vom Typ Cypern (FeS_2, $CuFeS_2$) sowie Aussaigerungen von Cr, Ni, Pt usw. in den Peridotiten werden neuerdings mit dem ozeanischen Riftzonenmagmatismus in Verbindung gebracht (Sillitoe 1972, Tarling 1973). Interessant sind in diesem Zusammenhang die Forschungsergebnisse des sowjetischen Expeditionsschiffes ,,Akad. Kurtšatov" im Indischen Ozean (Carlsberg-Rücken) und im Bereich der Mittelatlantischen Schwelle (Azoren). In beiden Bereichen wurden serpentinisierte Peridotite sowie Basalte und Dolerite gehoben, die eine deutliche Vererzung an Pyrit, Chalkopyrit, Kassiterit, Apatit, Fluorit, Baryt sowie erhöhte Gehalte an Cr, Ni, Co, V, Pb, Zn, Ag und Hg aufweisen.

Demgegenüber sind die andesitischen Kalkalkali-Magmatite während des Abtauchens im Bereich der Benioff-Zone partiell aufgeschmolzenes und kontaminiertes ozeanisches Krustenmaterial, welches an die Oberfläche dringt und dort zur Entstehung neuer kontinentaler Kruste führt. An den Subduktionszonen wird somit ozeanische Kruste vom Mantel adsorbiert und zugleich kontinentale Kruste neu gebildet.

Bei der Eugeosynklinalentwicklung lassen sich demnach zwei Stadien unterscheiden: das Anfangs- oder *ozeanische* Stadium, in dessen Verlauf sich die Ophiolithassoziation bildet ($\approx$ Phase des Spreading), und das Reife- bzw. *Andesit*-Stadium, für das die Bildung der Gesteinskomplexe vom Typ der Inselbögen bzw. des Andentyps kennzeichnend sind ($\approx$ Subduktionsphase). Die Entwicklung wird dann durch Faltung, Metamorphose und Granitmagmatismus abgeschlossen. Die Zonalität im Entwicklungsablauf der Plattentektonik (Bereich Spreading + Subduktionszone) entspricht somit weitgehend der bekannten strukturell-magmatischen Zonalität des Geosynklinal(Orogen)-Bereiches (Abb. 1) (Pejve 1969, Sonenschejn u. a. 1973 und 1974, Smirnov 1974, u. a.).

Der strukturell-magmatischen Zonalität der Subduktionszone entspricht in Richtung des Einschiebens der Benioff-Zone eine gesetzmäßige *minerogenetische Zonalität.* Dabei ist zwischen dem ,,Inselbogentyp" und dem ,,Andentyp" infolge der strukturellen Unterschiede eine gewisse Variabilität vorhanden:

Inselbogentyp = Fe – (Cr, Ni, Pt) – Cu-Mo(Au) – Zn, Pb - W, Sn – o
(basisch) (bas.-andesitisch) (kalk-alkalisch)

– Sb, Hg, Selt. Met.
(alkalisch)

Andentyp = Fe, Mn (Cr, Ni, Pt) – Cu(Au) – Pb (Ag) - W, Sn –
(basisch) (andesit.) (kalk-alkalisch)
– Sb, Hg, Selt. Met.
(alkalisch)

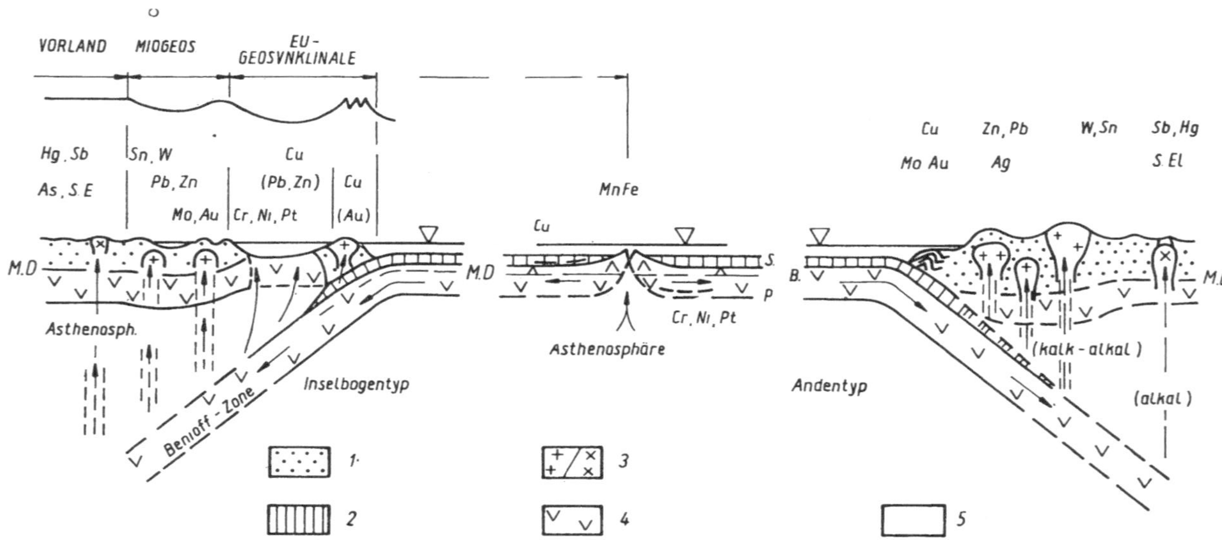

Abb. 1. Die strukturell-magmatische und minerogenetische Zonalität der Subduktionszonen
1 – Kontinentale Kruste; *2* – Ozeanische Kruste; *3* – Magmatite (kalk-alkalisch/alkalisch); *4* – Untere „Lithosphäre“; *5* – Asthenosphäre

Die Erkenntnis dieser minerogenetischen Zonalität kann eine wichtige Hilfe bei der Lagerstättenprognose in derartigen Gebieten sein.

Eine besondere Aktualität im Weltmaßstab haben die *Geosynklinalbildungen in den metamorphen Grundgebirgen.* Bereits durch RÖSLER, BAUMANN, LANGE u. a. (1968) konnte auf Grund der Isotopenzusammensetzung eine weitgehende genetische Übereinstimmung stratiformer präkambrischer Lagerstättentypen mit den jüngeren vulkanogen-sedimentären Lagerstätten des Lahn-Dill-Typs i. w. S. nachgewiesen werden.

Innerhalb der hochmetamorphen Gesteinsserien der DDR lassen sich neuerdings zwei größere Entwicklungsetappen (proterozoisch, riphäisch) unterscheiden, die sich in den Gneisformationen des Erzgebirges, in der älteren Baustufe des Ruhlaer Kristallins und in der Lausitz-Nordsachsisch-Thüringischen Grauwacken-Schieferformation dokumentieren. Während über die minerogenetische Bewertung der älteren, vermutlich proterozoisch-frühriphäischen Entwicklungsetappe ($\approx$ Vorspilitische Serie) gegenwärtig noch keine spezifischen Aussagen möglich sind, wurden über die jüngere, spätriphäische Etappe ($\approx$ Spilitische und Nachspilitische Serie) neue minerogenetische Erkenntnisse gewonnen (BAUMANN 1965c, WEINHOLD 1977, SCHMIDT und LÄCHELT 1974, BAUMANN und TISCHENDORF 1978, u. a.).

Bei der spätriphäischen Etappe dürfte es sich um einen eigenen Geosynklinal-Zyklus handeln, der mit der assyntischen Faltung abgeschlossen wurde. Die minerogenetische Bedeutung der einzelnen Gesteinsformationen ist unterschiedlich. Während die weitverbreitete Grauwackenformation, ähnlich den flyschoiden und frühmolassoiden Serien des Variszikums, sich als minerogenetisch wenig spezialisiert erwies, kam es innerhalb der Preßnitzer Serie des Erzgebirges zu umfangreichen Stoffkonzentrationen. Die eugeosynklinale „Preßnitzer Serie" besteht aus einer lithologisch sehr heterogenen Schichtenfolge, die durch mehrfache Wechsellagerungen vulkanogen-sedimentärer Gesteine charakterisiert ist. An die heute sehr stark metamorph überprägten Gesteine (Amphibolite, Porphyroide, lagige Rotgneise, Chloritschiefer, Metagrauwacken, Kalk-Dolomite, Zweiglimmergneise) sind zahlreiche stratiforme Elementkonzentrationen gebunden (Fe, Sn, Cu: Magnetit- und Sulfidlager von Přisečnice-Medenec, „Felsithorizont" von Halsbrücke, Wolfsgrund bei Sayda, Boden-Niederschmiedeberg u. a.) (Abb. 2). Die lagerförmigen, z. T. feinimprägnativen Erzhorizonte können sich regional bis zu mehreren Kilometern erstrecken.

Der auf die assyntische Orogenese folgenden kambro-ordovizischen Entwicklungsetappe wird neuerdings eine weitgehend eigenständige Position eingeräumt (SCHMIDT und LÄCHELT 1974). In den kambro-ordovizischen Gesteinsserien kam es wiederum zur Bildung vulkanogen-sedimentärer Formationen, mit denen ebenfalls stratiforme Vererzungen (Fe, Cu, Zn-Pb, Sn) verknüpft sind (kambrische Joachimsthaler Serie: Breitenbrunn, Schwarzenberg-Waschleithe, Elterlein, Geyer; ordovizische Frauenbach-Serie: Klingenthal-Kraslice, Aue-Bockau, Johanngeorgenstadt, Jahnsbach, Hermsdorf, Abb. 2).

Auf Grund ihrer altersmäßigen Stellung unterlagen die Erzlager einer mannigfachen geologischen Beeinflussung und Veränderung, die zu den heute überwiegend sekundären, z. T. epigenetischen Erscheinungsbildern führten. Innerhalb dieser Sekundärvorgänge lassen sich unterscheiden:

a) Regionalmetamorphe Prozesse (assyntisch bis variszisch) mit diagenetisch-metamorphen Sammel- und Umkristallisationen sowie regionalmetamorphen und diaphthoretischen Durchbewegungs-, Umlagerungs- und Rekristallisationsvorgängen (u. a. Rekristallisation von primärem Gelzinn in nadelförmigen Kassiterit);

b) Kontaktmetamorphe Prozesse (im Bereich der variszischen Granitintrusionen) mit thermometamorphen Umkristallisations-, Umlagerungs- und Mobilisationsprozessen sowie mit echten epigenetischen Überprägungen in Form von imprägnativen, metasomatischen und gangförmigen Mineralisationen.

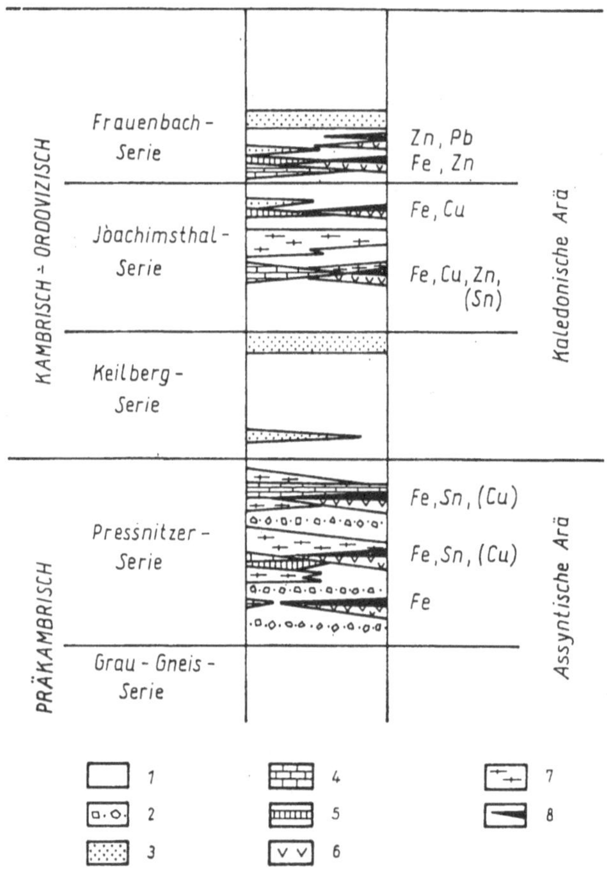

Abb. 2. Schematisiertes lithostratigraphisches Profil des prävariszischen osterzgebirgischen Grundgebirges (aus Baumann und Tischendorf 1978)

1 — Gneise, Glimmerschiefer, Phyllite; *2* — Metagrauwacken, Metakonglomerate; *3* — Quarzite; *4* — Karbonatgesteine; *5* — Metalydite, -sapropelite; *6* — Metabasite (Amphibolite, Grünschiefer); *7* — Metaporphyroide (Rotgneise); *8* — Stratiforme Vererzungen

Demnach sind die heute vorliegenden stratiformen Erzlager des Erzgebirges das Ergebnis einer über einen langen Zeitraum (assyntisch bis variszisch) sich erstreckenden polygenetischen Entwicklung. Bei Vorhandensein von karbonatischen Gesteinen konnte es dabei sowohl zu regionalmetamorphen als auch zu kontaktmetasomatisch vererzten Skarnbildungen kommen.

3. Einige Probleme der sialischen Lagerstättenbildung

Bei der Untersuchung der Lagerstättenführung von Orogengebieten zeigt sich oftmals, daß geochemisch auf bestimmte Elemente spezialisierte Formationen neben entsprechend spezialisierten älteren und jüngeren Gesteinsformationen auftreten. Viele Lagerstättenprovinzen, in denen sich Konzentrationen gleicher Elemente in verschiedenen geologischen Epochen wiederholen, müssen unter dem Gesichtspunkt einer „minerogenetischen Vererbung" betrachtet werden (ROUTHIER 1971). Die in bestimmten Konzentrationen in den Lagerstätten immer wieder auftretenden Elemente sind dann für die jeweilige regionale Einheit typochem. Ein derartiges typochemes Element ist z. B. im Erzgebirge das Zinn (Sn), welches auf Grund neuerer Untersuchungen seit dem Präkambrium (vulkanogen-sedimentäre Serien) über das Paläozoikum (variszische Granite) bis ins Känozoikum (alluviale Seifen) mehrmals in z. T. bauwürdigen Konzentrationen in Erscheinung tritt (BAUMANN 1970, BAUMANN und TISCHENDORF 1978). Ähnliche Verhältnisse liegen vermutlich auch bei Fe, Pb–Zn, U und Ag vor (Tab. 1).

Tabelle 1. Die lagerstättenbildenden Elemente der drei minerogenetischen Epochen des Erzgebirges

Epoche	lagerstättenbildende Elemente	vorherrschende Lagerstätten-strukturen
Postvariszisch	Ba, F, Fe, Mn, Pb, Zn, Cu; Co, Ni, Ag, As, (U); **Sn**	Gänge; Seifen
Variszisch	Fe, W, **Sn**, Li, F; As, Zn, Cu, Pb, U, Sb, Ag	Gänge, Greisen und Skarnbildungen
Prävariszisch	Fe; Cu, Zn, (Pb), **Sn**	Stratiforme Bildungen

Die gesetzmäßigen Zusammenhänge innerhalb solcher geochemischer Provinzen zu klären, ist eine der vorrangigsten Aufgaben der minerogenetischen Analyse. Für die Lagerstättenprognose und die anschließende Suche und Erkundung ist das Erkennen solcher Zusammenhänge von außerordentlich großer Bedeutung, denn wurde einmal eine Elementkonzentration in einem bestimmten Krustenbereich nachgewiesen, dann besteht die berechtigte Aussicht, innerhalb dieses Bereiches weitere Konzentrationen des gleichen Elementes auch in anderen geologischen Epochen zu finden.

In diesem Zusammenhang werden in neuerer Zeit zunehmend Ansichten vertreten, die eine aktive, elementzuführende Funktion der Granitintrusionen als Stoffquelle bei der Lagerstättenbildung verneinen (KITTL 1960, TUGARINOV 1963, OVČINNIKOV 1968, BARSUKOV 1971, BELEVCEV 1972). Insbesondere TUGARINOV ist der Meinung, daß der granitische Magmatismus lediglich die Rolle eines Mobilisators und Stimulators für metamorphogen-hydrothermale Lösungen ausübt, wobei die Lösungskomponenten selbst aus den umgebenden metamorphosierten sedimentären (und auch magmatischen) Gesteinsformationen stammen. Zur Beweisführung dienen u. a. die Beoachtungen, daß es mit zunehmendem Metamorphosegrad in den Gesteinen zu einem beachtlichen Absinken einiger Elementgehalte kommt und daß dieser Vorgang mit dem Übergang der Elemente in die metamorphogen-hydrothermalen Lösungen zusammenhängt. Dem intrusiven Prozeß wird hier nur die passive Rolle der Erwärmung beigemessen, durch welche die regionale Metasomatose der umgebenden Gesteine aktiviert wird (BOYLE 1970, BELEVCEV 1972, 1974, u. a.).

Eine Art Zwischenstellung in dieser Frage nimmt BARSUKOVS viel diskutierte Mobilisationstheorie ein. Er geht bekanntlich davon aus, daß die gesteinsbildenden Minerale der Granitoide Träger und Konzentratoren vieler Erzelemente sind, die isomorph in die Minerale bei deren Auskristallisation aus der magmatischen Schmelze eingehen (z. B. Pb in Orthoklas, B und W in Plagioklas, Sn, Zn, Ta, Nb, Cu u. a. in Biotit und Hornblenden usw.).[1] Durch die postmagmatischen Lösungen können dann diese Elemente aus den Gesteinen gelöst, mobilisiert und erneut konzentriert werden. Insbesondere wurde dieser Vorgang für Sn eingehend untersucht und belegt (BARSUKOV 1957, 1971). Danach erfolgt die Mobilisierung des Sn aus den Kristallgittern der Sn-konzentrierenden Minerale (Biotit, Hornblende) bei deren postmagmatischen Umwandlung in andere Minerale (Muskovit, Chlorit), für die eine isomorphe Vertretung von Sn nicht mehr möglich ist. Offensichtlich ist dieser Mechanismus der Mobilisierung nicht nur für Sn, sondern auch für eine Reihe anderer Erzelemente charakteristisch. Aus der Literatur ist bekannt, daß die postmagmatischen Veränderungen der Granite in einer Reihe von

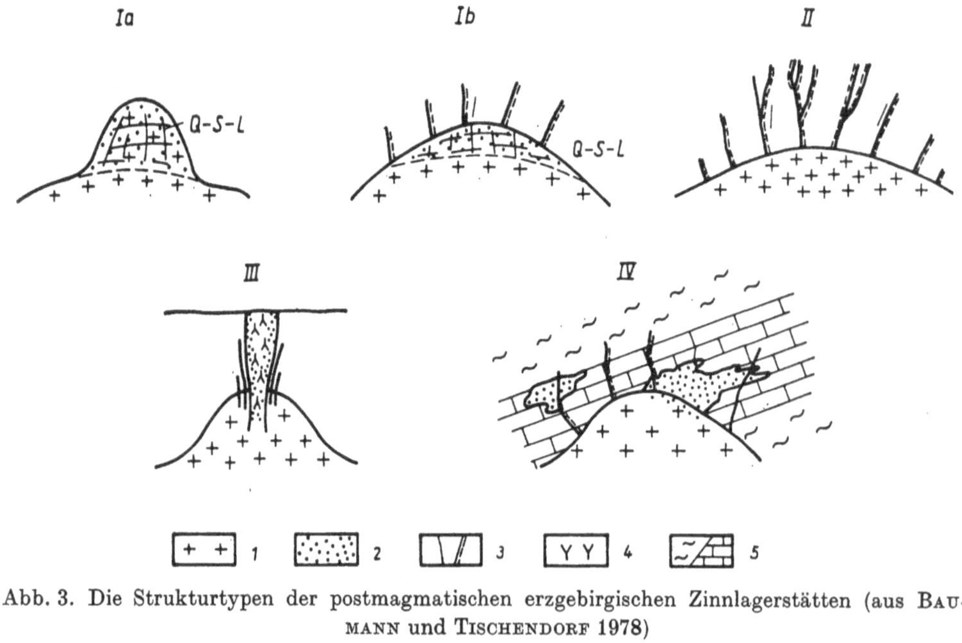

Abb. 3. Die Strukturtypen der postmagmatischen erzgebirgischen Zinnlagerstätten (aus BAUMANN und TISCHENDORF 1978)

1 — Granite des jüngeren Intrusivkomplexes (Sn-spezialisierte Granite); *2* — Zinnführende Greisen bzw. Skarnbildungen; *3* — Zinnerzgänge; *4* — Schlotbrekzie; *5* — Schiefer/Kalk-Dolomitgesteine

[1] Damit die Erze nach der Sättigung der gesteinsbildenden Minerale in ausreichender Menge in der sich abscheidenden leichtflüchtigen Phase konzentriert werden können, ist es erforderlich, daß das Niveau ihrer Gehalte in der magmatischen Schmelze merklich über dem „isomorphen Volumen" der gesteinsbilddnden Minerale liegt. Für einzelne Elemente, deren Isomorphose mit petrogenen Elementen äußerst begrenzt ist (U, Th u. a.), ist diese Annahme möglich. Für die Mehrheit der Erzelemente wären jedoch derart hohe Elementgehalte in der Schmelze erforderlich, daß dies äußerst unwahrscheinlich ist.

Fällen zur Mobilisierung von W, Mo, Cu, Zn u. a. führte. Der dargestellte Mechanismus ist jedoch wahrscheinlich nur für jene Elemente charakteristisch, für die das Auftreten in den sog. „minerogenetisch spezialisierten“ Magmatiten typisch ist (→ Ausgliederung von Elementgruppen, die eine spezialisierte, nichtspezialisierte und eine Übergangsstellung einnehmen; BARSUKOV 1966).

Neben diesen stofflichen Vorgängen spielen für die Konzentrationsvorgänge der postmagmatischen Lagerstätten auch die tektonischen Strukturen eine wesentliche Rolle. So lassen sich z. B. innerhalb der Zinnlagerstätten des Erzgebirges mehrere charakteristische Strukturtypen unterscheiden (BAUMANN 1965a, 1970, SCHUST und WASTERNACK 1972, BAUMANN und TISCHENDORF 1978; Abb. 3):

— Greisentyp (I). Sowohl für den Transport als auch für den Absatz der Mineralisation ist die Granitklüftung (Q, S, L nach CLOOS) wichtig. Am stärksten tritt diese prototektonische Klüftung in den Kontaktbereichen der Intrusivkörper auf (Abb. 3, Fall Ia: z. B. Altenberg, Sadisdorf, Geyer, Tannenberg-Mühlleithen, Horani Slavkov). Die Klüfte können oftmals die Instrusivkontakte durchsetzen und auf die Dachgesteine übergreifen (Fall Ib: z. B. Ehrenfriedersdorf-Sauberg, Horani Slavkov).

— Gangtyp (II). Das verstärkte Übergreifen der Klüfte auf die Dachzone und die Erweiterung zu Gangspalten schafft die räumliche Voraussetzung für eine konzentrierte Mineralisation in Form von Zinnerzgängen. Für die Gangtektonik ist neben der Granitmorphologie vor allem der tektonische Strukturplan der Dachgesteine maßgebend. Des weiteren werden neben der Art der mechanischen Beanspruchung (Scher- und Zugspalten) die tektonischen Strukturen noch durch den unterschiedlichen Verformbarkeitscharakter (Festigkeit) der Gesteine beeinflußt (z. B. Ehrenfriedersdorf-Vierung, Pobershau, Eibenstock, Přebuz).

— Ring- oder Schlotbrekzientyp, z. T. als Imprägnationstyp (III). Dieser tritt in engem räumlichen Zusammenhang mit Kleinintrusionen innerhalb bestimmter Kreuzungsbereiche von Störungen auf. Die sowohl schlotförmigen als auch gangförmigen Brekzienkörper bildeten bevorzugte Ansatzpunkte für metasomatische Vergreisenungs- und Vererzungsprozesse (z. B. Seiffen, Gottesberg, Mühlleithen-Schneckenstein, Auersberg, Krupka, Podlesi).

— Kontaktskarntyp (IV). Die an Kalk-Dolomitgesteine gebundenen Skarnlagerstätten treten meist als unregelmäßige Verdrängungskörper sowohl im unmittelbaren Exokontaktbereich der Granite als auch im Bereich von Zinnerzgängen auf. Der Kassiterit kommt hier in Paragenese mit Kalksilikaten, Magnetit, Hämatit, lokal auch Scheelit sowie mit zahlreichen Sulfidmineralen (Pyrit, Sphalerit, Chalkopyrit u. a.) vor (z. B. Breitenbrunn, Pöhla, Zlaty kopez).

4. Lagerstättenbildungen des Tafelmagmatismus

In den Tafelbereichen kommt es neben den charakteristischen epirogenen Bewegungen zu einer Vorherrschaft der taphrogenen und germanotypen Bruchtektonik. Diese schafft günstige Voraussetzungen für einen simatischen Magmatismus, der in den oberen Krustenbereichen sowohl intrusiv als auch effusiv in Erscheinung tritt (BAUMANN, LEEDER und WEBER 1975). Den drei großen Hauptstrukturen des kontinentalen Tafelbereiches (Senkungsgebiete, Hebungsgebiete, Übergangszonen) kann jeweils ein bestimmter Magmatismus mit spezifischen Lagerstättenbildungen zugeordnet werden (Abb. 4).

Zu I) *Senkungsgebiete* (Syneklisen, Parageosynklinalen, Aulakogene u. a.):

Der charakteristische Magmatismus ist hier die Trappformation (= tholeiitische Magmen). Der Trappmagmatismus tritt sowohl effusiv (Plateaubasalte) als auch intrusiv auf (STARICKIJ 1973). Die größte minerogenetische Bedeutung hat die Intrusivfazies.

Nach den neueren Untersuchungen können mit den Trappformationen der einzelnen Tafelbereiche verschiedene strukturelle und stoffliche Lagerstättentypen verbunden sein:

(a) Intramagmatische Lagerstätten (in Intrusiva mit erhöhten Mg-Gehalten)

— liquidmagmatische Nickelmagnetkies-Kupferkies-Lagerstätten mit Pt (Pd), Co und Au (Norilsk, Talnach; Bushveld).

(b) Spätmagmatische Lagerstätten (in Intrusiva mit erhöhten Fe-Gehalten)

— Cu-Imprägnationen in Trappbasaltdecken und „Grünsteinen" (Typ Calumet/Oberer See).

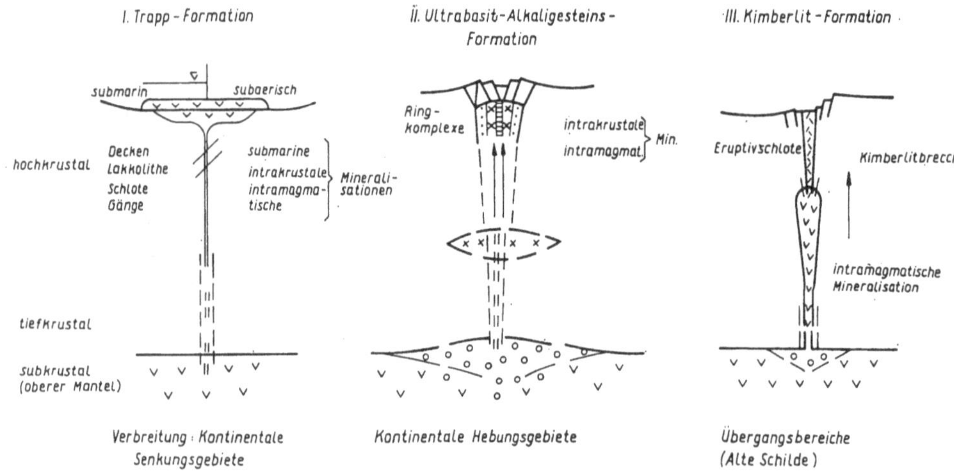

Abb. 4. Magmatismus und Lagerstättenbildung in den Hauptstrukturen der kontinentalen Tafelbereiche (aus BAUMANN und TISCHENDORF 1976)

(c) Postmagmatische Lagerstätten

— Au-Te-Lagerstätten (mit Quarz-Adular-Fluorit), an Phonolithe gebunden (Typ Cripple Creek/Colorado);

— Fe-Mn-Lagerstätten, z. T. mit Ba und F, in Gängen (Typ „eba-Formation" Mitteleuropas) und metasomatisch (Schmalkalden);

— Pb-Zn-(Cu)-Lagerstätten, z. T. mit F und Ba, in Gängen (Typ „fba-Formation" Mitteleuropas), stratiformen Horizonten (Mississippi-Missouri/N-Amerikan. Tafel, Estnische SSR/Russische Tafel, Górny Sląsk) und metasomatisch (Tri-State z. T., Pine Point/Kanadischer Schild);

— F-Ba-Lagerstätten, meist in Gängen, auf fast allen Tafeln der Welt (Transbaikalien, W-Staaten der USA, Mitteleuropäischer Tafelbereich usw.);

— Fe(Bi)-Co-Ni-Ag-Lagerstätten (Typ Schneeberg, Cobalt City u. a.).

Zu II) *Hebungsgebiete* (Anteklisen, Kuppelstrukturen u. a.):

Die relative Geschlossenheit der hier stattfindenden magmatischen Prozesse führt in Zwischenherden zu verstärkten Differentiations- und Hybridisationsprozessen und zur erhöhten Anreicherung von Volatilen. Unter diesen Bedingungen entstehen außerordentlich mannigfaltige Gesteinskomplexe (Ultrabasit-Alkaligesteinsformation, Nephelinsyenitformation, Olivinbasaltformation).

Infolge des unterschiedlichen Anschnittniveaus werden diese Komplexe häufig noch in eine Vielzahl von Untertypen und Varietäten gegliedert (bekannte Bereiche: Bajkalgebiet, Halbinsel Kola, NE- und SW-Afrika, Nigeria, Auvergne, Oberrheingebiet).

(a) Lagerstätten der Ultrabasit-Alkaligesteinsformation

Für die Intrusionen dieser Gruppe sind besonders Ringstrukturen und ein Varietätenreichtum der Gesteine charakteristisch (Peridotite-Shonkinite/Ijolithe/Urtite-Nephelinsyenite-Alkalipegmatite-Karbonatite). Die Dimensionen sowie das Verhältnis zwischen den Gesteinsgruppen sind in den verschiedenen Intrusionen unterschiedlich. Die Lagerstättenbildungen sind dementsprechend vielfältig:

- intramagmatische Lagerstätten in ultrabasisch-alkalischen Gesteinskomplexen mit Ilmenit, Magnetit, Pt, Phlogopit, Apatit, Nephelin;
- Karbonatitlagerstätten in Ringkomplexen, z. T. mit Fenitbildungen (die Zahl der bisher bekannt gewordenen Karbonatitkomplexe beläuft sich auf über 300, z. B. Baltischer Schild: Kovdor, Ensk; Sibirische Tafel: Gulinsk, Kondor; Afrikanische Tafel: Loolekop, Spitzkopje, Dorova, Bukusu; Indische Tafel: Ambadongar, Narmada; N-Amerikanische Tafel: Magnet Cove/Arkansas; Brasilianische Tafel: Jacupiranga; Europäische Tafel: Kaiserstuhl/Rheintal);
- postmagmatische (pegmatitisch-hydrothermale) Lagerstätten im Zusammenhang mit Karbonatiten: Ti-Fe, Zr, Nb-Ta (Lueshe/Zaire, Panda Hill/Tansania), Cu (Palabora/S-Afrika), U-Th, F-Ba-Sr (Alnö), Mo, Pb, Seltene Erden u. a.

(b) Lagerstätten der Nephelinsyenitformation

Die Intrusionen dieser Gruppe treten gleichfalls als Ringkomplexe auf (aber ohne Ultrabasite und Karbonatite: Urtite/Ijolithe-Nephelinsyenite-Alkaligranite-Lamprophyre), sie haben jedoch gegenüber der ersten Gruppe eine geringere Verbreitung und schließen sich auch mit dieser weitgehend aus:

- intramagmatische Apatit-Nephelinlagerstätten (Typ Chibine/Kolahalbinsel) sowie damit meist in engem Zusammenhang stehende
- postmagmatische (pegmatitisch-hydrothermale) Bildungen mit Nb, Ta, Zr, Seltenen Erden sowie in geringem Umgang Cu, Pb, U-Th (z. B. Baltischer Schild: Chibine, Lovozero; Sibirische Tafel: Bogdo an der Udza; Afrikanische Tafel: Kangankunde und Chilwa/Njassaland, Panda/Tansania; Kanadischer Schild: Oka/Quebec).

Zu III) *Übergangsgebiete* (bevorzugt Randgebiete Alter Tafeln):

An den sehr tiefenreichenden Randbrüchen kommt es zum direkten Aufstieg ultrabasischer Schmelze, die in großen Spalten und Schloten zur Bildung der Kimberlitformation führt. Die Kimberlite (Alkali-Peridotit-Tuffbildungen mit frühmagmatischen Diamant- und Granatausscheidungen) sind auf fast allen Alten Schilden der Erde bekannt (Sibirischer Schild: Jakutien; Indischer Schild: Pannagebirge/Madja Pradesh; N-Amerikanische Tafel: Arkansas; Afrikanischer Schild: Kimberley und Premiermine/S-Afrika, Zaire, Tansania; Brasilianischer Schild).

Für die DDR ergab vor allem die neue *Fixierung der F-Ba-Lagerstätten* im Rahmen eines eigenen postvariszischen Mineralisationszyklus und ihre Ableitung aus tief- bis subkrustalen Herden (Baumann 1965b, 1967, Werner 1966, Baumann und Rösler 1967, Baumann und Werner 1968, u. a.) hinsichtlich ihrer Teufenerstreckung und der daraus sich ergebenden Konsequenzen für die Suche und Erkundung völlig neue Aspekte.

Strukturseitig resultiert daraus die Aufgabe, welche tektonischen Strukturelemente und Strukturkombinationen für die Mineralisation entscheidend gewesen sind. In diesem Zusammenhang spielt die Klärung der stoffzuführenden und stoffverteilenden Strukturen für die weitere Such- und Erkundungsstrategie eine wesentliche Rolle (Baumann, Leeder und Weber 1975). Es zeigte sich, daß im allgemeinen alle Kreuzungsbereiche zwischen den zur Taphrogenese gehörigen NNE-SSW-Strukturen mit dem System der etwa NW-SE-streichenden Bruchstrukturen für den Aufstieg von Hydrothermen und für die Ausbildung von F-Ba-Lagerstätten höffig sind.

Unter Berücksichtigung dieser lagerstättenkontrollierenden Faktoren können z. B. für die geotektonischen Stockwerke Mitteleuropas und speziell der DDR bestimmte

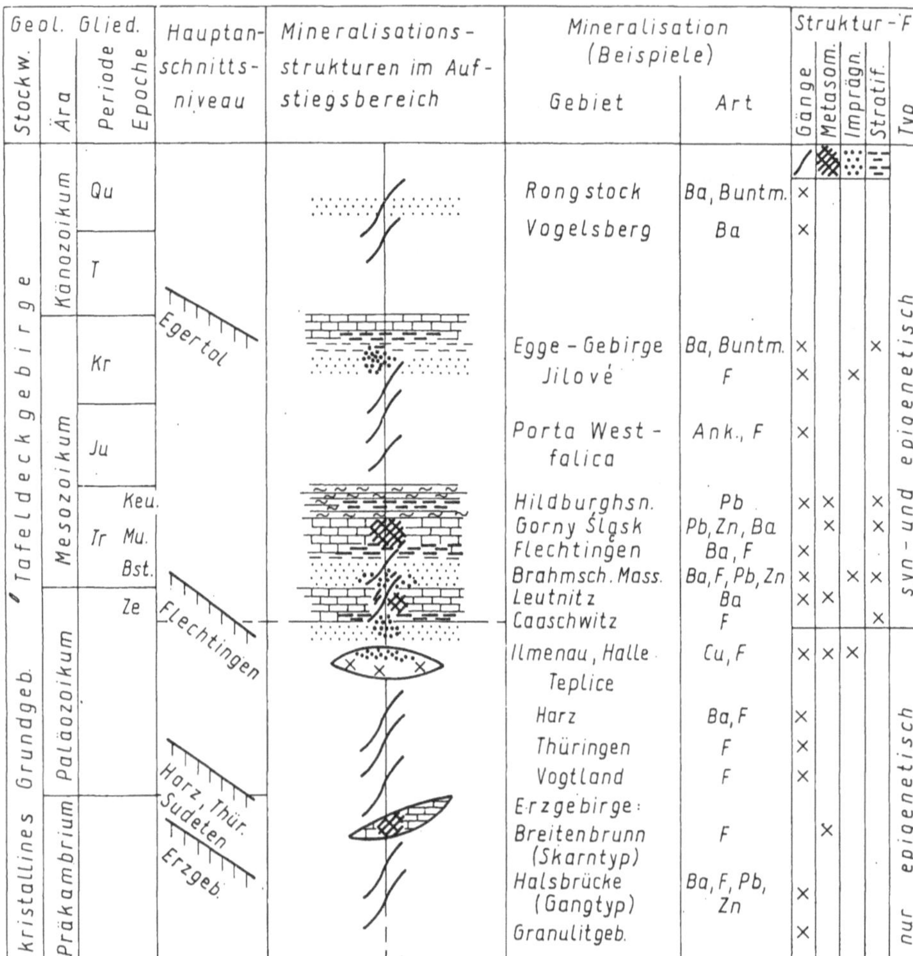

Abb. 5. Postvariszische F-Ba-Mineralisationen in den geologischen Formationen des Grundgebirgs- und Tafeldeckgebirgsstockwerks (bevorzugt DDR) (aus BAUMANN, LEEDER und WEBER 1975)

generelle Lagerstättenbildungsmöglichkeiten ausgehalten werden (Abb. 5). Während auf Grund der postvariszischen Bildungszeit der F-Ba-Mineralisation im kristallinen Grundgebirgsstockwerk nur epigenetische (intrakrustale) Lagerstättentypen auftreten (z. B. Ganglagerstätten des Erzgebirges, Thüringer Waldes und Harzes), können im Tafeldeckgebirgsstockwerk neben den epigenetischen Strukturtypen auch syngenetische

Bildungen erwartet werden (z. B. im Zechsteinkalk von Caaschwitz, im Buntsandstein des Brahmscher Massivs, im Muschelkalk, im Keupermergel bei Hildburghausen, in der Kreideformation u. a.).

5. *Zur minerogenetischen Gliederung Mitteleuropas unter besonderer Berücksichtigung der DDR*

Die minerogenetische Rayonierung Mitteleuropas und damit auch der DDR wird wesentlich durch die variszischen Orogenese und die anschließende Tafelentwicklung bestimmt, die für den geotektonischen Aufbau Mitteleuropas von entscheidendem Einfluß gewesen sind. Da als Grundlage der Ausgliederung minerogenetischer Einheiten die geotektonischen Struktureinheiten dienen, kann die minerogenetische Gliederung auch nur im Rahmen des mitteleuropäischen Strukturbaues erfolgen.

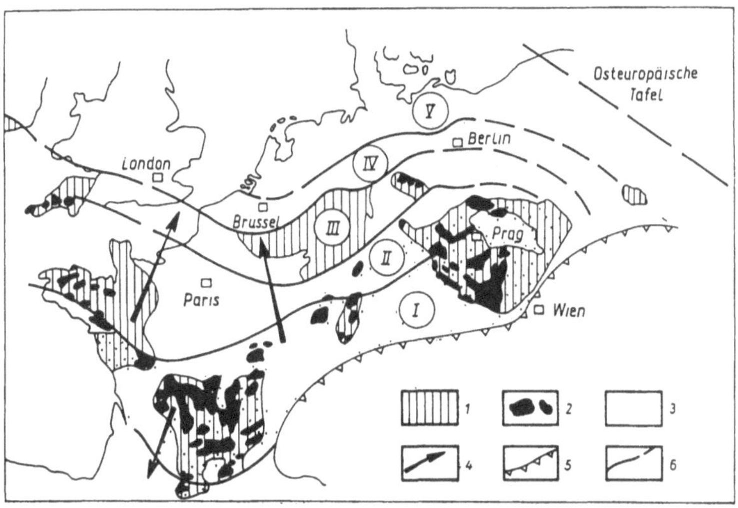

Abb. 6. Die mitteleuropäischen Varisziden und ihre minerogenetische Zonengliederung (aus Baumann u. a. 1976).

1 – Paläozoisch konsolidiertes Grundgebirge; *2* – Variszische Granite; *3* – Gebiete mit variszischer Metamorphose; *4* – Orogene Bewegungsrichtung; *5* – Alpidische Überschiebung; *6* – Begrenzungslinien der variszischen geotektonischen und minerogenetischen Zonen

(*I*) – Moldanubische Zone (Au, Sb); (*II*) – Saxothuringische Zone (Sn, Polymetalle); (*III*) – Rhenoherzynische Zone (Fe, Cu, Polymetalle); (*IV*) – Subvariszische Zone; (*V*) – Vorland

Nach Kossmat (1927) und Stille (1951) werden die Varisziden Mitteleuropas in vier Hauptzonen untergliedert (Abb. 6):

(I) Die *Moldanubische Zone* verkörpert innerhalb des variszischen Orogenbereiches ein vorwiegend aus prävariszischen Einheiten bestehendes Zentralmassiv. Sie ist im wesentlichen durch präkambrische Orogenesen (assyntisch und vorassyntisch) und durch starke metamorphe Überprägungen (bis Granulitfazies) und Anatexis charakterisiert.

(II) Die *Saxothuringische Zone* umfaßt regional den größten Teil der südlichen DDR und erstreckt sich in einem annähernd 150 km breiten Streifen in Richtung SW quer durch die BRD bis nach Frankreich. In Richtung E setzt sie sich in den Sudeten (Lugikum) fort. Im Bereich der DDR gehören zur Saxothuringischen Zone die im SE verlaufende Fichtelgebirgisch-Erzgebirgische Antiklinalzone, die daran nach NW sich anschließende, aus mehreren Synklinorien und Antiklinorien bestehende Zentralzone des Saxothuringikums und die Mitteldeutsche Schwelle.

Die südliche Grenzlinie gegen die Moldanubische Zone (Böhmisches Massiv) bildet das Ohře(Eger)-Lineament. Die Saxothuringische Zone besteht aus präkambrischen und paläozoischen Gesteinen, die im Verlauf der variszischen Tektogenese gemeinsam verformt worden sind. Ihre Lage als Übergangsbereich zwischen der relativ stabilen Moldanubischen Zone und der hochmobilen Rhenoherzynischen Zone bedingte eine Reihe spezifischer Eigenschaften ihres geologischen Baues und ihrer Entwicklung.

(III) Die *Rhenoherzynische Zone* schließt sich im NW an die Kristallinzone der Mitteldeutschen Schwelle an, die aus einer Intrageantiklinale zwischen Thuringischem und Rhenischem Trog hervorgegangen ist. Die Rhenoherzynische Zone besteht aus mächtigen Folgen devonischer und karbonischer Gesteine, die variszisch intensiv verfaltet wurden. Regional erstreckt sie sich in SW-England über das Ardennisch-Rheinische Schiefergebirge bis in den Harz und das Gebiet der Flechtingen-Roßlauer Scholle. Ihre weitere östliche Fortsetzung in der Norddeutsch-Polnischen Senke ist noch nicht völlig geklärt. Möglicherweise besteht eine Verbindung über das Paläozoikum des subsudetischen Raumes bis zum Moravosilesikum. Der Harz und die Flechtingen-Roßlauer Scholle sind die einzigen Bereiche der DDR, in denen diese Serien zutage treten. Die größten Teile werden von jüngeren, postvariszischen Tafelsedimenten überlagert (Subherzyne, Thüringer und Norddeutsch-Polnische Senke).

(IV) Die *Subvariszische Zone* (= Westfälische Zone) bildet den nördlichsten Bereich des variszischen Orogens. Es handelt sich um die z. T. paralisch entwickeltes Oberkarbon enthaltende vortiefenartige Außenzone des Variszikums, die sich von S-England (Bristol-Kent) über N-Frankreich, Belgien (Calais-Namur-Liège) bis in die BRD (Aachen, Ruhrgebiet) erstreckt und nach Norden in ein breites, kaum deformiertes Vorlandbecken übergeht. Weiter nach NE ist die Subvariszische Zone auch auf dem Gebiet der DDR entwickelt und läßt sich weiter bis in das Gebiet der VR Polen (Bezirk von Gòrny Slaşk, Krakow) verfolgen.

(V) Das *Vorland* des mitteleuropäischen Variszikums besteht aus bereits kaledonisch oder präkambrisch konsolidierten Komplexen. Infolge der starken Überdeckung durch die Norddeutsch-Polnische Senke als Teil der Mitteleuropäischen Synekline ist die geotektonische Gliederung des nördlichen Mitteleuropas noch nicht völlig geklärt. Neuere Bohraufschlüsse haben gezeigt, daß im Gebiet der Inseln Rügen und Usedom sowie im angrenzenden Festlandsbereich kaledonische Konsolidierung vorliegt, die mit hoher Wahrscheinlichkeit nach Süden bis zum Rostocker-Gramzower Tiefenbruch reicht (GLUŠKO u. a. 1974).

Das gefaltete Grundgebirge des Variszikums wird vor allem im Nordteil der DDR vom Tafeldeckgebirge überlagert. Nach faziellen, paläogeographischen und strukturellen Kriterien kann zwischen einem variszischen Geosynklinalkomplex und Molassekomplex sowie einem postvariszischen Tafelkomplex unterschieden werden. Als Beginn des

Tafelstadiums wird im Bereich des mitteleuropäischen Variszikums der Zechstein angesehen.

Aus minerogenetischer Sicht kann somit das Territorium der DDR in zwei große Struktureinheiten gegliedert werden, den variszisch konsolidierten S-Teil mit postvariszisch aufgelagerten Sedimenten sowie den aus mächtigen paläozoischen, mesozoischen und känozoischen Tafelsedimenten bestehenden N-Teil. Dementsprechend lassen sich zwei Gruppen von metallogenetisch minerogenetischen Einheiten unterscheiden (Lächelt 1970, Baumann u. a. 1976):

– minerogenetische Einheiten im Geosynklinal(Orogen)-Bereich (= Grundgebirgsstockwerk); diese werden nur für den S-Teil der DDR ausgeschieden, da ihre Grenzen nur dort weitgehend belegbar sind;
– minerogenetische Einheiten im Tafel-Bereich einschließlich Übergangsstockwerk (= Tafeldeckgebirgsstockwerk + Molassestockwerk); diese den N-Teil der DDR charakterisierenden Einheiten überlagern teilweise die minerogenetischen Einheiten des S-Teils.

a) Der *S-Teil der DDR* ist ein Teil des europäischen variszischen minerogenetischen Gürtels. Der zentraleuropäische Teil dieses Gürtels kann als *mitteleuropäische minerogenetische Provinz* bezeichnet werden, die sich wiederum in die drei minerogenetischen Zonen des Moldanubikums, Saxothuringikums und Rhenoherzynikums aufgliedern läßt. Auf dem Gebiet der DDR sind davon die Saxothuringische und Rhenoherzynische minerogenetische Zone verbreitet, die sich nördlich an die Moldanubische Zone anschließen (Abb. 7).

Die *Saxothuringische minerogenetische Zone* besitzt auf Grund ihrer Lage zwischen dem Böhmischen Massiv und der typisch eugeosynklinalen Rhenoherzynischen Zone Übergangscharakter, der ihren geologischen Bau und ihre Entwicklungsgeschichte bestimmt. So sind für diese Zone eine geringe Geosynklinalsedimentation und ein relativ schwacher initialer Magmatismus mit zugehöriger Lagerstättenbildung charakteristisch. Im Gegensatz dazu ist ein intensiver palingener Magmatismus des Subsequenzstadiums mit umfangreichen Stoffkonzentrationen weit verbreitet. Diese Mineralisationen, die vor allem an die Fichtelgebirgisch-Erzgebirgische Antiklinalzone gebunden sind, stehen genetisch mit sauren, geochemisch stark spezialisierten Granitoiden (K > Na, geringe Ti-, Mg- und Ca-Gehalte) in Verbindung. Sowohl die geochemische Spezialisierung als auch die dadurch bedingte Lagerstättenführung der Granitoide nimmt in NW-Richtung ab. Im Bereich der Mitteldeutschen Kristallinzone treten syn- bis postkinematische Granodiorite und Granitoide auf, die im überwiegenden Maße geochemisch nicht spezialisiert sind und, soweit es sich um magmatogene Prozesse handelt, auf eine Sterilität großer Teile dieses Gebietes hinweisen. Im Rahmen des subsequenten Magmatismus treten neben den intrusiven Formen mächtige Effusivbildungen in Erscheinung. Ihre minerogenetische Spezialisierung ist gering (Cu, Pb-Zn). Die Saxothuringische Zone besitzt insgesamt miogeosynklinale Züge.

Zur Saxothuringischen Zone gehören folgende minerogenetischen Subzonen (Abb. 7):

(1) Fichtelgebirgisch-Erzgebirgische minerogenetische Subzone (Prävariszisch: Fe, Sn, Cu-Pb-Zn; Variszisch: Sn-W-Mo-Li-Be, Fe-Zn-Pb, U, Sb-Ag; Steinkohle; Postvariszisch: F-Ba, Fe-Mn, Cu-Pb-Zn, Bi-Co-Ni-Ag-U);

(2) Zentralsächsische minerogenetische Subzone (Prävariszisch: Fe; Variszisch: Sn-W; Steinkohle, Cu; Postvariszisch: F-Ba, Fe);

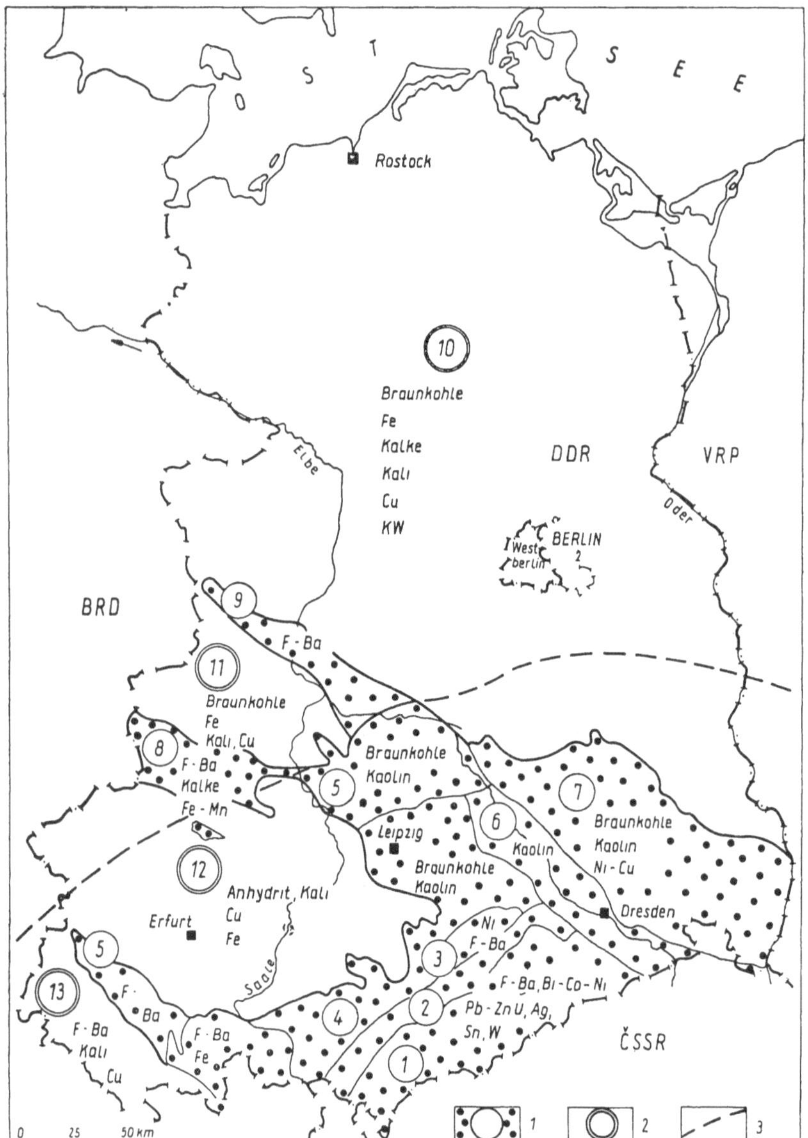

Abb. 7. Die minerogenetischen Einheiten der DDR und ihre wichtigsten lagerstättenbildenden Elemente (aus BAUMANN u. a. 1976).

I – Minerogenetische Einheiten des Grundgebirgsstockwerkes; *II* – Minerogenetische Einheiten des Tafeldeckgebirgsstockwerks; *III* – Grenzlinie zwischen der Saxothuringischen und Rhenoherzynischen Zone

(3) Minerogenetische Subzone des Granulitgebirges (Variszisch: Au-As-Sb; Postvariszisch: F-Ba, Pb-Zn; Ni, Fe, Mg);

(4) Ostthüringisch-Nordsächsische minerogenetische Subzone (Prävariszisch: Fe, Au; Variszisch: Fe; Sn, Cu-Pb, Sb; Postvariszisch: F-Ba, Fe, Co-Ni; Braunkohle, Kaolin);

(5) Minerogenetische Subzone der Mitteldeutschen Kristallinzone:
- Thüringer Wald (Prävariszisch: —; Variszisch: Steinkohle, Cu; Postvariszisch: F-Ba, Fe-Mn);
- Halle-Wittenberg (Prävariszisch: —; Variszisch: Steinkohle, Cu; Postvariszisch: F; Braunkohle, Kaolin);

(6) Minerogenetische Subzone der Elbtalzone (Prävariszisch: Fe; Variszisch: Fe; Zn-Pb-Sr; Steinkohle; Postvariszisch: Ba; Kaolin);

(7) Westsudetische minerogenetische Subzone:
- Lausitz (Prävariszisch: —; Variszisch: Ni-Cu; Postvariszisch: Braunkohle, Kaolin).

Die *Rhenoherzynische minerogenetische Zone* entspricht dem eugeosynklinalen Rhenischen Trog. Im Gegensatz zur Saxothuringischen Zone treten hier die Geosynklinalsedimentation sowie der initiale Magmatismus mit daran gebundenen vulkanogensedimentären Mineralisationen stärker in Erscheinung. Demgegenüber ist gegenwärtig noch kein synkinematischer Magmatismus des Orogenstadiums bekannt. Für das Subsequenzstadium sind wiederum postkinematische Granitoide mit Pb-Zn-Sb-Lagerstätten bei ausgesrpochener Bi- und relativer As-Armut charakteristisch. Minerogenetisch bedeutungsvoll ist das Fehlen von Sn-Mo-Mineralisationen. Große Teile dieser Zone sind von Sedimenten des Tafelstockwerkes überdeckt. Innerhalb der Rhenoherzynischen Zone können daher nur folgende minerogenetische Subzonen ausgehalten werden (Abb. 7):

(8) Minerogenetische Subzone des Harzes (Prävariszisch: —; Variszisch: Fe-Mn, Cu; Pb-Zn-Ag, Sb; Kalke, Kohle; Postvariszisch: F-Ba, Cu-Pb-Zn, Co-Ni-Ag);

(9) Flechtingen-Roßlauer minerogenetische Subzone (Variszisch: —; Postvariszisch: F-Ba).

b) Der *N-Teil der DDR* bildet einen Teilbereich der postvariszischen *minerogenetischen Provinz der Norddeutsch-Polnischen Senke,* die sich vor allem nördlich des Mitteldeutschen Hauptabbruchs erstreckt. Die bis auf den S-Teil der DDR übergreifenden und das Grundgebirge überlagernden Tafelsedimente werden als Subprovinzen ausgehalten.

Im tieferen Untergrund wurden am S-Rand der Norddeutsch-Polnischen Senke die nordöstlichen Fortsetzungen der Saxothuringischen und Rhenoherzynischen sowie der Subvariszischen Zone nachgewiesen. In ihrem Zentralteil wird auf Grund geophysikalischer Daten von verschiedenen Autoren die Existenz des verdeckten sog. Ostelbischen Massivs angenommen. Im Unterbau der nördlichen Teile der Senke wurden kaledonische Deformationen nachgewiesen. Mineralisationen sind in den älteren Einheiten bisher nicht bekannt geworden. Nach Süden schließen sich an die Norddeutsch-Polnische Provinz die minerogenetischen Subprovinzen der Subherzynen Senke, der Thüringer Senke und der Südthüringisch-Fränkischen Senke an, die als postvariszische minerogenetische Einheiten den variszischen Geosynklinal(Orogen)-Bereich überlagern (Abb. 7).

(10) Minerogenetische Provinz der Norddeutsch-Polnischen Senke: Erdgas im Perm (Altmark), Cu-Pb-Zn im Zechstein (Spremberg), Kalisalze im Z_2 (Staßfurt-Serie) und Z_3 (Leine-Serie: Scholle von Calvörde), Kalke der Trias (Rüdersdorf), Fe-Karbonate im Lias (SE-Mecklenburg), Fe-Oolithe im Oberen Dogger (NE-Mecklenburg, N-Brandenburg) und im Malm (west-

liche Prignitz, nördliche Altmark); geringe Fe-Trümmererzbildungen, z. T. verbunden mit Phosphoriten, in der Oberkreide (Altmark); Kreide (Rügen), Braunkohle (Niederlausitz).

(11) Minerogenetische Subprovinz der Subherzynen Senke: Cu-Pb-Zn im Zechstein, Kalisalze im Z_2 (Staßfurt-Serie: Staßfurt, Bernburg), oxydische und silikatische Fe-Olithe im Lias (Badeleben-Sommerschenburg), oxydische Fe-Trümmererze in der Unterkreide (Kleiner Fallstein und Quedlinburger Sattel), Braunkohle (Egeln).

(12) Minerogenetische Subprovinz der Thüringer Senke i. w. S.: Cu-Pb-Zn im Zechstein (Kupferschiefer von Mansfeld-Sangerhausen); F von Caaschwitz, Anhydrit im Z_1, Kalisalze im Z_2 (Staßfurt-Serie: Südharz- und Unstrutrevier), Braunkohle (Geiseltal); NW-SE-Bruchstörungen mit Ba (Könitz, Gera, Kelbra) und Bi-Co-Ni (Catterfeld, Mansfelder Rücken).

(13) Minerogenetische Subprovinz der Südthüringisch-Fränkischen Senke: Cu-Pb-Zn an der Zechsteinbasis (Stadtlengsfeld-Oberkatz), Kalisalze im Z_1 (Werra-Serie: Werra-Revier); NW-SE-Bruchstörungen mit F-Ba, Mn, Bi-Co-Ni (Kleiner Thüringer Wald, Schmalkalden, Gethles, Schweina).

Literatur

Barsukov, V. L., Zur Geochemie des Zinns. Geochimija, 36–45, Moskva 1957 (russ.).

Barsukov, V. L., Über die Herkunft der Erzsubstanz und ihre Bedeutung für metallogenetische Konstruktionen. Sborn., 9–11, Vladivostok 1966 (russ.).

Barsukov, V. L., Zum Problem der Quelle der Erzsubstanz hydrothermaler Lagerstätten. Geochimija gidrotermal'nogo rudoobrazovanija, Izd. Nauka, 21–29, Moskva 1971 (russ.).

Baumann, L., Beziehungen zwischen Tektonik und Mineralisation in einigen Erzlagerstätten des Erzgebirges. Ber. Geol. Ges. DDR, **10** (1965) 3, 309–320, (a).

Baumann, L., Die Erzlagerstätten der Freiberger Randgebiete. Freib. Forsch.-H. C 188, 268 S., Leipzig 1965. (b)

Baumann, L., Zur Erzführung und regionalen Verbreitung des „Felsithorizontes" von Halsbrücke. Freib. Forsch.-H. C 186, 63–82, Leipzig (Oelsner-Gedenkband). 1965. (c)

Baumann, L., Zur Frage der varistischen und postvaristischen Mineralisation im sächsischen Erzgebirge. Freib. Forsch.-H. C 209, 15–38, Leipzig 1967.

Baumann, L., Tin deposits of the Erzgebirge. Trans. Sect., B, Inst. Min. and Metall., London **79**, (1970) 68–75.

Baumann, L., Leeder, O., und Weber, W., Beziehungen zwischen regionalen Bruchstrukturen und postmagmatischen Lagerstättenbildungen und ihre Bedeutung für die Suche und Erkundung von Fluorit-Baryt-Lagerstätten. Z. angew. Geol., **21** (1975) 6–17.

Baumann, L., und Rösler, H. J., Zur genetischen Einstufung varistischer und postvaristischer Mineralisationen in Mitteleuropa. Bergakademie, **11** (1967) 660–664.

Baumann, L., und Tischendorf, G., The Metallogeny of Tin in the Erzgebirge, G.D.R. IGCP-Symposium MAWAM, Karlovy Vary 1974, Vol. 3, Praha 1978.

Baumann, L., und Tischendorf, G., Einführung in die Metallogenie-Minerogenie. VEB Deutscher Verl. f. Grundstoffindustrie, Leipzig 1976.

Baumann, L., Tischendorf, G., Schmidt, K., und Jubitz, K.-B., Zur minerogenetischen Rayonierung des Territoriums der DDR. Z. geol. Wiss. **4** (1976) 7, 955–973.

Baumann, L., und Werner, C.-D., Die Gangmineralisation des Harzes und ihre Analogien zum Erzgebirge und zu Thüringen. Ber. deutsch. Ges. geol. Wiss., Reihe B, **13** (1968) 5, 525–548.

Belevcev, J. N., Zur Frage der Quellen der erzbildenden Substanzen der endogenen Lagerstätten. Sovjetskaja geol., Nr. 11, (1972) 38–49. (russ.).

Belevcev, J. N., Zur genetischen Klassifikation endogener Erzlagerstätten. Z. angew. Geol., **20** (1974) 9, 394–400.

Boyle, R. W., The source of metals and gangue Elements in hydrothermal deposits. IUGS, Ser. A, Nr. 2, 3–6 (IAGOD-Symp. St. Andrews), Schweizerb. Verl., Stuttgart, u. Akad. Kiadó, Budapest 1970.

GLUŠKO, V. V.; DIKENSTEIJN, G. CH.; SCHMIDT, K., und GOLDBECHER, K., Rayonierung des nördlichen Teiles des Territoriums der DDR nach dem Alter des gefalteten Grundgebirges. Sovj. geol., H. 5 (1974) 37–43, Moskva (russ.).

KITTL, E., Lagerstättenbildung und Mobilisierung in Geosynklinalen. Abh. dt. Akad. Wiss., Berlin, Festschrift zum 70. Geburtstag von ERNST KRAUS, Kl. III, H. 1 (1960) 321–328.

KOSSMAT, F., Gliederung des variszischen Gebirgsbaues. Abh. Sächs. Geol. Landesamt, H. 1, Leipzig 1927.

LÄCHELT, S., Entwicklungsbericht zum Standardisierungsthema „Benennung geologisch-tektonischer und metallogenetischer Einheiten", Teilthema: Metallogenetische Einheiten. Unveröffentl. Bericht d. ZGI, Berlin 1970.

PEJVE, A. V., Allgemeine Charakteristik, Klassifizierung und räumliche Anordnung der Tiefenbrüche. Isv. AN SSSR, ser. geol., **1** (1956) 90–105. (russ.).

ROUTHIER, P., Quelques grands concept de la métallogénie: familiarité, héritage etc., illustrés par des ecemples. Acad. roy. Sciences O. M., Bull. Sc., Bruxelles, No. 3 (1971) 573–706.

RÖSLER, H. J., BAUMANN, L., LANGE, H., FANDRICH, K., und SCHEFFLER, H., Geosynklinalmagmatismus und submarin-hydrothermale Lagerstätten. XXIII. Intern. Geol. Congr., Sect. 7, 185–196, Praha 1968.

SCHMIDT, K., und LÄCHELT, S., Zu Aufgaben und Problemen der Forschungsarbeiten auf feste mineralische Rohstoffe. Z. angew. Geol., **20** (1974) 444–448.

SCHUST, F., und WASTERNACK, J., Über das Auftreten von schlotförmigen Brekzienkörpern bei Gottesberg und Mühlleithen im Granitmassiv von Eibenstock, Erzgebirge. Teil I u. Teil II. Z. angew. Geol., **18** (1972) 8, 337–346 u. 9, 400–410.

SILLITOE, R. H., A plate tectonic model for the origin of porphyry copper deposits. Econ. Geol., Lancaster, **67** (1972) 184–197.

SMIRNOV, V. I., Die Benioff-Zone und magmatogene Erzbildung. Geol. rudn. mest., Moskva **16** (1974) 1, 3–17. (russ.).

SONENSCHEJN, I. P., Probleme der globalen Tektonik. Z. angew. Geol., **19** (1973) 175–182.

SONENSCHEJN, I. P.; KUZMIN, M. I., und MORALEV, V. M., Laterale magmatische und metallogenetische Zonalität auf der Basis paläotektonischer Rekonstruktion. Geol. rudn. mest., Moskva **16**, (1974) **4**, 3–17. (russ.).

STARICKIJ, J. G., Grundprobleme der Metallogenese der Tafeln. Trudy VSEGEI, Leningrad, nov. ser., **191** (1973) 23–40.

STILLE, H., Das mitteleuropäische variszische Grundgebirge im Bilde des gesamteuropäischen. Geol. Jb., Beih. 1, 138 S., Hannover 1951.

TARLING, D. H., Metallic Ore Deposits and Continental Drift. Nature **243** (1973) 193–196.

TUGARINOV, A. I., Über die Bildungsursachen von Erzprovinzen. Trudy geochim. konf. „Chimija semnoi kory", Moskva, **1** (1963) 153–177. (russ.).

TUGARINOV, A. I., Die geochemische Evolution der Erde. Z. angew. Geol., **14** (1968) 11, 568–577.

WEINHOLD, G., Zur prävaristischen Vererzung im Erzgebirgskristallin aus der Sicht seiner lithofaziellen und geotektonisch-magmatischen Entwicklung während der assyntisch-kaledonischen Ära. Freib. Forsch.-H. C 320, 535., Leipzig 1977.

WERNER, C.-D., Die Spatlagerstätten des Thüringer Waldes und ihre Stellung im Rahmen der saxonischen Metallprovinz. Ber. dt. Ges. geol. Wiss., Reihe B, **11** (1966) 1, 5–47.

Geophys. u. Geol. Geophys. Veröff. d. KMU Leipzig Bd. I H. 4 S. 105—121 Berlin 1978

Geomagnetische Untersuchung zweier Basaltvorkommen im sächsischen Anteil des Elbsandsteingebirges

A. Grimmer; R. Jubelt und H. Rast[1]

Zusammenfassung: Es wird über die geomagnetische Vermessung zweier Basaltvorkommen im östlichen Teil des Elbsandsteingebirges — am Raumberg und an der Hohwiese bei Hinterhermsdorf — berichtet. Beide zeichnen sich durch außergewöhnliche Magnetisierungseffekte aus. Am Raumberg, an dessen gangförmigen Basaltgipfelgrat je nach dem Standpunkt die Kompaßnadel bis zur völligen Umkehrung auslenkt, wurden Werte der geomagnetischen Vertikalintensität bis zu $+10144\gamma$ und -12689γ gemessen. Profile quer zum Gang zeigen zwei scharf begrenzte schmale Inversionszonen. Bei der optischen Untersuchung des Feldspatbasaltes wurde ein Magnetitgehalt von ca. 23% ermittelt.

Der in der Literatur mehrfach beschriebene basaltische Lapillituff an der Hohwiese ist invers magnetisiert, Werte der magnetischen Vertikalintensität bis $+2098\gamma$ und -7336γ wurden gemessen. Es wurde versucht, in beiden Fällen gemessene ΔZ-Profile in erster Annäherung mit Modellvorstellungen der Störkörper in Übereinstimmung zu bringen.

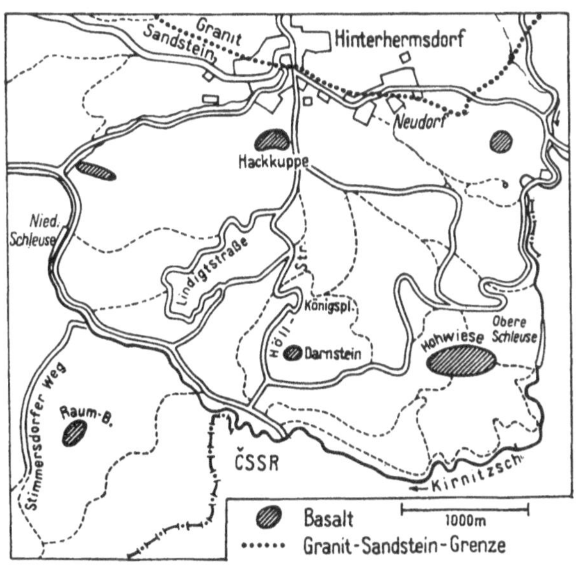

Abb. 1. Lageskizze der Basaltvorkommen in Sandsteingebiet südlich von Hinterhermsdorf/ Elbsandsteingebirge

1 Anschrift der Verfasser:

Dipl.-Geophys. A. Grimmer, Dozent Dr. rer. nat. habil. R. Jubelt, Dr. rer. nat. H. Rast, Sektion Physik, Fachbereich Geophysik der Karl-Marx-Universität Leipzig, 701 Leipzig, Talstraße 35.

In den Jahren von 1958 bis 1962 wurden im Elbsandsteingebirge geologisch-geophysikalische Untersuchungen an Basalten durchgeführt, wobei es gelang, durch die Klärung der vulkano-tektonischen Situation bis dahin der geologischen Kartierung entgangene Basaltvorkommen im Zschirnsteingebiet und bei Reinhardtsdorf aufzufinden, über die bereits berichtet wurde (H. Rast 1960, 1962; H. Rast und R. Ortmann 1964). Darüber hinaus wurden in dieser Zeit noch weitere Basalte geomagnetisch untersucht, von denen zwei wegen ihrer außergewöhnlichen Magnetisierung besonderes Interesse verdienen. Es handelt sich um die Vorkommen am Raumberg und an der Hohwiese im Sandsteingebiet südlich von Hinterhermsdorf (siehe Lageskizze Abb. 1). Im folgenden sollen der Befund der geomagnetischen Vermessungen, sowie petrographisch-petrophysikalische Untersuchungen bzw. Zusatzuntersuchungen mitgeteilt werden.

1. Der Feldspatbasalt (Alkalibasalt?) des Raumberges

Der Raumberg liegt etwa 3,5 km südwestlich von Hinterhermsdorf im Winkel zwischen Kirnitzschtal und Stimmersdorfer Weg, unweit der Grenze zur ČSSR. Abgesehen von der Darstellung des auf seinem Gipfel ausstreichenden Basaltes auf der Geologischen Spezialkarte von Sachsen im Maßstab 1:25000 (Sektion Hinterhermsdorf-Daubitz, bearbeitet von O. Herrmann und R. Beck 1894), seiner Erwähnung in den dazugehörigen Erläuterungen (O. Herrmann und R. Beck 1897) und entsprechenden Eintragungen auf späteren Übersichstkarten, fehlt es an einer neueren Bearbeitung. Zudem wird der Raumberg durch seine Lage im äußersten Winkel des sächsischen Anteils des Elbsandsteingebirges, abseits der üblichen Touristenwege und wohl auch durch den Umstand, daß sich von seinem bewaldeten Gipfel keinerlei lohnende Aussicht bietet, selten aufgesucht, so daß er zu den unbekannteren Bergen des Elbsandsteingebirges zu stellen ist.

Abb. 2. Der Raumberg vom Lindigtblick bei Hinterhermsdorf gesehen

Abb. 3. Unter dem Gerüst der trigonometrischen Station auf dem Gipfel des Raumberges durch die Abtragung des umgebenden Sandsteins herausgearbeiteter Basalthärtling

Abb. 4. Flach liegende Basaltsäulen am Westkontakt des Raumbergbasaltes gegen den Sandstein. Die am rechten Bildrand erkennbare allmähliche Aufrichtung der Säulen deutet eine Fächerstellung an

Im Gegensatz dazu erweist er sich von einem Aussichtspunkt, in dessen Blickfeld er liegt, etwa vom Lindigtblick, Königsplatz oder vom Goldstein, als eine der formschönsten Bergkuppen des Elbsandsteingebirges, wie es auch Abb. 2 zeigt. Darüber hinaus aber darf er auf Grund des Ergebnisses seiner geomagnetischen Untersuchung, wie im folgenden gezeigt wird, besondere Interesse beanspruchen.

Mit einer Höhe von 460 m überragt er alle Berge seiner nächsten Umgebung. Er verdankt das dem im Sandstein hoch aufgedrungenen und auf seinem Gipfel ausstreichenden Basalt (Abb. 3). Die dem Standsteingebiet mit seinen schroffen Felsgebilden ungemäße

Abb. 5: Endflächen der steil bis senkrecht aufgerichteten Basaltsäulen auf dem Raumberggipfel unter dem Gerüst der trigonometrischen Station

Formenmilderung des Raumberges ist typisch für das Zusammenspiel Basalt/Sandstein, da die basaltischen Schmelzen als Aufstiegswege tektonisch verursachte Zerrüttungszonen nutzten, die der späteren Abtragung geringeren Widerstand entgegensetzten als der intakte Sandstein (vgl. H. Rast 1962, S. 36). Daß eine solche Zerrüttungszone auch beim Raumberg vorlag, deuten darüber hinaus nicht nur die spärlichen und unregelmäßig zerklüfteten Sandsteinfelsen am Hange des Berges an, sondern auch zahlreiche daran befindliche „Eisenschwarten“, einstige Kluftausfüllungen aus Nadeleisenerz, das aus Eisenlösungen, die genetisch mit den basaltischen Schmelzen verknüpft waren, ausgeschieden wurde (vgl. H. Rast 1962, S. 37–44).

Die am Gipfelfelsen des Raumberges erkennbaren Basaltsäulen weisen eine Fächerstellung auf. Abb. 4 zeigt ihre horizontale Lage mit mehreren parallelen Endflächen im westlichen Kontaktbereich und — im rechten Bildteil — ihre allmähliche Aufrichtung, Abb. 5 zeigt dagegen die Endflächen der steil bis senkrecht aufgerichteten Säulen auf dem Gipfel des Berges unter dem Gerüst der Trigonometrischen Station. Diese Säulenstellung spricht dafür, daß der auf dem Raumberg ausstreichende, in nordnordöstlicher Richtung gangförmig gestreckte Basaltstiel eine ursprüngliche Intrusion ist, welche die einstige Sandsteinoberfläche nicht erreichte und erst durch die Abtragung des Sandsteins freigelegt wurde (Fall a des Schemas der Platznahme basaltischer Schmelzen in den Zerrüttungszonen des Sandsteins nach H. Rast 1962, S. 36).

Auf dem Basaltausstrich des Gipfels und dem von den basaltischen Verwitterungsprodukten bedeckten Berghang hat sich ein prächtiger Buchenbestand entwickelt, der auf den nährstoffarmen Böden des umgebenden Sandsteingebirges, die von Nadelwäldern bedeckt sind, undenkbar wäre. Besonders im Frühjahr, wenn die Buchen im Kontrast zu den dunklen Nadelwäldern ein frisches Grün zeigen, oder im Herbst, wenn sich ihr Laub bunt färbt, hebt sich der Raumberg deutlich von seiner Umgebung ab.

Als bei einem früheren Besuch eines der Verfasser mittels eines Kompasses versucht wurde, vom Gipfel aus die Lage einiger Punkte der Umgebung zu ermitteln, ergaben sich merkliche Schwierigkeiten, indem die Nadel völlig unwahrscheinliche Richtungen auswies und bei geringen Veränderungen des Standortes auslenkte. Bei der weiteren Verfolgung dieser Erscheinung zeigte sich, daß es bei einem Gang rund um den Gipfel herum, sowie auch darüber hinweg, möglich war, die Nadel nach jeder Richtung bis zur völligen Inversion auszulenken. Dieses eigenartige Phänomen ließ den Entschluß aufkommen, den Raumberg einer genaueren geomagnetischen Untersuchung zu unterziehen.

Solche Mißweisungen der Kompaßnadel auf Basaltbergen sind in verschiedenen Fällen bekannt geworden und bei stärkerer Magnetisierung des Gesteines auch zu erwarten. Völlige Inversionen dagegen dürften seltener auftreten. Als ein aus der Literatur bekannt gewordenes Beispiel mag die Landeskrone bei Görlitz erwähnt sein (P. Beyersdorfer 1942).

Von besonderem Interesse ist die Frage, inwieweit dieser außergewöhnliche Magnetisierungseffekt aus der Zusammensetzung des Gesteins selbst erklärt werden kann. Nach der Erläuterung der Geologischen Karte von Sachsen im Maßstab 1:25000 (O. Herrmann und R. Beck 1897) wird das Gestein als glasreicher olivinführender Feldspatbasalt bezeichnet. Über den mengenmäßigen Anteil einzelner Mineralkomponenten, besonders des Magnetits, wird nichts ausgesagt. Eine moderne petrographische Analyse ist nicht veröffentlicht und auch auf der neuen Geologischen Karte der DDR im Maßstab 1:200000, Blatt M-33-IX Görlitz-Decin (W. Lorenz und L. Kopecky 1964) wird er lediglich als Basalt i. e. S. eingestuft. Es erwies sich deshalb als notwendig, eine entsprechende Untersuchung vorzunehmen. Zu diesem Zweck wurden an verschiedenen Stellen Proben entnommen, die jedoch makroskopisch wie mikroskopisch keine wesentlichen Unterschiede erkennen ließen.

Das mikroskopische Bild (Abb. 6—8) zeigt eine teilweise vitrophyrische Grundmasse mit intramagmatisch ausgeschiedenen, nadelig ausgebildeten Plagioklasleisten und Augitkriställchen in Fluidalanordnung, sowie Olivin- und Augiteinsprenglinge. Besonders auffällig aber ist nach dem optischen Befund der hohe Anteil an Magnetit bzw. Titanomagnetit in fester Lösung.

Die Erzkomponente findet sich in kleineren und gröberen Ausscheidungen, z. T. Haufwerke bildend, in der Grundmasse. Ein weiterer Teil findet sich in den Olivin- und Augiteinsprenglingen, manche dieser Kristalle sind von Magnetit regelrecht gepanzert.

Die meisten der Erzkörper sind mehr oder weniger stark korrodiert. Es wurde folgende Zusammensetzung (in Vol.-%) ermittelt:

Glassubstanz	19%
Plagioklas	17%
Pyroxen, Olivin	41%
Magnetit bzw. Titanomagnetit	23%

Die Dichte des Gesteins liegt bei 2,93 g · cm^{-3}.

Die Erzkomponente erweist sich folglich als bemerkenswert hoch und könnte durchaus zur Erklärung des ungewöhnlichen Magnetisierungseffektes herangezogen werden.

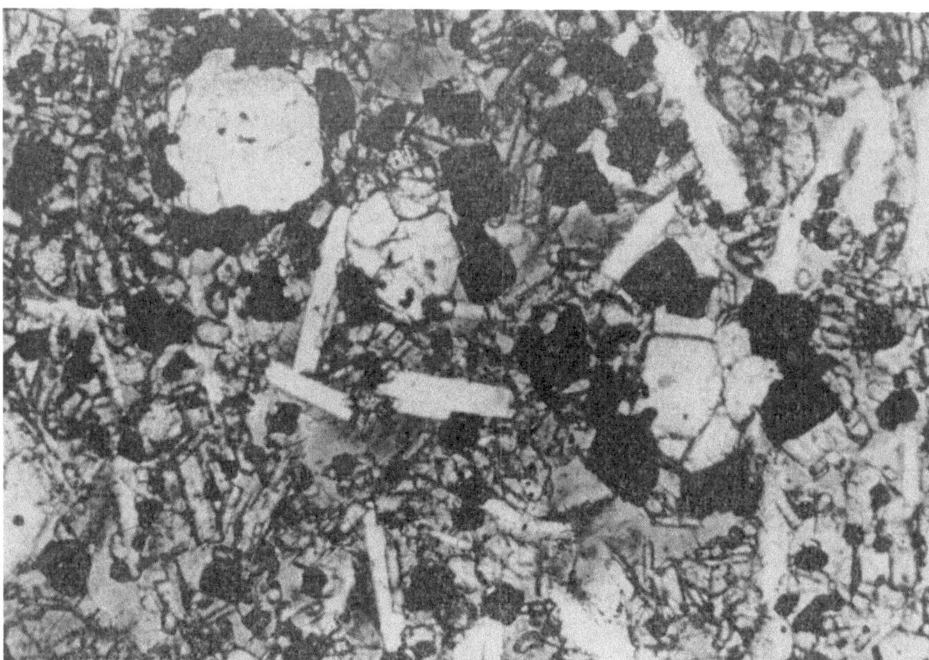

Abb. 6. Feldspatbasalt vom Raumberg. — Dünnschliffbild, Vergrößerung ca. 250× (1 Nicol). Erzkomponente (Magnetit bzw. Titanomagnetit) schwarz (opak), in z. T. glasiger Pyroxen-Olivin-Plagioklas-Grundmasse ausgeschieden

Zudem erweist sich das geomagnetische Isanomalenbild, insbesondere auch der Verlauf der ΔZ-Kurve längs des in Abb. 10 dargestellten Profils als typisch für vulkanische Förderzonen.

Bei Messungen der natürlichen Radioaktivität wurden am Raumbergbasalt 2,8% K_2O, 6,5 ppm Th und 1,2 ppm U festgestellt. Der relativ hohe K_2O-Gehalt läßt es als möglich erscheinen, ihn in die Gruppe der Alkalibasalte einzureihen. Feststellungen von J. B. GILL (1970) und S. F. KESSON (1973), daß mit steigendem Kaliumgehalt auch der Thoriumanteil steigt, bestätigen sich auch am Raumberg. In solchen Fällen dürfte das Thorium an Zirkon gebunden sein, der ihn bis zu 3% speichern kann, obwohl der Nach-

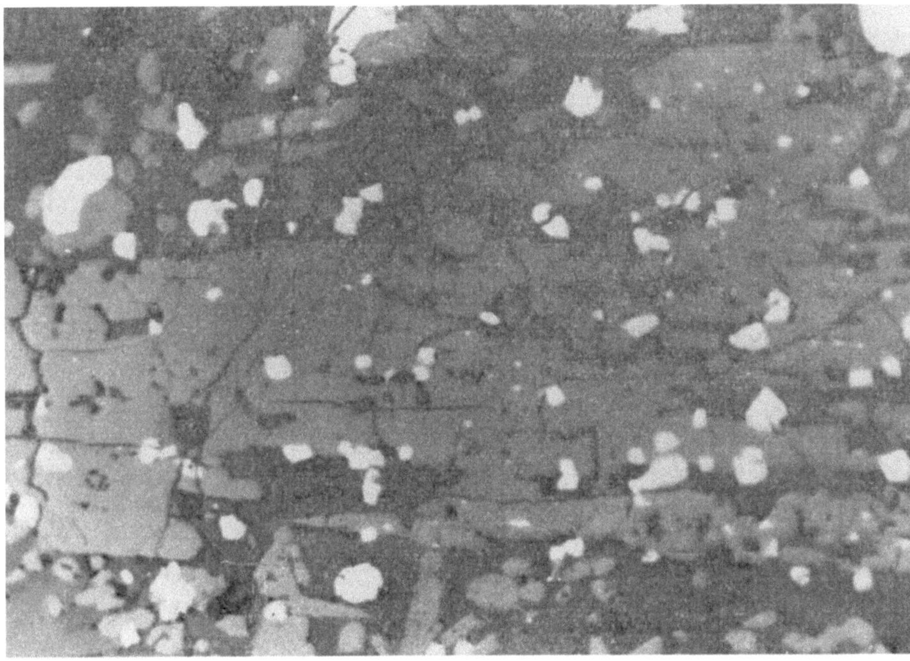

Abb. 7. Feldspatbasalt vom Raumberg. — Anschliffbild, Vergrößerung 250×. Erzkomponente (Magnetit bzw. Titanomagnetit) weiß

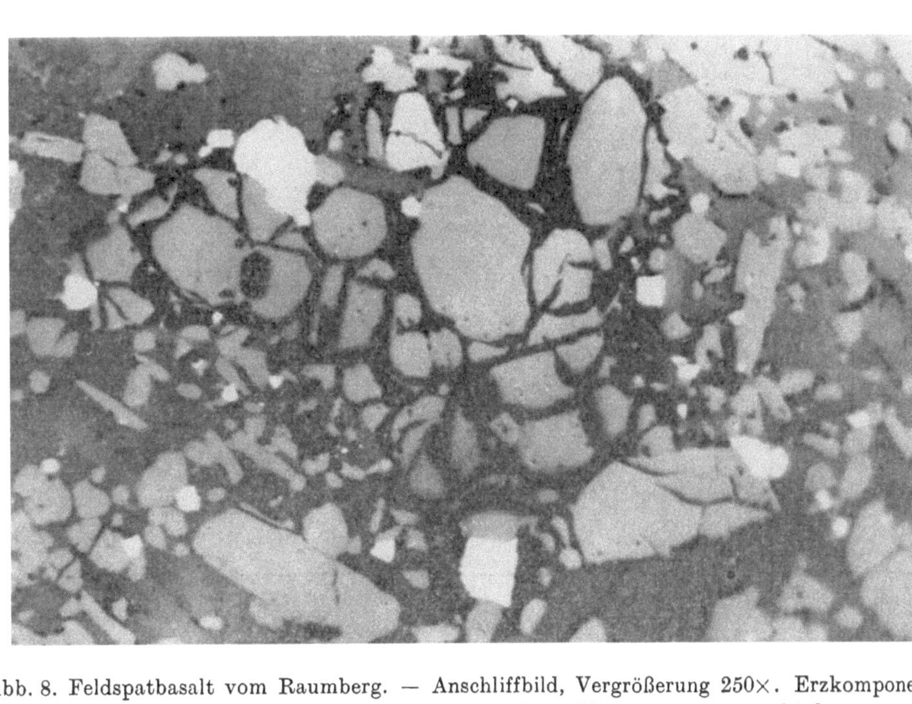

Abb. 8. Feldspatbasalt vom Raumberg. — Anschliffbild, Vergrößerung 250×. Erzkomponente (Magnetit bzw. Titanomagnetit, weiß) in und um Olivin (grau) ausgeschieden

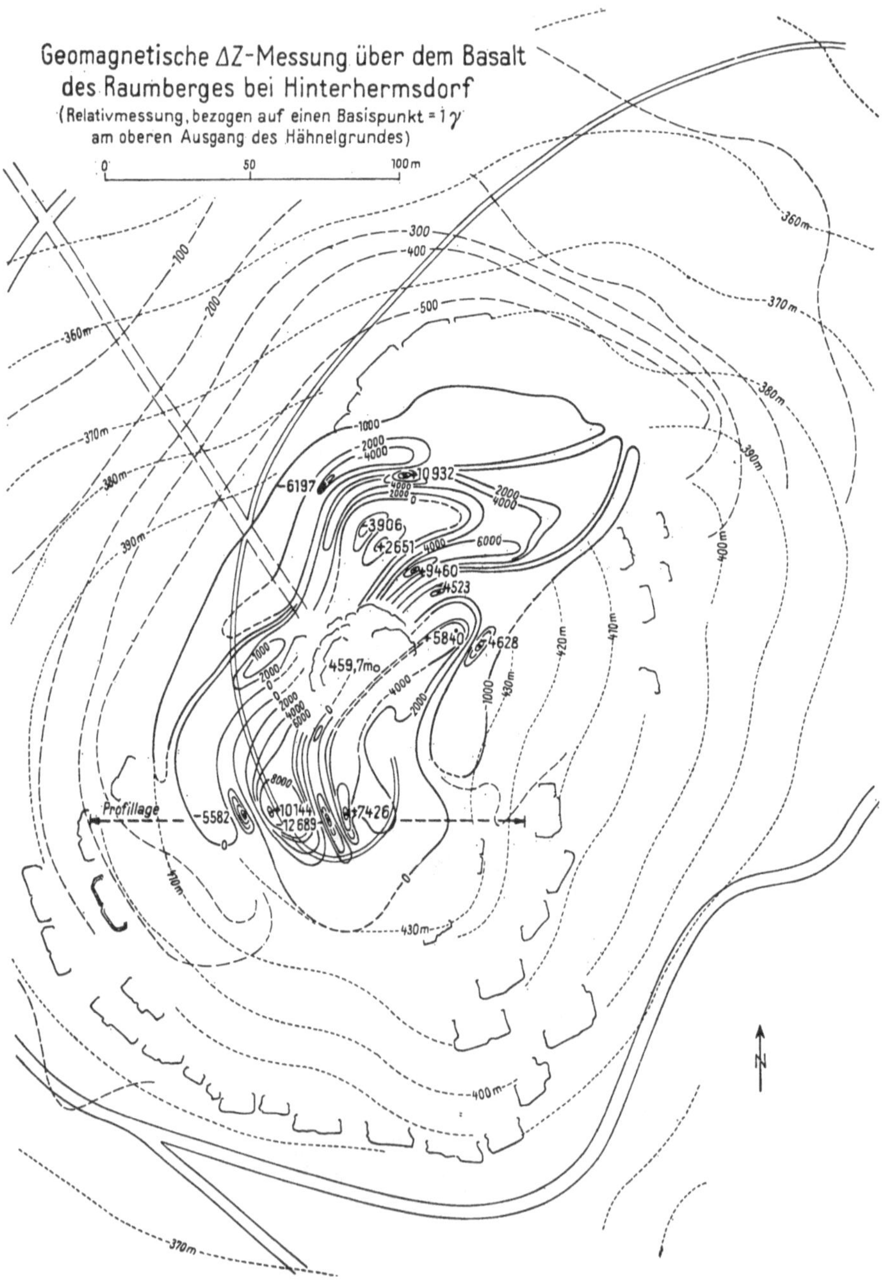

Abb. 9. Geomagnetische ΔZ-Messung über dem Basalt des Raumberges bei Hinterhermsdorf. (Relativmessung, bezogen auf einen Basispunkt $= 1\gamma$ am oberen Ausgang des Hähnelgrundes)

weis dieses Minerals mikroskopisch nicht erbracht werden konnte. Auch selbständige Kalisilikate (Kalifeldspat, Leuzit, Biotit) waren nicht feststellbar. Es ist zu vermuten, daß der Plagioklas und der relativ hohe Glasanteil des Basaltes als Kaliumspeicher in Betracht kommen.

Die geomagnetischen Feldarbeiten wurden mit einer Askania ΔZ-Feldwaage (Bandwaage nach Fanselau Nr. 243, Skalenwert 10,0) in der Zeit vom 10.—14. November

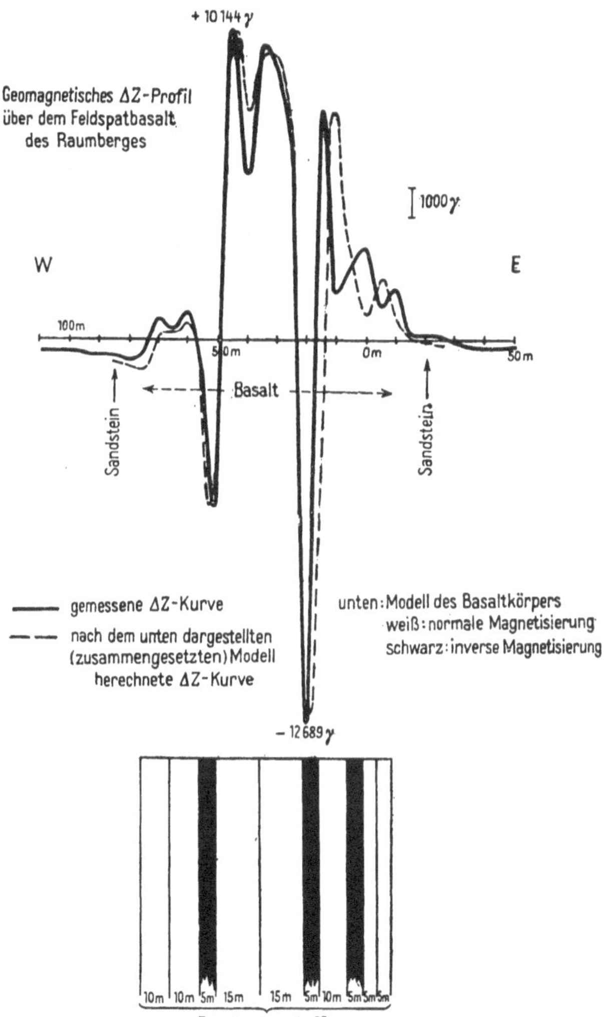

Abb. 10. Geomagnetisches ΔZ-Profil über dem Feldspatbasalt des Raumberges

1958 und vom 2.—8. April 1959 durchgeführt, wobei der Raumberg mit einem relativ dichten Profilnetz überzogen wurde. Insgesamt erfolgten an 624 Geländepunkten Ablesungen. Eine Basisstation wurde außerhalb des gestörten Gebietes am oberen Ausgang des Hähnelgrundes eingerichtet. Darüber hinaus erfolgte eine Korrektur mit Hilfe der Variationsaufzeichnungen der magnetischen Vertikalintensität durch das geomagnetische Observatorium in Niemegk.

Schon bei der Durchführung der ersten Messungen zeigten die auf relativ engem Raum stark variierenden Werte, insbesondere auch die Notwendigkeit außerordentlich hoher Torsionen, daß ein ganz ungewöhnlicher Magnetisierungseffekt vorliegt.

Wie das Ergebnis der auf Abb. 9 dargestellten geomagnetischen ΔZ-Vermessung zeigt, treten auf engstem Raume — etwa 85 × 170 m — alternierend annähernd nordöstlich gerichtete schmale Streifen positiver und negativer Anomalien mit außergewöhnlich hohen Amplituden auf, die sich über mehrere westöstlich verlaufende Profile verfolgen lassen. Als Extremwerte wurden auf dem auf Abb. 10 gezeigten Profil, dessen Lage in Abb. 9 angedeutet ist, und das auch als Grundlage für die folgenden Überlegungen diente, $+10144\gamma$ und -12689γ gemessen.

Vorbehaltlich vorgesehener spezieller Störkörperberechnungen und petrophysikalischer Untersuchungen, über die an anderer Stelle berichtet werden soll, wurde eine erste Störkörperabschätzung vorgenommen.

Da auf engstem Raume extrem hohe positive und negative Anomalien nebeneinander auftreten, der Basalt sich aber petrographisch als relativ homogen erweist, kann die Annahme zugrunde gelegt werden, daß das Gestein teilweise invers magnetisiert wurde, möglicherweise durch ein mehrphasiges Aufreißen von Spalten und einem damit verbundenen mehrphasigen Aufdringen der basischen Schmelze. Dafür scheinen auch die schon erwähnten und in Abb. 4 deutlich sichtbaren parallelen Säulen-Endflächen innerhalb der Basaltmasse im westlichen Kontaktbereich zu sprechen.

Dieser Vorstellung entsprechend wurde ein zweidimensionales, aus einer Reihe unterschiedlich magnetisierter Einzelgänge von 5, 10 und 15 m zusammengesetztes Modell zugrunde gelegt, dessen Gesamtbreite, in Übereinstimmung mit dem Basaltausstrich, 85 m beträgt. Gemäß den Erfahrungen, die von A. NAIRN (1962) an tertiären Vulkaniten der Eifel und des Siebengebirges gewonnen wurden, wurde mit einer Inklination von $+66°$ bzw. $-66°$ gerechnet. Die Suszeptibilität des umgebenden Sandsteins wurde — ebenfalls erfahrungsgemäß — als äußerst geringfügig betrachtet und in der Rechnung vernachlässigt.

Beim Versuch, die auf dem Profil gemessenen Anomalien mit einer berechneten Modellkurve in Übereinstimmung zu bringen (vgl. Abb. 10), ergaben sich unter den die Einzelgänge andeutenden Streifen drei invers magnetisierte von je 5 m Breite. Die Magnetisierungswerte der einzelnen normal und invers magnetisierten Gänge schwanken zwischen minimal 976γ und maximal 11800γ. Als durchschnittliche Magnetisierung erhält man Werte von 2790γ bis 4670γ. Mit Hilfe des HAALCKschen Auszählverfahrens (H. HAALCK 1953) gelangt man zu Magnetisierungen zwischen 2530γ und 3100γ. Diese Zahlen können als Richtwerte gelten. Die auftretenden Differenzen liegen, bedingt durch die notwendigen Vereinfachungen, im Rahmen der Fehlergrenzen.

Die an Basaltproben nach dem Verfahren von H. POHLERS (1966) durchgeführten Suszeptibilitätsbestimmungen erbrachten Werte zwischen $7300 \cdot 10^{-6}$ und $7700 \cdot 10^{-6}$, was Magnetisierungswerten von 354γ und 364γ entsprechen würde. Die Diskrepanz zwischen diesen und den berechneten Werten erklärt sich daraus, daß nur der induzierte Anteil erfaßt wurde, während sich in der berechneten Magnetisierung induzierter und remanenter Anteil vektoriell addieren.

Versucht man aus den berechneten und gemessenen Werten das Verhältnis zwischen remanentem und induziertem Anteil abzuschätzen, so erhält man als q-Faktor (nach KOENIGSBERGER) 6,7 bis 12. Das erscheint zwar relativ hoch, läßt sich aber durchaus mit dem hohen Magnetitanteil im Gestein vereinbaren. K. F. LORENZEN und H. BERCK-

HEIMER (1976) fanden bei tertiären basischen Vulkaniten in der Eifel sogar einen q-Wert von etwa 14. Diese Werte sind aber durchaus akzeptabel, denn G. ANGENHEISTER und H. SOFFEL (1972) geben für Basalte q-Werte zwischen 1 und 20 an.

2. Das Vorkommen von basaltischem Lapillituff an der Hohwiese bei Hinterhermsdorf

Das im Sandsteingebiet der „Hinteren Sächsischen Schweiz“ an der Hohwiese bei Hinterhermsdorf (Abb. 11) ausstreichende basaltoide Gestein ist im Gegensatz zum Raumbergbasalt wesentlich besser bekannt, da seine durch zwei Bachläufe angeschnittenen und der Abtragung unterliegenden Schwerminerale führenden Verwitterungsprodukte Anlaß zur Entstehung kleiner Seifenlagerstätten gegeben haben, die schon im Mittelalter zu Schürfunternehmungen reizten. Das von der Hohwiese zum Kirnitzschtal führende kurze, aber steile „Seufzergründel“ — eine Verstümmelung des Namens „Seifengründel“ — erinnert daran (Abb. 12). Die Anreicherungen von Schwermineralen,

Abb. 11. Die Hohwiese bei Hinterhermsdorf (Teilbild) befindet sich auf dem tiefgründig verwitterten basaltischen Lapillituff, dem Muttergestein der benachbarten Mineralseifen

in der älteren Literatur als „Edelsteinseifen“ bezeichnet, mögen auch die Ursache einer in diesem Gebiet urkundlich belegten, jedoch längst wüst gewordenen Ansiedlung „Krummhermsdorf“ gewesen sein, in deren nächster Umgebung einige „Fundgruben“ genannt werden, so an dem das Gebiet der Hohwiese nach Südwesten entwässernden Eichelbornbach im 16. Jh. das „Bescheerte Glück“ und am Anfang des 18. Jh. im „Seiffen grundt“ eine als „himmlisches Jerusalem“ und eine andere als „das Frische Glück“ bezeichnete Schwermineralwäsche (H. LEMME 1959). Diese Umstände waren

Abb. 12. Das „Seufzergründel“, durch das die Verwitterungsprodukte des Hohwiesengesteins abtransportiert werden. Die darin enthaltenen und hier angehäuften Schwerminerale wurden früher im Seifenbergbau gewonnen.

Anlaß, daß das an der Hohwiese ausstreichende basaltoide Gestein, insbesondere aber die damit zusammenhängenden Schwermineralseifen mehrfach das Interesse der Geowissenschaftler erweckten und wiederholt in der Literatur beschrieben worden sind. Die geologisch-bergbauliche Situation ist zuletzt in zwei Arbeiten von F. WIEDEMANN (1961 und 1962) dargestellt worden, in denen auch Hinweise auf die ältere Literatur über die „Edelsteinseifen“ (die bereits 1546 von G. AGRICOLA in „de natura fossilum“ Erwähnung finden!) gegeben sind. So mag der hier vorliegende Bericht über die magnetische Vermessung des Hohwiesengesteins im wesentlichen als eine Ergänzung der Arbeiten F. WIEDEMANNS anzusehen sein.

Entsprechend der mehrfach durchgeführten Untersuchungen des Hohwiesengesteins erübrigt sich auch eine petrographische Neubearbeitung. Nachdem das Muttergestein der Seife des Seufzergründels ursprünglich an den verschiedensten Stellen des östlichen Elbsandsteingebirges vermutet wurde, erkannte O. HERRMANN (1896), daß es im Quellgebiet des Seufzergründels unter Lößbedeckung unmittelbar ansteht. Auf der von O. HERRMANN und R. BECK (1894 bzw. 1897) vorgenommenen geologischen Spezialkartierung des Blattes Hinterhermsdorf-Daubitz wurde das Gestein als olivinführender Glasbasalt bezeichnet. Im Anschluß an eine von A. SEIFERT (1935/36) durchgeführte bodenkundliche Kartierung des Forstreviers Hinterhermsdorf unternahm E. TRÖGER (1937) eine modernere petrographische Untersuchung des Hohwiesengesteins. Er stellte dabei fest, daß es sich um einen Basaltbrockentuff handelt, der den Turonsandstein an der Hohwiese schlotartig durchbricht und dessen Hauptsubstanz aus einem ankaramitähnlichen Glasbasalt besteht, der Einsprenglinge von Augit, Hornblende, Olivin und Magnetit enthält. Zudem fanden sich darin als Xenolithe Brocken von Sandstein, Harzburgit und Norit. Nach F. WIEDEMANN handelt es sich an der Hohwiese um eine Pipe, die als Durchschlagsröhre vulkanisches Material aus der Tiefe förderte. Nach seiner Auffassung läßt sich auf Grund des Gesteinscharakters kein direkter Vergleich mit den in Nordböhmen aufgefundenen kimberlitartigen Gesteinen ziehen, sondern das Hohwiesengestein stellt eine Schlotfüllung aus einem basaltischen Lapillituff dar.

Die Dichte wurde an Proben aus dem Gebiet des Eichelbornbaches zu 2,43 g · cm^{-3} bestimmt, dürfte aber bei der Heterogenität des Gesteins in gewissen Grenzen schwanken.

Für die geomagnetische Untersuchung war der opake Anteil, bei dem Magnetit bzw. Titanomagnetit eine wesentliche Rolle spielt, von besonderem Interesse. Die Erzkomponente kommt im Hohwiesengestein in körnigen Kristallen, weit mehr aber in fast submikroskopischen Ausscheidungen vor, so daß eine genaue mengenmäßige Abschätzung in Anschliffen Mühe bereitet. Jedoch dürfte der Erzanteil in der Größenordnung von 5—8 Vol.-% liegen.

Messungen der natürlichen Radioaktivität ergaben 1,2% K_2O, 6,4 ppm Th und 1,4 ppm U. Gegenüber dem Raumbergbasalt ist der K_2O-Gehalt des Hohwiesengesteins folglich um mehr als die Hälfte geringer, während sich die Gehalte und Verhältnisse von Th und U nicht wesentlich unterscheiden. Bemerkenswert ist, daß in beiden Fällen das Th/U-Verhältnis höher ist als bei anderen Basalten der weiteren Umgebung.

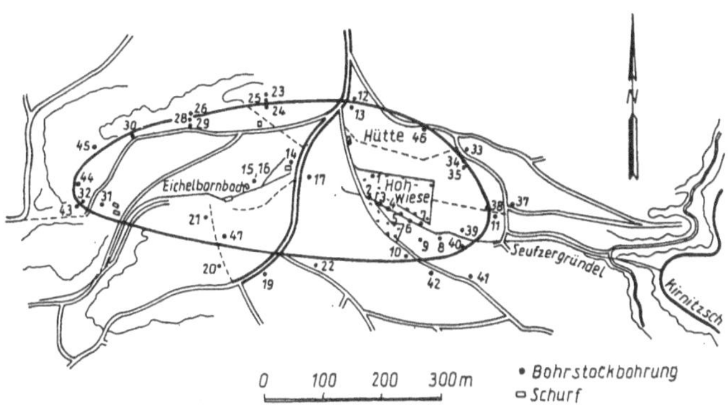

Abb. 13. Kartierung des Ausstriches des basaltischen Lapillituffs an der Hohwiese mittels des Bohrstockes durch F. WIEDEMANN (1961)

Im Gegensatz zu der Erstkartierung von O. HERRMANN und R. BECK zeigt die Karte von A. SEIFERT einen wesentlich größeren Ausstrich. Durch F. WIEDEMANN wurde mit Hilfe des Bohrstockes der Ausstrich erneut abgegrenzt (Abb. 13). Das Ergebnis seiner Kartierung stimmt annähernd mit der von A. SEIFERT überein und wird durch die geomagnetische Untersuchung vollauf bestätigt. Danach hat der Ausstrich des basaltischen Lapillituffs eine elliptische Form mit einem W—E-Durchmesser von ca. 700 m und einem N—S-Durchmesser von ca. 260 m. Die Fläche des Ausstriches beträgt danach ungefähr 14 ha.

In Abweichung von zahlreichen anderen Vorkommen basaltoider Gesteine des Elbsandsteingebirges, die (sofern der Intrusionsscheitel nicht unter dem Erosionsniveau liegt) wie der auch vorher beschriebene Raumbergbasalt Härtlinge bilden, zeigt sich im

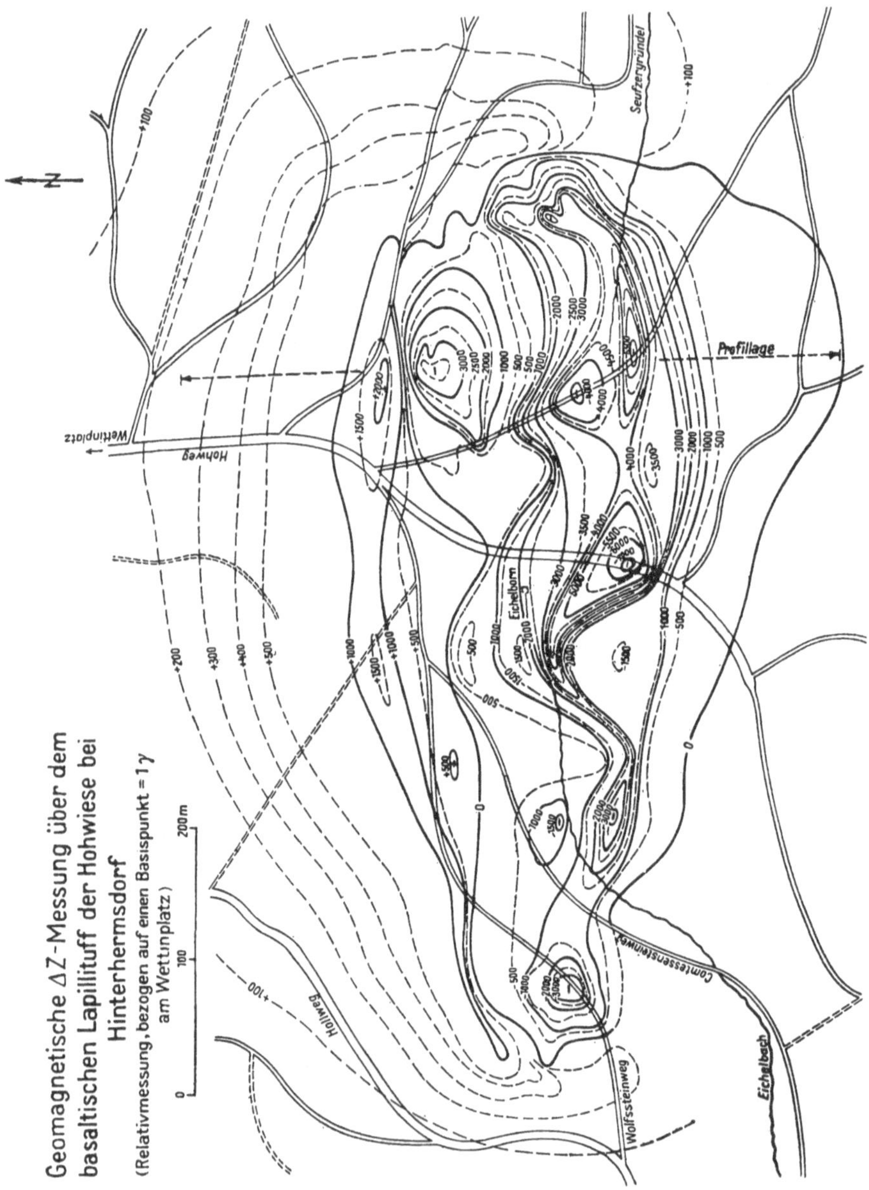

Abb. 14. Geomagnetische ΔZ-Messung über dem basaltischen Lapillituff der Hohwiese bei Hinterhermsdorf

Bereich des tiefgründig verwitterten, leicht ausräumbaren basaltischen Lapillituffs der Hohwiese eine schwache morphologische Einsenkung, die vom umgebenden Sandstein überragt wird, ausgenommen im Bereich der Quellmulden von Seufzer- und Eichelbornbach, die — den gegenwärtig äußerst geringen — Abtransport der Verwitterungsprodukte des Hohwiesengesteins besorgen. Dieses, ein dunkelbrauner bis grauer toniger Lehm, in dem sich zersetzte Brocken des Lapillituffs sowie einzelne Körner von Basaltmineralen befinden und das schmitzenförmig auch Schwerminerale enthält, stellt die Muttersubstanz der früher betriebenen „Edelsteinseifen" dar. Neben den typischen Basaltmineralen wie Augit, basaltischer Hornblende, Olivin und Magnetit treten darin auch Maghemit, Iserin, Zirkon, Granat, Spinell und andere Minerale auf. Sie stammen jedoch nur z. T. aus dem Basalt, z. T. auch aus den aus der Tiefe mitgerissenen Xenolithen, insbesondere wohl aus den perioditischen und gabbroiden Gesteinen. Hinsichtlich der Seifen sei auf die Arbeiten von E. Tröger (1937), J. Rentzsch (1958) und F. Wiedemann (1961, 1962) verwiesen.

Die Feldarbeiten wurden wie beim Raumberg mit der Askania ΔZ-Feldwaage (Bandwaage nach Fanselau Nr. 243), und zwar in der Zeit vom 22. September bis 4. Oktober und vom 4. bis 9. November 1958 durchgeführt, wobei auch das Gebiet der Hohwiese

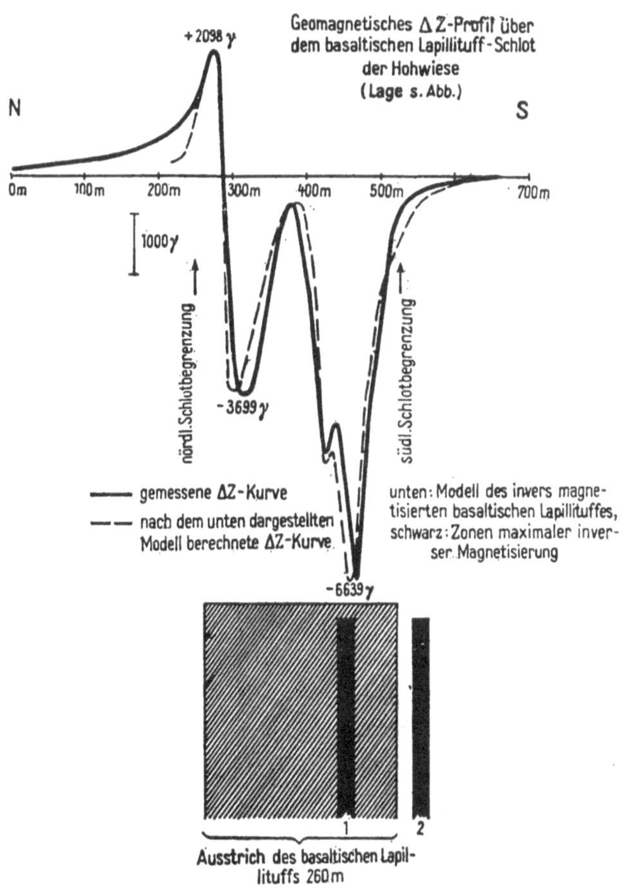

Abb. 15. Geomagnetisches ΔZ-Profil über dem basaltischen Lapillituff-Schlot der Hohwiese

mit einem dichten Profilnetz überzogen wurde. Insgesamt wurden 912 Geländepunkte vermessen. Der Basispunkt wurde im ungestörten Gebiet am sogenannten „Wettinplatz", etwa 500 m nördlich der Hohwiese eingerichtet.

Wie das Ergebnis der auf Abb. 14 dargestellten geomagnetischen ΔZ-Vermessung zeigt, erstreckt sich der annähernd elliptisch geformte, im Osten verbreiterte zentrale Bereich der Anomalie etwa 300 m in Nord-Süd-Richtung und 700 m in West-Ost-Richtung. Bei der Betrachtung des Anomalienbildes fällt eine deutlich hervortretende, im Verhältnis zur Gesamtanomalie relativ schmale positive Zone (gemessener Maximalwert $+2098\gamma$) auf, die den Nordrand einnimmt, während der weitaus größere südliche Teil der Anomalie im negativen Bereich liegt. Er weist mehrere voneinander getrennte Extrema auf, bei denen als tiefste negative Werte in einem Fall -7336γ, in einem anderen -6639γ gemessen wurden. Aus diesem Bild läßt sich entnehmen, daß es sich beim Hohwiesengestein um einen invers magnetisierten basaltoiden Körper handeln dürfte.

Berechnet wurde ein Nord—Süd-Profil (Abb. 15). Seine Lage ist aus Abb. 14 ersichtlich. Es wurde eine zweidimensionale Rechnung durchgeführt, wobei die Breite des Schlotes 260 m beträgt. Nach F. WIEDEMANN setzen sich die Pipewände steil nach der Tiefe fort. Diese Aussage zugrunde legend, wurde der Störkörper in erster Näherung als senkrechter Gang von 260 m Breite angenommen, die Magnetisierungsrichtung gemäß A. NAIRN (s. vorn) mit $-66°$. Beim Versuch, die auf dem Profil gemessenen Anomalien mit einer berechneten Modellkurve in Übereinstimmung zu bringen, ergab sich, daß bei der getroffenen Annahme eines saiger stehenden Ganges die daraus resultierende mittlere Magnetisierung vom 436γ nicht genügt, um die beiden negativen Extrema zu erklären. Aus diesem Grunde mußten zusätzlich noch zwei schmale gangartige Einlagerungen von 20 m Breite und einem Scheitel von 20 m unter der Erdoberfläche mit besonders hoher Magnetisierung angenommen werden, für Gang 1 4760γ und für Gang 2, der wegen des sehr heterogenen Aufbaues des Schlotes außerhalb des hypothetischen Modells zu liegen kommt, 2790γ. Dadurch erhöht sich die mittlere Magnetisierung auf 882γ. Nach der HAALCKschen Auszählmethode ergibt sich die mittlere Magnetisierung für den gesamten Störkörper mit 1250γ. Die Diskrepanz zwischen beiden Werten kann noch als innerhalb der Fehlergrenzen liegend akzeptiert werden.

Bei Suszeptibilitätsbestimmungen, die mittels Gesteinsproben an der Feldwaage durchgeführt wurden, ergaben sich Werte zwischen $2000 \cdot 10^{-6}$ und $3500 \cdot 10^{-6}$, an der vom Geophysikalischen Institut Brno entwickelten KL-Meßbrücke wurden an pulverisiertem Material etwa $2500 \cdot 10^{-6}$ ermittelt. Dieser Wert kann auch als Mittel angesehen werden, wobei man, bedingt durch die Heterogenität des Gesteins, mit einer Streuung von $\pm 1000 \cdot 10^{-6}$ rechnen muß. Diese Suszeptibilitätswerte würden induzierten Magnetisierungen von 71γ bis 166γ und einem mittleren Wert von 118γ entsprechen.

Versucht man in diesem Falle den q-Faktor zu bestimmen, kommt man zu Werten zwischen 4 und 11, wobei der mittlere etwa bei 6 liegen würde.

Die Verfasser danken Herrn Dr. M. KOPF vom VEB Geophysik Leipzig sowie Herrn Geophysiker G. JUST vom Fachbereich Geophysik der Sektion Physik der KMU für freundliche Unterstützung bei Suszeptibilitätsbestimmungen bzw. radiometrischen Untersuchungen.

Literatur

ANGENHEISTER, G., und SOFFEL, H., Gesteinsmagnetismus und Paläomagnetismus. Studienhefte zur Physik des Erdkörpers 1, Stuttgart 1972.

BEYERSDORFER, D., Das magnetische Störungsfeld auf der Landeskrone. Abh. Naturf. Ges. Görlitz, **33** (1942) H. 3, S. 81–86.

GILL, J. B., Geochemistry of Viti Levu Fiji and its evolution as an island arc. Contr. Mineral. and Petrol. **27** (1970) S. 179–203.

HAÀLCK, H., Lehrbuch der angewandten Geophysik, Teil 1, Berlin 1953.

HERRMANN, O., Geologische und mineralogische Mitteilungen. Ber. d. naturwiss. Gesellsch. zu Chemnitz **13** (1896) S. 3–26.

HERRMANN, O., und BECK, R., Geologische Spezialkarte von Sachsen im Maßstab 1:25000, Nr. 86, Sektion Hinterhermsdorf-Daubitz, Leipzig 1894 (mit Erläuterungen 1897).

KESSON, S. F., The Primary Geochemistry of the Monaro Alkaline Volcanics, Southeastern Australia – Evidence for Upper Mantle Heterogenity. Contr. Mineral. and Petrol., Heidelberg **42** (1973) S. 93–108.

LEMME, H., „Die Wüstung Krummhermsdorf", in „Zwischen Sebnitz, Hinterhermsdorf und den Zschirnsteinen". Werte der deutschen Heimat, Band 2, Berlin 1959.

LORENZ, W., und KOPECKY, L., Geologische Karte der DDR im Maßstab 1:200000, Blatt M-33-IX Görlitz–Děčin, Berlin und Praha 1964.

LORENZEN, K. F., und BERCKHEIMER, H., Das geomagnetische Feld im Gebiet des Laacher Sees. N. Jahrb. f. Geol. u. Pal., Stuttgart 1976, S. 197–208.

NAIRN, A. E. M., Paleomagnetic Investigation of the Tertiary and Quaternary Igneous Rocks: 1. Preliminary collections in the Eifel, Siebengebirge and Westerwald. – Notizbl. hess. L.-Amt Bodenforsch., Wiesbaden, 90 (1962) S. 412–424.

NEUMANN, W., Irreguläre geomagnetische Anomalien und ihre Bedeutung für die Geologie. Geophysik und Geologie, Leipzig, 2 (1960) S. 3–63.

POHLERS, H., Ein transportables Meßgerät zur Bestimmung der magnetischen Suszeptibilität. Geophysik und Geologie, Leipzig, 8 (1966) S. 73–77.

RAST, H., Zur Geologie der Basalte im Elbsandsteingebirge. Dipl.-Arb. Karl-Marx-Universität, Leipzig 1960.

RAST, H., Zur Geologie der Basalte im Elbsandsteingebirge. Geophysik und Geologie, Leipzig, 3 (1962) S. 18–73.

RAST, H., und ORTMANN, R., Ein neues Basaltvorkommen bei Reinhardtsdorf im Elbsandsteingebirge. Geophysik und Geologie, Leipzig, 6 (1964) S. 60–69.

RENTZSCH, J., Eisen-Titanerze in einer Seife bei Hinterhermsdorf im Elbsandsteingebirge. Bergakademie **10** (1958) S. 586–589.

SEIFERT, A., Bodenkarte des Staats-Forstrevieres Hinterhermsdorf auf geologischer Grundlage, aufgenommen 1935/36 im Maßstab 1:10000 (unveröffentlicht), dazu Erläuterung 1937 (Manuskript).

TRÖGER, E., Über die frühere Edelsteinseife von Hinterhermsdorf (sächs. Schweiz). Fortschr. d. Mineral. **22** (1937) LVIII–LIX.

WIEDEMANN, F., Seifenbildungen im Elbsandsteingebirge. II. Seifenvorkommen und Bergbauversuche im östlichen Teil des rechtselbischen Elbsandsteingebirges. Bergakademie **13** (1961) S. 515–519.

WIEDEMANN, F., Seifenbildungen im Elbsandsteingebirge. III. Granat und andere „Edelsteine" aus dem Seufzergründel und ihre Beziehungen zum Muttergestein. Bergakademie **14** (1962) S. 508–511.

Geophys. u. Geol. Geophys. Veröff. d. KMU Leipzig Bd. I H. 4 S. 123–133 Berlin 1978

Application of VLF (Very low frequencies) method in hydrogeological research and ore prospecting in Czechoslovakia

Dr. M. KAROUS CSc.[1]

Abstract: The VLF method belongs to the most modern and most perspective methods of electromagnetic prospection. Military navigation radio stations working in the range of very long waves are the source of the electromagnetic field. At a large distance from the source the field is approximated by the field of a plane electromagnetic wave (Fig. 1) whose local deformations caused by local conductors are measured (Fig. 2). The angle of the dip of the large half-axis of the polarization ellipse ($\mathrm{ReH_z}$) and the ratio of both half-axes ($\mathrm{ImH_z}$) are measured (Fig. 3). Above conductors the Re and Im curves pass zero (Fig. 6–8). The VLF method is very unpretentious and therefore applicated in all fields of geophysical research (Fig. 9–11). In the conclusion of the article the effect of the relief is considered (Fig. 12–14).

Zusammenfassung: Die VLF-Methode gehört zu den modernsten Methoden der elektromagnetischen Untersuchung und bietet die verschiedensten Anwendungsmöglichkeiten. Das gemessene elektromagnetische Feld ist das Feld der Funkstationen, die im Bereich der sehr langen Wellen arbeiten. Im großen Abstand von der Quelle kann man das Funkfeld wie das Feld der elektromagnetischen ebenen Welle beurteilen (Abb. 1). Die gemessenen Deformationen werden durch die lokalen Leitkörper verursacht (Abb. 2). Bei den Messungen werden die Neigung der längeren Achse der Polarisations-Ellipse ($\mathrm{ReH_z}$) und das Verhältnis der beiden Achsen ($\mathrm{ImH_z}$) bestimmt (Abb. 3). Über den Leitkörpern erreichen die beiden Größen ihren Nullwert (Abb. 6 bis 8). Die VLF-Methode ist anspruchslos und wird deswegen auf den verschiedensten Gebieten der geophysikalischen Untersuchung angewendet (Abb. 9 bis 11). Am Schluß des Artikels wird der Einfluß des Reliefs auf die Meßwerte erklärt (Abb. 12 bis 14).

Introduction

As early as at the beginning of this century it was found out that the propagation of radio waves is influenced by the geological structure of the upper parts of the earth crust. In the twenties the principles of a new geophysical method utilizing electromagnetic fields of radio stations in searching for conductivity inhomogeneities in the upper part of the earth crust were formed in the U.S.S.R. (Petrovskii) and in the U.S.A. (Feldman, Eve and others). Later the interest in this method decreased in the same way as in all alternating geoelectric methods because the qualities of apparatuses, the theoretical processing and a lack of methodical experiences did not make the objective interpretation of measured values possible.

In the fifties the theoretical principles of this method were elaborated mainly in the U.S.S.R. (Tarkhov) under the name the radiokip method. In spite of it its utilization was limited.

[1] Anschrift des Verfassers:

Dr. MILOŠ KAROUS CSc., Department of Applied Geophysics, Faculty of Science, Charles University, Albertov 6, Prague 2/ČSSR.

A reversal began as late as in the sixties, mainly thanks to the construction of new efficient navigation radio stations transmitting in the band of very long waves (10 to 25 kHz). In contradistinction to long and medium waves used earlier they have a larger depth range and smaller variations. Last but not least the spreading of this method is also caused by more perfect apparatuses and a transition to measurements of invariant variables of the field, i.e. variables indepedent of the intensity. New development was observed mainly in Canada (Ronka, Paterson and others) and in the U.S.S.R. (Tarkhov, Sedelnikov, Rogachev and others).

The first experiments examining the utilization of the very long waves band in Czechoslovakia were carried out by the members of the Department of Applied Geophysics, Charles University, Prague.

The physical principle of the VLF method

The utilization of electromagnetic fields of distant radio stations in geophysical research is based on some particularities of the propagation of electromagnetic waves. The structures of these fields are influenced by the electrical properties of the upper part of the earth crust. By means of measuring some parameters of this field it is possible to determine back the electrical properties of rocks in the space of the receiver and to contribute, in this way, to the solution of the geological structure of the given area. In contradistinction to common electromagnetic induction methods, the used frequencies are considerably higher (tens to hundreds of kHz), also distances receiver-transmitter are much larger. In this way, the process of utilizing these fields is somewhat different.

The propagation of electromagnetic waves from the transmitter to the receiver may run in several ways:

— straight wave from the transmitter to the receiver,
— wave reflected from the surface of the earth,
— reflections from the ionosphere — space wave,
— along the earth surface — surface wave.

If the receiving and transmitting antennas are near the earth surface (the height of the antenna is smaller than 5% of the distance between the antennas), the wave reflected from the earth surface practically completely interferes the straight wave, because the distances which both waves run are practically the same and the phase of the reflected wave is inverse with respect to the phase of the straight wave owing to the reflection. It means that the total intensity of the field is essentially composed only of the space type of waves depends on the frequency, on the distance from the transmitter and on the state of the ionosphere. It can be supposed that in a certain distance from the transmitter in the band of very long waves the surface wave — the propagation of which depends on the electrical properties of the upper part of the earth crust — prevails.

The energy transfer of the surface wave can be imagined in the following way: The wave propagates in the upper half-space (air) as well as in the lower one (earth). Since in the lower half-space considerable losses originate in respect to the energy absorption, a continuous flow of the energy exists in the direction of the earth and between the field intensities on the both sides of the boundary there is a certain relation which depends on the electrical properties of rocks in surface parts of the earth crust.

In respect to considerable distances from the transmitter in which the electromagnetic field is usually measured it may be supposed that this field has the plane wave character and in the case of a homogeneous half-space (earth) it has a neglectigible vertical magnetic component. This component appears only in the presence of conductivity inhomogeneities in which the secondary field is induced. The components of the magnetic field are usually the object of measurement because they have certain advantages in practical field measurements (Fig. 1).

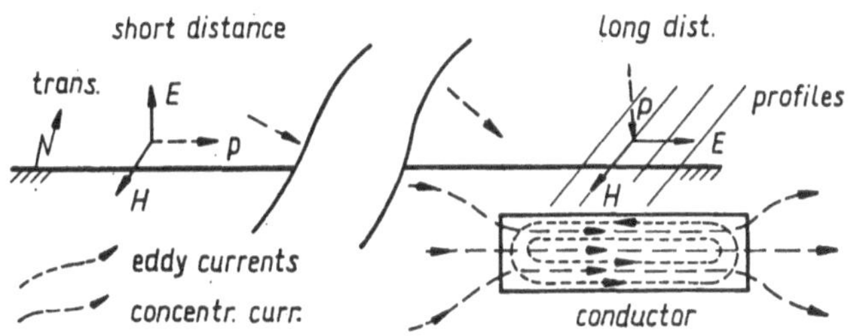

Fig. 1. Principle of the VLF method

The presence of a conductive body causes an anomaly that is usually explained by the existence of the secondary field $\bar{H}_s$. The origin of this field is influenced by induced eddy currents and mainly by concentrated currents in the conductor. Both phenomena have maximum values in the case when the prolongation of the conductor is parallel to the electrical vector $\bar{E}$ and perpendicular to the magnetic vector $\bar{H}$ of the primary field. Since profiles are usually perpendicular to the direction of the prolongation of geological inhomogeneities, an important conclusion results from it: *the direction to the transmitter should be approximately* ($\pm 30°$) *perpendicular to geophysical profiles.* This criterion is a basic one for the choice of the transmitting station.

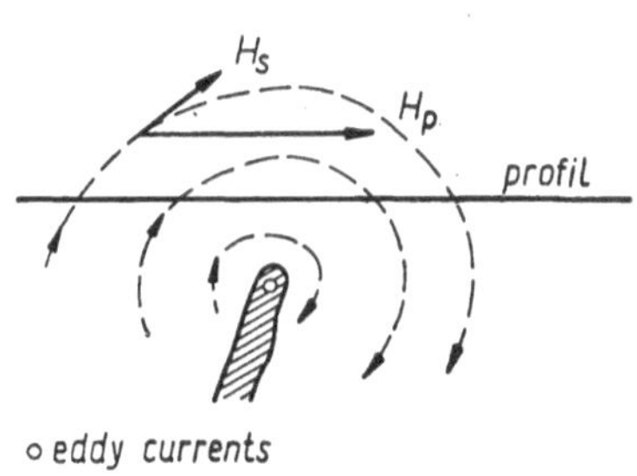

Fig. 2. Structure of the magnetic field above the conductor

Then, the space relation of the primary $\bar{H}$ and the secondary magnetic fields $\bar{H}_s$ on the profile is given by Fig. 2. The secondary field $\bar{H}_s$ is in the phase with concentrated and eddy currents, while concentrated currents are in the phase with the electrical field $\bar{E}$, the phase dependence of eddy currents on the phase of the primary field is complicated and is given by resistivity conditions in the vicinity of the conductor. Therefore, the phase relation of the resultant secondary field $\bar{H}_s$ with the original primary field $\bar{H}$ is so complex that it practically makes the interpretation of out-of-phase (quadrature) components of the secondary field impossible.

So, both vectors $\bar{H}_s$ and $\bar{H}$ are given by the equations:

$$\bar{H} = \bar{H}_0 \cos \omega t,$$

$$\bar{H}_s = \bar{H}_{s_0} \cos (\omega t + \varphi).$$

By summing up both time variable vectors we receive a resultant vector which — as can be proved — circumscribes the ellipse in the space. It can be derived that under certain approximative assumption the parameters of the polarization ellipse are connected with the secondary field by the relations (Fig. 3).

$$\tan \delta = \frac{H_{s_0} \sin \alpha \cos \varphi}{H_0} = Re \frac{H_z}{H_0} \text{ (real part)},$$

$$\frac{b}{a} = \frac{H_{s_0} \sin \alpha \sin \varphi}{H_0} = Im \frac{H_z}{H_0} \text{ (imaginary part)}.$$

δ is the angle of the tilt of the large half-axis of the polarization ellipse,
b/a is the ratio of the half-axes.

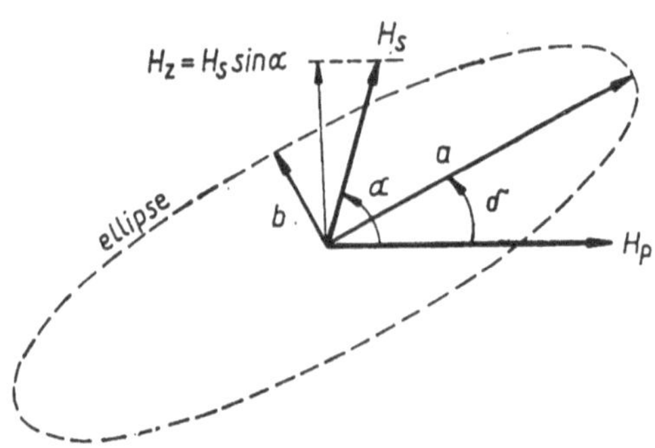

Fig. 3. Polarization ellipse

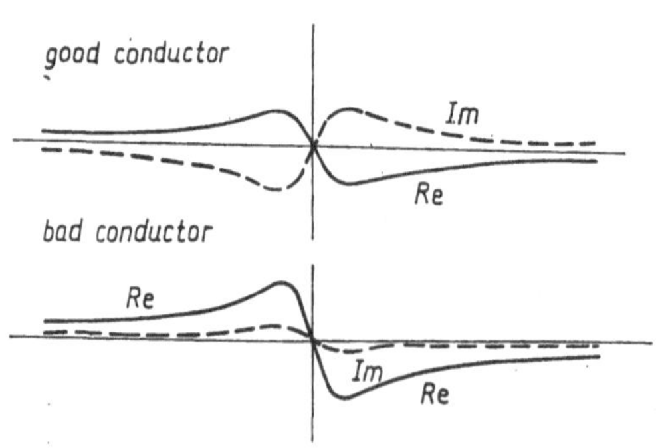

Fig. 4. Character of the anomaly above the conductor

In Fig. 4 typical curves above the conductor are given, relatively in respect to the vicinity good or bad. It can be seen that the real part is always of the same character, only the imaginary part varies. Above the conductor the real part passes through zero with typical extremes (positive and negative) on both sides.

Field measurements

At the present time a great number of apparatuses for measuring various parameters of electromagnetic fields of radio stations are at disposal — in the ground as well as in the airborne versions. These are e.g. the apparatuses of the type EM-16 (producer Geonics Ltd., Canada), RADEM (Crone Ltd.), SCOPAS (Scintrex Ltd.), out of airborne ones e.g. KEM (Mc Phar Ltd.). In the further text the detailed description of the apparatus EM-16 which is used in Czechoslovakia is given.

The apparatus EM-16 is earmarked for measuring the real and the imaginary parts of the vertical component of the magnetic field of transmitting stations working in the VLF band (Fig. 5).

A system of two orthogonal coils fastened to the bottom part of the apparatus serves as a receiving element. The basic position of the reference coil R is essentially horizontal,

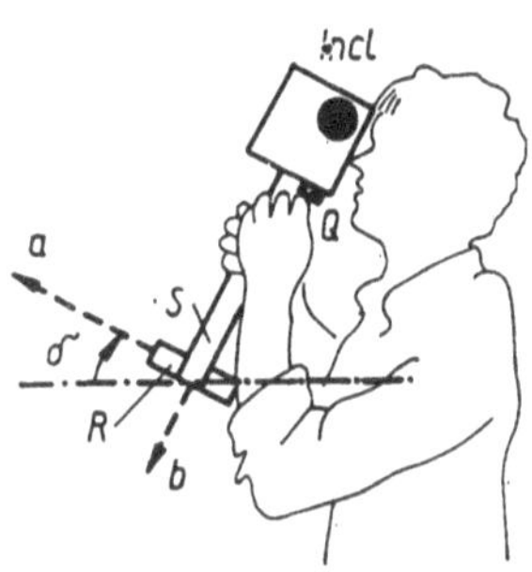

Fig. 5. Measurement with the apparatus EM-16

parallel to the primary field. The signal coil S is perpendicular to the reference one. The signal from the vertical (signal) coil is minimized by leaning the apparatus at the beginning. The remaining signal in this coil is settled to zero by means of a part of the signal from the reference coil, shifted in phase by 90°. This coil is parallel to the primary field. In this case, if the secondary signal is small in comparison with the primary horizontal field, the tangent of the angle of the tilt is directly proportional to the real part of the vertical component H_z and the compensation signal from the reference coil (shifted in phase by 90°) corresponds to the imaginary part H_z. The intensities of the both components are expressend in % of the primary horizontal field.

The zero indication is sonic.

The choice of transmitting stations is made by inserting tuned moduluses for individual transmitters into the apparatus.

The technique of measuring by the apparatus EM-16 is following: The signal coil is identified with the small axis of the polarization ellipse while the reference coil lies in the main axis of the ellipse. The tangent of the angle of the tilt of the signal coil from the vertical defines the real component of H_z, the ratio of the remaining signal in the signal coil and the signal in the reference coil defines the imaginary component of H_z.

The apparatus EDA developed in the national enterprise Geofyzika in Brno works on a similar principle. Comparative measurements with this apparatus were carried out and it was found that by its parameters it corresponds completely to the apparatus EM-16.

While choosing transmitting stations we have to come out of two standpoints: the direction of the primary field and the direction of sought geological structures. The direction of the magnetic field of the transmitting station is approximately perpendicular to the direction to the transmitter. So, such a transmitter is chosen whose primary magnetic field is approximately perpendicular to the direction of sought geological structures. In other words, sought structures should be of the direction approximately to the transmitter. For practical purposes it is sufficient that the direction is in the range $\pm 30°$. Of course, the maximum anomalous response will be in the case when the direction of the structure is perpendicular to the direction of the primary field (maximum induction effect).

It is suitable to situate profiles in the direction of the primary field, i.e. perpendicular to the direction to the transmitter.

Anomalies above conductors

Theoretical curves above various conductors were most often found by simulating. Considering that mostly the real part is interpreted we show the basic regularities by means of this part. Above conductors of various shapes the typical course with passing

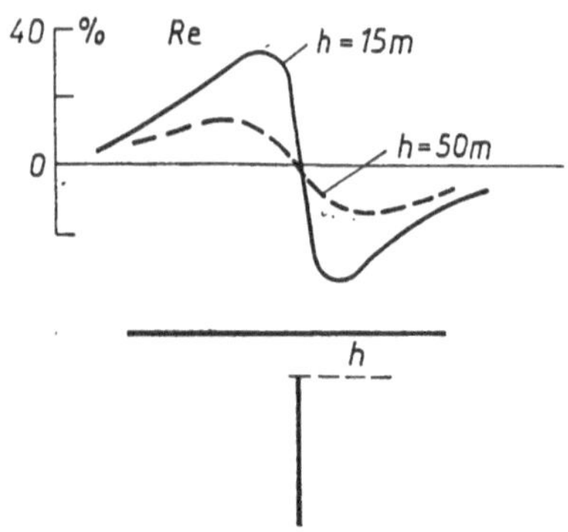

Fig. 6. Effect of the depth of a conductor

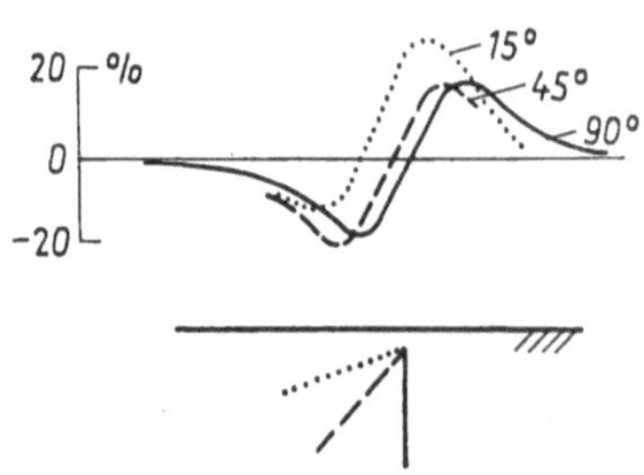

Fig. 7. Effect of the dip of a conductor

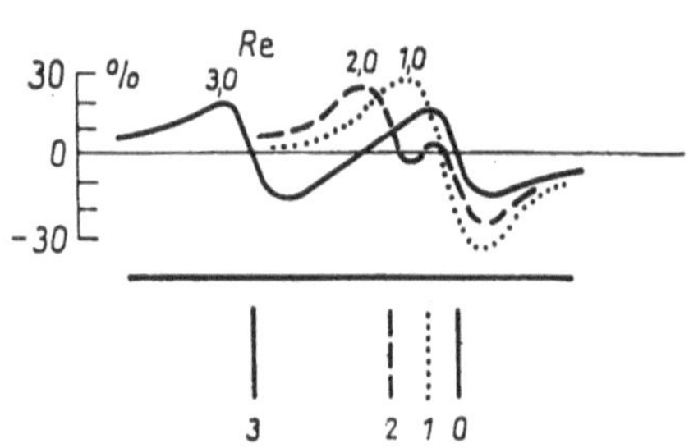

Fig. 8. Two near conductors

zero above a conductor is kept for the real part. The inflexion (maximum gradient) localizes the conductor better, because the normal field may be distorted by distant large conductors.

With the increasing depth the amplitude of the anomaly decreases and the point of extremes go more and more distant (Fig. 6). Above dipping conductors the character of the anomaly as well as its amplitude do not change too much. The inflex point of the curve corresponds to the epicenter of the centroid of the conductor (Fig. 7).

Above two and more conductors roughly the superposition of individual influences occurs. Very near conductors confluence into one thicker conductor in graphs of the real curve, the inflex point lies between the both conductors. While removing conductors it is possible to differenciate them according to curves. Individual inflexions then correspond to individual conductors (Fig. 8).

Practical examples

The contact of two types of rocks can be best found in the case of a tectonic conditioning which is manifested as a conductor. Fig. 9 shows practically measured values from the locality Holštejn where the tectonic contact of the Devonian limestones and the Culm greywackes occurs.

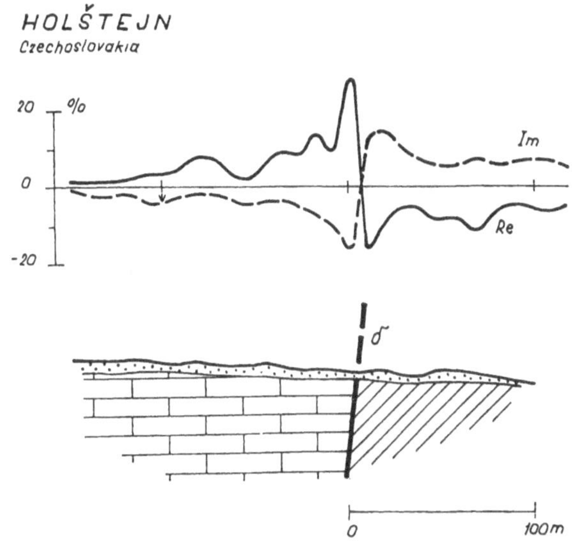

Fig. 9. Curves above the conductive tectonic line

In searching for sulphidic ores deposits the VLF method was successfully incorporated into common methods (resistivity profiling CP, spontaneous polarization method SP, magnetometry ΔT). In all methods the conductor is conspicuously expressed (Fig. 10).

Very often the results of measurement are presented in the form of profiles or maps of real part gradients isolines. We assign the sign to gradient values in such a way that positive anomalies correspond to conductive zones.

D. S. Fraser (1969) uses the relation which corresponds to the smoothed difference of measured values. He calculates gradients according to the relation

$$G_{2,3} = Re_4 + Re_3 - Re_2 - Re_1,$$

where $Re_1, \cdots, Re_4$ are successively measured values of the real part on the profile.

As an example of such elaboration we present the results of measurements on the locality Osikový vrch in the Zlaté Hory ore district (Fig. 11). For comparison the curves of the SLINGRAM method (dipole induction profiling of the ZZ type) are given. The positive anomalies of gradients exactly correspond to conductivity anomalies of SLINGRAM.

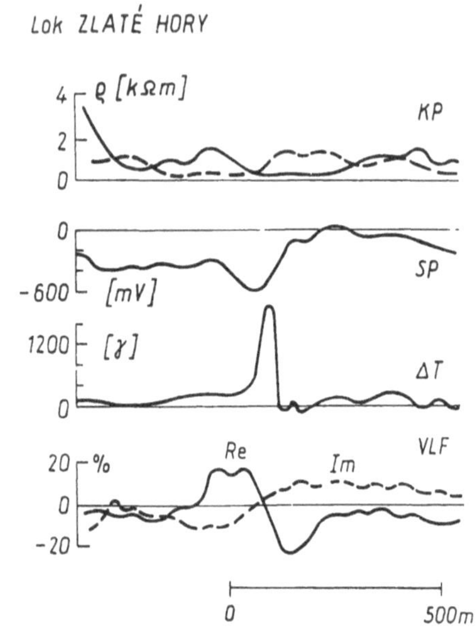

Fig. 10. Curves above the conductive ore body

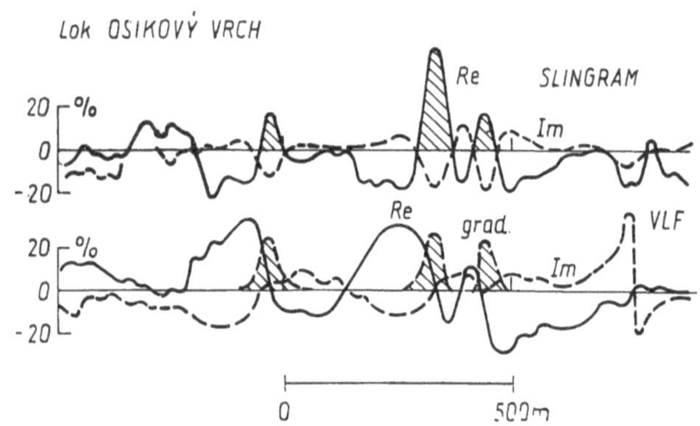

Fig. 11. Comparison of the VLF method and Slingram

The effect of the field relief

In a similar way as in the other electromagnetic methods, also the VLF method is unfavourably influenced by the field relief. So far the effect of the relief has not been analytically solved. The following conclusions resulted from practical measurements and simulating:

1) Positive forms of the relief form indications analogical to indications of conductors, negative forms cause inverse indications.

2) In comparison to indications above conductors indications above the forms of the relief have considerably smaller gradients.

3) The intensity of the topoeffect depends on these factors:

a) overtopping above the neighbouring terrain,

b) the orientation of ridges with respect to the direction of the field,

c) resistivity of rocks.

I have reported the theoretical analytical solution of the effect of the relief on the basis of approximative assumptions:

1) Uneven relief influences the distribution of the electric field.

2) Uniformity of the current density distribution in elevations.

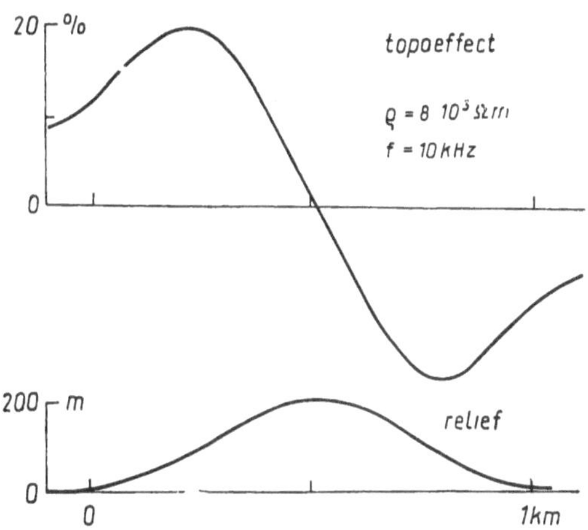

Fig. 12. Theoretical curve of the effect of the relief

Then, the magnetic effect of the current in elevations and depressions that break the horizontal plane model is calculated as the topoeffect.

The effect of some models was calculated. The results fully correspond to model as well as practical curves. In Fig. 12 the calculated effect of a two-dimensional ridge with given parameters is plotted.

After finding the effect of irregular forms of the relief nomograms were constructed. As an example we present the nomogram for the determination of the effect of the relief to the distance of 200 m on each side from the profile (Fig. 13). In Fig. 14 we show the measured values and the calculated effect of the relief on the locality Sobotín in the Hrubý Jeseník Mts. A very conspicuous qualitative and quantitative agreement of both curves can be seen.

The shape of the theoretically plane EM wave is distorted by the relief to such extent that it approximately copies it. The agreement of the shape of the wave front of the EM wave with the relief depends on resistivities of rocks building the terrain. In Fig. 14 the shape of the measured wave front (broken line below) on the same profile is plotted, too.

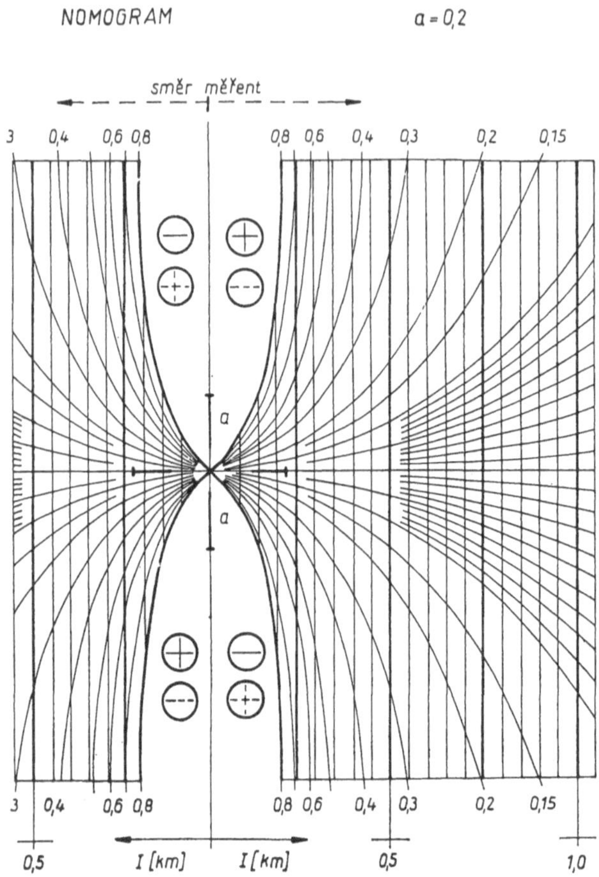

Fig. 13. Nomogram for calculation of the effect of the relief

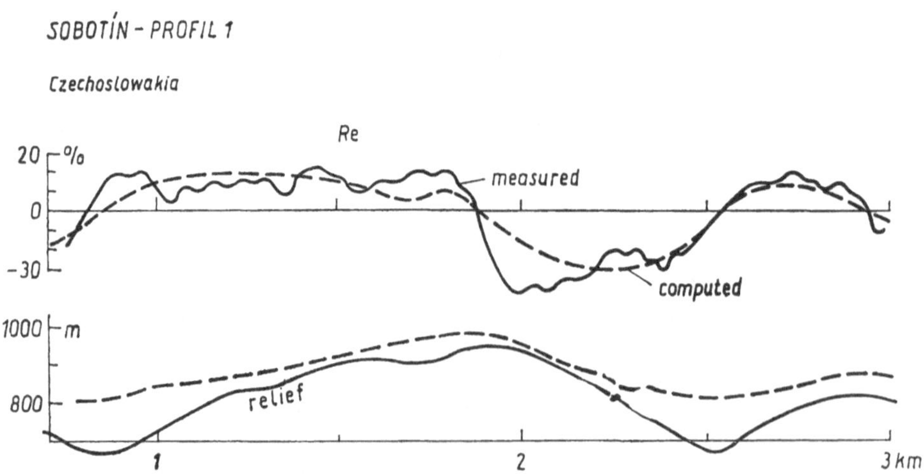

Fig. 14. Practical and theoretical curves above the uneven relief

References

BODARENKO, V. M., Ob efektivnosti sverchdlinnovo varianta metoda radiokip. IVUZ, Geol. i razv., 4 (1969).

GRANT, F. S.; WEAT, G. F., Interpretation Theory in Applied Geophysics. New York 1965.

PATERSON, N. R.; RONKA, V., Five Yers of Surveying with the VLF-EM method. AIMSEG (1969).

TARCHOV, A. G., Osnovy geofizičeskoj razvedki metodom radiokip. Gosgeoltechizdat, Moskva 1962.

Prospects of fyś Geonics, Scintrex, Mc Phar, Crone.

KAROUS, M., Vliv reliefu terénu v metodě VDV, přednáška na Sympoziu o rudní geofyzice v ČSSR. Loučná 1975.

BLÁHA, V., Metoda velmi dlouhých vln, rigorózni práce. PřFUK, Praha 1975.

Geophys. u. Geol. Geophys. d. Veröff. KMU Leipzig Bd. I H. 4 S. 135–141 Berlin 1978

Einige Grundprobleme der Biogeophysik

R. LAUTERBACH[1]

(Vortrag auf dem Symposium „Natürliche und anthropogene Veränderungen geophysikalischer Umweltbedingungen" in Verbindung mit der XI. Tagung der KAPG in Leipzig am 5. April 1976)

Zusammenfassung: Die Biogeophysik als Grenzwissenschaft zwischen Geophysik und Biophysik hat bislang großes Interesse vor allem bei den Biophysikern hervorgerufen. Dies liegt an der Tatsache, daß geophysikalische Felder biologisch wichtige Faktoren sind, die nicht vernachlässigt werden dürfen.

Kosmosforschung und Biometeorologie haben die Frage nach der Verwendung biologischer Reaktionen zum Rückschluß auf die geophysikalischen Ursachen aufgeworfen. Intensive Forschung und Fortschritte auf biophysikalischem wie molekularbiologischem Gebiet lassen dies für bestimmte Probleme als hoffnungsvoll erscheinen.

Das in folgender Arbeit behandelte Beispiel der elektromagnetischen Beeinflussung der Zeitwahrnehmung durch den Menschen zeigt verallgemeinerungsfähige Züge. Die Einwirkung von elektromagnetischen Feldern auf Organismen wird signifikant durch die biophysikalische Methodik nachgewiesen. Die Quellen in der Atmosphäre, im solarterrestrischen Bereich und die lokale Variation der Feldstärke durch die obere Erdkruste lassen sich qualitativ trennen.

Man kann also die Krustenstruktur unter bestimmten günstigen Bedingungen aus biologischen Informationen erforschen, die Wetterphasen klassifizieren und solar-terrestrische Prozesse verfolgen. Umgekehrt wirken die Ergebnisse auf biophysikalische, biologische und medizinische Arbeiten zurück.

Die auf die geschilderte Weise ermittelten Wetterphasen wurden mit Erfolg über Jahre einer chirurgischen Klinik zur Verfügung gestellt, nachdem sie von uns zuvor mit anderen physiologischen Methoden verglichen worden waren. Auch die solare Aktivität beeinflußt z. B. den Blutstatus, die Prothrombinzeit, die Thrombosegefährdung.

Die Variation der Reaktionszeit erhöht im ungünstigen Fall sehr stark die Zahl der Verkehrs- und Arbeitsunfälle (mehr als 50% Steigerung). Problematisch bleibt, ob die weitgehende Abschirmung von natürlichen elektromagnetischen Feldern in manchen Neubauten nicht ein biologisches Handicap bedeutet.

Die magnetische Anomalienfeinstruktur des Straßenbau-Materiales kann bei üblichen Geschwindigkeiten z. B. rund 10 Hz – Wechselfelder im bewegten Fahrzeug hervorrufen, was physiologisch vor allem bei sprunghafter Frequenzänderung als Folge eines Wechsels des Straßenunterbaues wirksam sein kann.

Ziel bleibt die Kartierung magnetischer, elektrischer und elektromagnetischer Felder auch auf biophysikalischem Wege. Eine wenigstens qualitative Aufnahme auf diesem Wege dürfte meist sehr viel billiger sein als konventionelle geophysikalische Methoden, aber doch ebenfalls sehr empfindlich.

[1] Anschrift des Verfassers:

Prof. Dr. sc. nat. R. LAUTERBACH, Sektion Physik, Fachbereich Geophysik der Karl-Marx-Universität Leipzig, 701 Leipzig, Talstraße 35.

Wie zur biologisch-medizinischen Wirkung elektromagnetischer Felder z. B. die Arbeiten von A. S. Presman, Ju. A. Cholodow, Ju. D. Dumanskij, A. M. Serdjuk, I. P. Loss oder A. A. Persinger und Mitautoren zeigen, sind hier zahlreiche geophysikalische Probleme angeschnitten und teilweise interessanten Lösungen zugeführt worden.

R. Wever hat auf die bedeutende biologische Rolle von elektromagnetischen Feldern auf die circadianen Rhythmen hingewiesen. Sie umfaßt auch die Reaktionsfrequenz beim Menschen als Ergebnis sehr komplexer physiologischer Prozesse, die trotzdem signifikant Ursache und Wirkung zu verknüpfen erlauben.

Es ist sehr wahrscheinlich, daß besonders die ELF als Schrittmacher für den Zeitsinn des Menschen anzunehmen ist. Leonow und Lebedew und andere haben hierauf hingewiesen. Der subtile biotrope Faktor wird somit zu einer wichtigen biologischen Existenzstabilisierung.

Damit wird deutlich, worauf auch Chil'mi schon hinwies: der Systemcharakter des Planeten Erde und die enge Verflechtung geo- und biophysikalischer Grundzüge.

Unser Heimatplanet hat, wie die Paläogeophysik zeigt, viele, z. T. extreme Variationen der Umwelt für das Ensemble der biologischen Organismen hervorgebracht. Wir können hieraus für die aktuellen Probleme zweifellos viel lernen. Die Kenntnis über das höchst verflochtene biologisch-geophysikalische System Erde bringt — das zeigt unser Beispiel — die teilweise überraschend bedeutsame Rolle subtiler geophysikalischer Faktoren zutage, die man in Vorbereitung der Raumfahrt des Menschen begonnen hatte eingehend zu untersuchen. Die Ergebnisse zeigen uns Geophysikern zugleich die große Verantwortung auf, die in diesem Zusammenhang bei der Erforschung und Erhaltung auch dieser Umweltfaktoren von phylogenetischen Rang unseren Wissenschaftlern zufällt.

Der Begriff Biogeophysik ist noch weithin unbekannt und ungebräuchlich, obwohl er mindestens von Chil'mi schon 1966 in seiner „Biogeophysik der Wälder" und an anderen Stellen benutzt und definiert wurde. Nicht allein das Wort, das diesen Begriff kennzeichnet, ist der Biogeochemie Vernadskys nachgebildet, sondern auch der Inhalt.

Als B. Gutenberg 1929 in seinem bekannten Lehrbuch der Geophysik des Kapitel Geophysik und Lebewesen verfaßte, da ging es ihm um die prinzipielle Verdeutlichung der Tatsache, daß physikalische Felder und Prozesse der Erde von Einfluß auf Organismen sind.

Chil'mi zeigte bereits die Wechselwirkung zwischen Biosphäre und physikalischer Umgebung auf, also nicht allein einseitig die physikalische Umweltwirkung auf organische Systeme.

Einen Höhepunkt komplexer geophysikalischer und biophysikalischer Forschung erleben wir in der Kosmosforschung. Hier dienen Tier wie Pflanze ausgesprochen als Detektoren bestimmter physikalischer Feldgrößen bzw. als Monitore ihres zeitlichen Ablaufes.

Gemeinsame Arbeiten von Geophysik und Biologie, speziell Biophysik erscheint den meisten Physikern und Geophysikern schon von der Ausbildung her oft als ungewöhnlich oder sogar uneffektiv.

Es ist daher natürlich, daß wie bisher eine biogeophysikalische Arbeitsrichtung abwartend, ja ablehnend aufgenommen wird. Am wenigstens darf man sich als Geophysiker allerdings darüber hinwegtäuschen, daß die Biowissenschaften z. B. im Zeichen der Molekularbiologie, der theoretischen Biologie, der Biokybernetik, wie der hoch spezialisierten Biophysik schon längst zu einer an Exaktheit den physikalischen Wissenschaften, darunter der Geophysik, nicht nachstehenden Gruppe von Disziplinen geworden sind.

Entscheidend ist aber natürlich die Gemeinsamkeit vom Forschungsgegenstand und

Arbeitsziel her. Vielleicht läßt sich dies am besten durch einige einleitende Beispiele verdeutlichen, die in willkürlicher Reihe folgen sollen:

1. Die Evolution der Erdatmosphäre und ihrer physikalischen Eigenschaften wurde sehr weitgehend von der Gesamtheit der Lebewesen bestimmt. Dazu gehört z. B. der ferne Zeitpunkt des Erreichens des Pasteurpegels, damit auch die Möglichkeit zur Ausbildung einer Ozonschicht, u. a. m.
2. Fossilien als Recorder liefern Informationen über die Rotationsgeschwindigkeit der Erde für mehr als 500 Mio Jahre zurück.
3. Der anatomische Bau fossiler Tiere läßt, statistisch ausgewertet, sichere Aussagen über die Intensität des Schwerefeldes der Erde in ihrer Vergangenheit zu und damit über das Problem der hinsichtlich ihrer Dimensionen und ihrer Schwerkraft konstanten bzw. positiv oder negativ veränderlichen Erde.
4. Über die chemische Feinstruktur in Kalkschalen fossiler wie rezenter Tiere erhalten wir detaillierte Kenntnisse über die Paläotemperaturverteilung in den früheren Ozeanen, auch der jüngsten Vergangenheit (mit Hilfe der $^{16}O/^{18}O$-Isotopenverteilung).
5. Fossile Tiere (von uns untersucht z. B. an einer Reihe von Ichthyosauriern) geben auch einen Integralwert über die Konzentration derjenigen Radionuklide ihrer marinen Umgebung, die biologisch akkumuliert werden können. Die zeitlich wie räumlich übergreifende Mittelbildung des Tieres ergänzt als Aussage die Analyse sedimentärer Einzelproben.
6. Kolonien bildende Organismen-Gemeinschaften (wie die Blaualgen-Polypen-Kolonien, die sog. Stromatolithen) erlauben den Einfluß der Gezeiten, speziell die Periode des Mondumlaufes auch für Zeitbereiche vor über 500 Mio Jahren festzustellen. Sie sind hier eindeutig unsere einzige geophysikalische Informationsquelle.
7. Zyklen und Rhythmen solarer Aktivität haben sich über die Kanäle solar-terrestrischer Wechselwirkung besonders im Pflanzenwachstum niedergeschlagen. Diese Informationen zeigen uns eine über 500 Mio Jahre zurückreichende Konstanz der solaren Perioden. Ohne die Nutzung biologischer Recorder hätten wir hierzu keine, bzw. nur hypothetische Vorstellungen.

Diese Reihe ließe sich noch fortsetzen. Sie zeigt die Rolle fossiler Tiere und Pflanzen bei der Registrierung geophysikalischer Felder und Zustände der Paläoerde. Es ergibt sich, daß die Rotationsgeschwindigkeit seit 570 Mio Jahren nur um etwa 10% abgenommen hat. Sie zeigt ferner, daß die Erde in diesem Zeitraum etwa gleichbleibende Dimensionen hatte, sie weist auch auf anderen Gebieten relativ konservative Züge auf. Dies sind in den meisten Fällen nicht nur Hinweise, sondern statistisch signifikante Nachweise der Änderung oder Konstanz bestimmter Parameter geophysikalischer Natur.

Auch das Problem des Auftretens von Massen primitiver blaualgenähnlicher Organismen auf der Erde von vor über 3,5 Mio Jahren an ist theoretisch in Einklang zu bringen mit dem Grundproblem der Bildung des Erdkernes, der Ausbildung eines magnetischen Hauptfeldes und damit der den Sonnenwind abschirmenden Magnetosphäre. Ohne diesen Schutzschirm wäre eine biologische Entwicklung schwer möglich gewesen. Geophysikalische Theorie und paläontologische Beobachtungen führen zu einer befriedigenden Zeitfolge von geophysikalischer Ursache und biologischer Wirkung.

Speziell durch mikropaläontologische, biogeochemische und isotopenphysikalische Untersuchungen sind die Informationen aus dem Kreis fossiler Tiere und Pflanzen so intensiv aufbereitet und zugleich erweitert worden, daß sie für die Geophysik der Paläoerde eine grundlegende, i. a. signifikante und klare Aussage liefern.

Ist dies also für die Paläoerde klar erwiesen, so bleibt die Frage offen, wie dieses gleiche Problem für die Gegenwart zu beurteilen ist. Auch hier sollen einige Beispiele herangezogen werden:

1. Biologische Systeme werden in Zusammenhang mit der Kosmosforschung neben mehreren anderen Zielstellungen auch zur Untersuchung der Wechselwirkung mit physikalischen Feldern benutzt, vor allem von elektromagnetischen und Korpuskularstrahlungen. Die selektive Empfindlichkeit für einzelne Parameter, deren Intensität oder Frequenzspektrum soweit erforscht ist, daß man hier direkt von biologischen Sonden sprechen kann, die Aussagen über Vorhandensein und Art bestimmter physikalischer Parameter liefern.
2. Die elektromagnetische Strahlung der Atmosphäre im VLF- und ELF-Bereich von verschiedenen Quellen konnte bereits durch Mikroorganismen über längere Zeiträume biologisch registriert werden. Unter stationären Bedingungen ergibt sich hieraus i. a. kein technischer Vorteil, wohl aber gilt dies für spezielle mobile Einsätze.
3. Die biologischen Rhythmen, die nach Meinung führender Physiologen eine phylogenetisch entstandene Widerspiegelung geophysikalischer Rhythmen und Zyklen darstellen, werden durch mehrere geophysikalische Feldgrößen entscheidend beeinflußt, vor allem durch extrem niederfrequente elektromagnetische Felder. Da diese in Wechselwirkung von Magnetosphäre und Ionosphäre, ferner von der Troposphäre mit breitem Spektrum erzeugt werden, ist die biologische Anpassung in Frequenzverteilung und Intensität an den Normalzustand gegeben. Jede Abweichung hiervon führt zu erheblichen organismischen Störungen, besonders auch, wenn eine Intensitätsänderung, ausgelöst durch die Leitfähigkeitsverteilung der oberen Erdkruste, hinzukommt. Damit ergeben sich biologische Konsequenzen, z. B. auch auf dem Gebiet der Arbeits- oder Verkehrsmedizin, aber auch geophysikalische Indikationen, die für biometeorologische wie angewandt-geophysikalische Zwecke genutzt werden können. Am längsten bearbeitet werden die Probleme der Bioklimatologie und Biometeorologie, deren klassische Darstellung DE RUDDER oder TSCHICHEWSKIJ vornahm oder die nach der medizinischen Seite hin TROMP zusammenfassend darstellte. Auch die biologische Wirkung von Wässern, Gewässern, aquatischen Systemen bis hin zu den Ozeanen ist ausführlich untersucht worden (Balneologie, Biologie aquatischer Systeme).

Eine besonders gründliche Bearbeitung findet seit einiger Zeit die biologische Wirkung elektromagnetischer Wellen.

— Nach Ansicht von Physiologen greifen geophysikalische Faktoren in Regulations- und Adaptionsprozesse von Organismen mit und ohne Homoeostase (konstantem inneren Milieu) ein. Das Regelsystem besteht im wesentlichen aus dem vegetativem Nervensystem, dem hormonalen System mit zugehörigen Steuerzentren, die vielfache Beziehungen zum übrigen Zentralnervensystem, auch zum Cortex haben (z. B. über den Hypothalamus als Zentrale des vegetativen Nervensystems). Sie wirken aber auch auf zelluläre Prozesse direkt ein (Magnetfeld und Protonenresonanz, harte Strahlung und Zellstruktur, VLF uit ELF und elektrophysiologisches Zellgeschehen usw.).

— Die bisher dominierende Betrachtungsweise ist die der Untersuchung der Einflüsse des komplexen Systems „geophysikalische Umwelt“ auf das hierarchische System Organismus. Geophysikalische biotrope Faktoren sind z. B. Temperatur, Luftfeuchte, Luftbewegung, Luftdruck, Strahlungsenergie, Schwerkraft, mechanische Schwingungen, Ionenspektrum, magnetische, elektrische und elektromagnetische Felder.

Für die Biogeophysik ist es nicht nur eine zweifellos vielfältig aktuelle Aufgabe, diese Geofaktoren mit biologischer Bedeutung (etwa im Sinne von GUTENGERG, TSCHISHEVSKIJ, DE RUDDER u.a.) zu untersuchen, sondern entsprechend den kosmobiophysikalischen Forschungsmethoden auch zu versuchen, biologische Systeme als physikalische Detektoren und Monitore einzusetzen, wie dies in der Paläogeophysik hinsichtlich der Einbeziehung von recording fossils, aufzeichnenden Fossilien mit ihren Informationen geschieht.

Im allgemeinsten Sinne ist Biogeophysik zu verstehen als eine Geophysik der Biosphäre, des biosphärischen Raumes, wobei auch chemische biogene Faktoren von geophysikalischer Bedeutung mit zu beachten sind. Integriert sind zwangsläufig die Forschungsmethoden und Ergebnisse biophysikalischer Arbeit bei der Untersuchung der biologischen Ein- und Auswirkung geophysikalischer Felder und Prozesse.

Eine besondere Potenz biogeophysikalischer Forschung ist noch wenig beachtet worden, die Möglichkeit nämlich, bestimmte geophysikalische Teilprobleme durch zusätzliche oder alleinige biologische Untersuchungsstrecken rascher einer Lösung zuzuführen. So wird zum Beispiel im geoelektromagnetischen Frequenzspektrum durch physiologische einfache Methoden der Biorhythmik, ausgeführt von Probanden, ein besonderer Akzent auf die weniger beachteten Frequenzen um 10^0 und 10^1 Hz gesetzt. Magnetotellurische Effekte an Tiefenbrüchen (im Bereich versalzener, besonders gut leitender Schichten im Hangenden des Zechsteinsalzes) in bis 3 km Tiefe können angesichts der erforderlichen elektromagnetischen Eindringtiefe nur auf diesen Frequenzen beruhen. Nicht nur die VLF-Frequenzen um 1 kHz bis 50 kHz sind also physiologisch wirksam, sondern vor allem die im Bereich extrem niedriger Frequenzen (ELF) liegenden Hauptmoden der SCHUMANN-Resonanzen. Daß sich hierbei zudem ein sehr billiges und schnelles quantitatives Mittel zum Nachweis von tektonischen Bruchstörungen der oberen Kruste abzeichnet, sei nur am Rande erwähnt.

Für Varianten in den Lösungsansätzen geophysikalischer Fragen lassen sich nicht selten auf biologischem Wege Wegweiser für die weitere rein geophysikalische Bearbeitung aufstellen. Gelegentlich gelingt es sogar, Teilergebnisse konkreter Natur aus diesen Zwischenabschnitten für das engere geophysikalische Forschungsziel abzuleiten.

Biogeophysikalische Arbeit ist und bleibt sicher noch für lange Zeit Grenzgebietsforschung und damit auch psychologisch nicht unkompliziert. Dies ist in Grenzregionen aber fast die Regel, wo die Anlieger der etablierten Disziplinen Aktivitäten mit Skepsis verfolgen und einerseits als Übergriffe, andererseits als Abseitigkeiten werten.

Teilgebiete dieser Grenzgebietsdisziplin haben zwischen Geophysik, Meteorologie oder Klimatologie auf der einen und Biologie oder Medizin auf der anderen Seite bereits ihre diesbezüglichen Erfahrungen sammeln können. Dies gilt für die Bioklimatologie wie die Biometeorologie aber auch für die biologische Wirkung schwacher physikalischer Felder wie z. B. das Erdmagnetfeld, elektromagnetische Felder der Erde, aber auch seismische oder geothermische Effekte. Nur die wirklich starken biotropen Faktoren sind unumstritten, z. T. aber für Geophysiker weniger interessant, wie die physiologische Wirkung des Schwerefeldes oder die Wirkung radioaktiver Strahlungen.

Es darf auch nicht unerwähnt bleiben, daß sowohl von biologischer als auch medizinischer Seite wie vom geophysikalischen Standpunkt aus gelegentlich Zweifel an der Existenzberechtigung einer solchen Arbeitsrichtung vorgebracht werden. Vor allem wird auf die Komplexität und infolgedessen Labilität der Wechselbeziehungen von Organismen und physikalischen Feldern hingewiesen. Es wird gesagt, daß biologische Systeme zu eindeutigen, reproduzierbaren Reaktionen nicht fähig seien oder daß viel zu viel Faktoren auf sie gleichzeitig einwirkten, so daß es immer unsicher bleibe, ob ein Ergebnis mit bezug auf ein oder zwei definierte biotrope Faktoren relevant sei. Dem muß entgegengehalten werden, daß es gerade die Aufgabe dieser wissenschaftlichen Grenzgebietsarbeit ist, solche Versuchsbedingungen zu garantieren, daß ähnlich gut reproduzierbare Ergebnisse möglich sind wie dies in der Kosmosforschung, aber auch bei biophysikalischen Arbeiten prinzipiell sehr wohl als gegeben festgestellt wurde.

Hinzu kommt, daß der Mensch als Ziel geotroper Einflüsse wohl anfänglich der vielseitigste und an besondere Bedingungen rasch anpaßbare Proband ist, daß aber — wie sich in der Raumforschung und im Einzelfall auch in der Meteorologie zeigte — statistische Kollektive niederer Organismen mit einer der Aufgabe optimal genügenden Sensibilität einen sehr zuverlässigen Mittelwert der Reaktionsintensität auf eine physikalische Feldgröße liefern können. Hier fallen alle individuellen Besonderheiten des Einzelorganismus heraus. In Anlehnung an die biokosmophysikalischen Arbeiten ist und bleibt das Ziel die Entwicklung spezieller biologischer Detektoren mit den eben genannten Eigenschaften.

Die Raumforschung muß in erster Linie die biologischen Reaktionen auf die Bedingungen des Raumes untersuchen, d. h. bei Wegfall der geophysikalischen Felder mit Einschluß ihrer irdischen Zeitvariation und unter dem Einfluß der kosmophysikalischen Randbedingungen, z. B. der durchdringenden Strahlungen. Dabei spielt der Wegfall der Potentialfelder der Erde, des elektromagnetischen Feldes, der elektromagnetischen Strahlungen eine besondere Rolle in den Untersuchungen. Physiologisch ist dabei in mehreren Fällen auch die rhythmsiche wie irreguläre Änderung einzelner Parameter als bedeutsam erkannt worden deren Fehlen der Organismus schwer kompensiert. Dies liegt nach Meinung führender Biologen und Mediziner vor allem an der phylogenetisch sehr langen Zeitspanne der Herausentwicklung einer Anpassung der Lebewesen auf der Erde an bestimmte physikalische Felder und ihre Änderungen. Es besteht darüberhinaus der begründete Verdacht, daß der Organismus bestimmte regelmäßige Feldänderungen geophysikalischer Natur aufgenommen hat und zur inneren Organisation und Funktion verwendet, bei elektrischen und elektromagnetischen Feldern teilweise sogar mit gleicher Rhythmik selbst produziert.

Zur Illustration könnten aus der Fülle des vorliegenden Materiales interessante Beispiele von verschiedenen Bereichen herangezogen werden. So z. B. aus dem Gebiet der Biometeorologie und Bioklimatologie oder von der Wirkung magnetischer Felder auf Organismen (z. B. Magnetotropismus). Auch das mikroseismische Periodensystem liefert Beziehungen zur Seismoästhesie oder den ROHRACHERschen Mikropulsationen aller Warmblüter. Besonders interessant ist das elektromagnetische Erdfeld, weil es Informationen mittels biologischer Systeme sowohl über die Atmosphäre wie über die Erdkruste gibt. Außerdem sind durch umfangreiche Arbeiten der Raumfahrtbiologie (in der UdSSR wie seitens der NASA) die möglichen Wirkungsmechanismen vor allem im

Bereich der Zellmembranen weitgehend geklärt worden. Durch mehrjährige eigene Versuche wurde festgestellt, daß die extrem langen Wellen (ELF) geophysikalisch ebenso interessant sind wie die VLF der Atmospherics.

Zwischen Zeitsinn (time perception) und Wetterphase besteht ein guter, signifikanter Zusammenhang, wie zwischen Wetterphase und ELF sowie VLF eine strenge Korrelation bereits nachgewiesen wurde.

Beim Menschen als Probanden läßt sich der Einfluß der VLF-Wellen reduzieren, wenn eine Faraday-Abschirmung von Kopf und z. T. Oberkörper vorgenommen wird.

Es besteht ferner eine Korrelation zwischen Zeitwahrnehmung und elektrischer Leitfähigkeit der oberen Erdkruste. Dies ist nur für ELF, nicht für VLF möglich (wegen der erforderlichen elektromagnetischen Eindringtiefe).

Ein Beispiel der praktischen Anwendung dieser Methodik in ihrem Versuchsstadium auf die Exploration eines Tiefenbruches der Erdkruste in komplexer Erkundung gemeinsam mit Seismik, Gravimetrie, Radiometrie und Radiowellenpeilung (Radiokip) zeigt die folgende Arbeit von Lauterbach und Reincke.

Geophys. u. Geol. Geophys. Veröff. d. KMU Leipzig Bd. I H. 4 S. 143–151 Berlin 1978

Nachweis des Rostock-Gramzower Tiefenbruches mit Hilfe einer der Kosmosforschung entlehnten biologischen Methode

R. LAUTERBACH und A. REINCKE[1]

Zusammenfassung: Elektromagnetische Felder im VLF- und ELF-Bereich sind von signifikanter biologischer Wirkung, wie besonders spezifiziert durch die Kosmosforschung, vor allem die Raumfahrtmedizin und -physiologie, nachgewiesen wurde. Die Wirkung dieser Felder auf Organismen hängt nicht nur von der Feldstärke, sondern auch von der Ausbildung der Signale ab. ELF-frequente Felder erzeugt der Hohlraumresonator Ionosphäre—feste Erde ständig im planetaren Maßstab (SCHUMANN-Resonanz), VLF-frequente Strahlungen produziert in Abhängigkeit von der Wetterlage variabel die Troposphäre. Der Einfluß dieser Zeitvariation auf den Menschen wurde mit Hilfe des Zeitsinnes, des menschlichen Zeitwahrnehmungsvermögens (time perception, TP) über mehrere Jahre mittels mehrerer Probanden nachgewiesen. Der Zusammenhang ist sehr eng. Hierbei wie bei der Untersuchung der Ortsvariation wurde die von den Kosmonauten A. A. LEONOW und G. S. TITOW praktizierte Methode der Produktion eines 20-s-Intervalles verwendet. Die damit klar erfaßten elektromagnetischen Anomalien hängen auch mit tektonischen Störungen zusammen wie dem Rostock-Gramzower Tiefenbruch. Eine Abschätzung zeigt, daß hier ELF-Felder hinsichtlich der biologischen Wirkung dominieren. Es handelt sich um eine der schnellsten und billigsten Nachweismethoden für elektromagnetische ELF-Felder und ihre Variationen.

Die Raumfahrtphysiologie (vgl. z. B. LEONOW und LEBEDEW, 1968) hat sich besonders intensiv mit dem Problem der richtigen Wahrnehmung von Raum und Zeit durch den Menschen befaßt. Sie hat auch die geophysikalischen Felder auf ihren diesbezüglichen Einfluß untersucht und besonders die biologischen Konsequenzen ihres Wegfalls im extraterrestrischen Raum. Die meisten Biologen und Mediziner sind zu der Ansicht gekommen, daß dieses richtige „Gefühl" für Raum und Zeit eine bedeutende Qualität ist, die im Laufe einer langen Evolution unter spezifisch irdischen Bedingungen erworben wurde. Die Zeitwahrnehmung (time perception, TP) ist zugleich eine grundlegende psychologische Funktion des Menschen, die physiologisch vielfältig gesteuert und beeinflußt wird.

PÖPPEL und GIEDKE (1970) haben bei der Analyse der täglichen Variation der TP (Zeitwahrnehmung) sehr wahrscheinlich gemacht, daß diese nicht eine passive Reaktion des Menschen auf äußere Zeitgeber ist, sondern daß sie eine endogene Ursache hat, die sicher relativ komplexer Natur ist. Von vielen maßgeblichen Autoren wird aber zudem ein äußerer Synchronisator angenommen, der vielfach in einem elektromagnetischen ELF Feld vermutet wird (SCHUMANN-Resonanz z. B.).

Die Wahrnehmung der Zeit kann auf ganz verschiedene Art erfolgen, so auf akusti-

[1] Anschriften der Verfasser:

Prof. Dr. sc. nat. R. LAUTERBACH, Sektion Physik, Fachbereich Geophysik der Karl-Marx-Universität, 701 Leipzig, Talstr. 35;

Dr. med. A. REINCKE, 2551 Dummerstorf, Postfach 191.

schem, optischem oder taktilem Wege. Zur Testung des Zeitsinns wird sehr oft die Methode der Abzählung (Produktion) von bestimmten Zeitintervallen benutzt, wobei äußerste Konzentration und nach unseren Erfahrungen auch ein cerebraler α-Rhythmus (Konzentration bei geschlossenen Augen) vorausgesetzt werden müssen. Daneben gibt es u. a. auch die Methode, ein optisch oder akustisch vorgegebenes bestimmtes Zeitintervall zu wiederholen (reproduzieren).

Mit den geophysikalischen wie physiologischen Grundlagen haben sich vor allem Kosmonauten und Raumfahrtmediziner befaßt (vgl. z. B. Leonow und Lebedew,

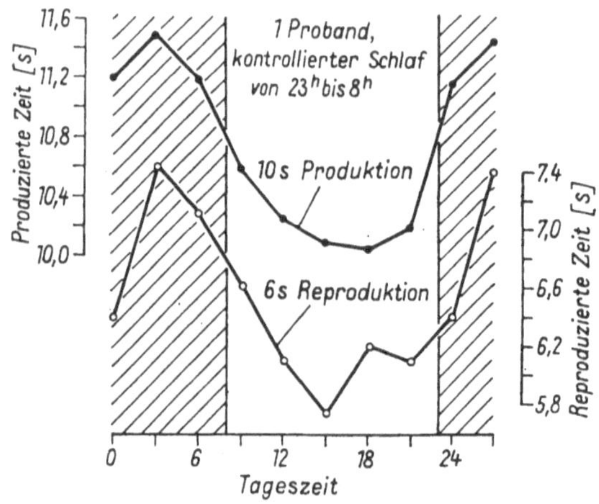

Abb. 1. Vergleich der täglichen Variation des Zeitwahrnehmungsvermögens (time perception, TP), ermittelt mit zwei Methoden.

Oben: 10-s-Produktion, d. h. Abzählen eines 10-s-Intervalles, das zusätzlich vom Probanden durch ein akustisches Zeichen signalisiert wird.

Unten: 6-s-Reproduktion, d. h. Vorgabe eines Zeitintervalles (dessen Dauer der Experimentator festlegt) mittels eines akustischen Zeichens und möglichst genaues Nachvollziehen durch den Probanden nach einer Pause von 1 s.

Der Proband lebte sechs Tage lang in einem isolierten Raum unter Kontrolle (nachts wurde er alle drei Stunden geweckt).

Nach H. Pöppel und H. Giedke (1970)

1968). Die Reaktionen des Menschen und seines Nervensystems auf elektromagnetische Felder ist so vielfältig untersucht worden und hat so bemerkenswerte Ergebnisse erbracht, daß es Wunder nimmt, wie wenig diese Resultate von geophysikalischer Seite registriert worden sind. Aus dem Kreis vieler Autoren seien u. a. nur erwähnt Cholodow, Dumanskij, Los, Serdjuk und ganz besonders A. S. Presman (Moskau) mit vielen Arbeiten, darunter Presman, 1970. Grundlegende Mitteilungen hierzu (u. a. aus dem NASA-Bereich) stammen von Presinger (1974) mit zahlreichen Mitautoren und von Llaurado, Sances jun. und Battocletti (1974) innerhalb der zitierten Sammelwerke.

Nochmals zurück zu den Testverfahren. Abb. 1 zeigt nach Pöppel znd Giedke (1970) den Vergleich der produzierenden (kognitiven) und reproduzierenden (nichtkognitiven) Verfahrensweisen bei der Untersuchung des Tagesganges der Zeitwahrnehmung (TP). Man erkennt etwa analoge Resultate für die 10-s-Produktion und die nichtkognitive Methode der 6-s-Reproduktion. Man erkennt vor allem eine deutliche Verlangsamung in der Nacht (wobei der Nachtschlaf für die Messung jeweils unterbrochen wird; ohne Nachtschlaf ist der Gang sehr viel ausgeglichener).

Nun hat Lauterbach (1973, 1975 und 1976) gezeigt, daß die TP 20 (Zeitwahrnehmung für ein produziertes 20-s-Intervall) Variationen unterworfen ist, die signifikante Beziehungen zu den sog. Wetterphasen, der Sonnenaktivität, dem erdmagnetischen Feld und anderen geophysikalischen Parametern erkennen lassen. Reiter (1960) hatte bereits auf Zusammenhänge zwischen Wetterphasen und Reaktionszeit auf Grund umfangreicher eigener Untersuchungen hingewiesen und auf die Konsequenzen für das Arbeits- und Verkehrsunfallgeschehen aufmerksam gemacht. Dies gilt auch für Zusammenhänge zwischen Reaktionszeit und chromosphärischen Eruptionen der Sonne auf Grund von Arbeiten nach Berg, Düll und Martini (für Betriebsunfälle unter Tage), ebenfalls bei Reiter (1960).

Unser Gedankengang ist daher folgender gewesen: Die sowjetischen Kosmonauten haben im Training auf der Erde und im Weltraum den Einfluß elektromagnetischer und magnetischer Felder auf die Geschwindigkeit der menschlichen Zeitwahrnehmung

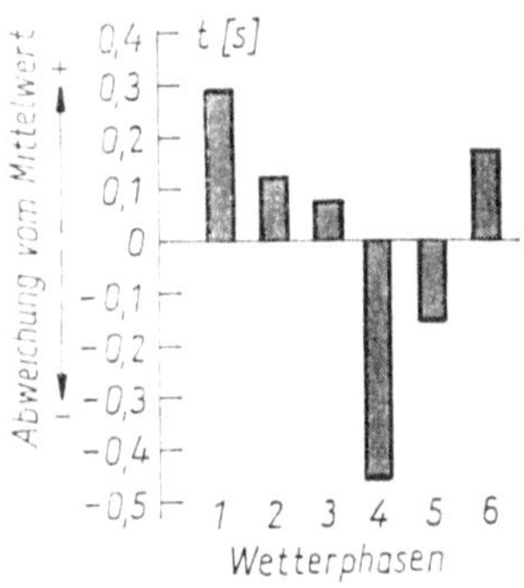

Abb. 2. Veränderung der Zeitwahrnehmung (TP) des Menschen durch die Wetterlage. Zeitwahrnehmung als Funktion der Wetterphasen (Abweichung in Sekunden vom langjährigen Mittelwert). Die Wetterphasen 1, 2 und 3 bedeuten Schönwetter, Wetterphasen 4 und 5 Schlechtwetter und Wetterphase 6 Erholung nach Störungsdurchzug und Übergang zu Schönwetter

sicher nachgewiesen. Die Zeitwahrnehmung des Menschen (wie übrigens auch von Versuchstieren) hängt auf der Erde von mehreren Faktoren ab, die endogener wie exogener Natur sind. Zu den wichtigsten endogenen Faktoren gehört der circadiane Rhythmus des Menschen. Zu den wichtigsten exogenen Einflüssen ist die elektromagnetische VLF-Strahlung der Atmosphäre in Abhängigkeit von der Wetterlage zu rechnen. Daher konnten verschiedene Autoren, darunter Lauterbach (1973, 1975, 1976), die signifikanten Beziehungen zwischen Wetterphase und Geschwindigkeit der Zeitwahrnehmung aufzeigen. Die atmosphärische VLF-Strahlung (Infralangwellen, Atmospherics, Sferics) im Bereich von 3 kHz bis 30 kHz verändern die Geschwindigkeit der Zeitwahrnehmung bis zu 8%, was ein geübter Proband leicht feststellen kann. Die Einarbeitung erfordert allerdings zur Herausbildung der bedingten Reflexe etwa drei Monate, wenn täglich zur gleichen Zeit (Ausschaltung des Tagesganges!) unter gleichen Beleuchtungs- und Temperaturverhältnissen eine Messung (20mal Messung eines produzierten 20-s-Intervalles mittels mehrerer Stopuhren; Blindmessung!) vorgenommen wird. Ein Beispiel zeigt Abb. 2: Wetterphase 1, 2 und 3 bedeutet Schönwetter (allmählich abbauend). Wetterphase 4 entspricht dem Durchzug einer Störung, 5 dem Zustand danach und 6 eintretende Wetterberuhigung.

Diese inzwischen über sechs Jahre geführte Reihe zeigt die Veränderung der TP mit rund 1,5 s auf 20 s Zählzeit.

Hier dürften wahrscheinlich zugleich Zusammenhänge aufgedeckt sein, die auch die Mechanismen der sog. „Wetterfühligkeit“ des Menschen betreffen. Besonders hervorzuheben ist die Beschleunigung der Zeitwahrnehmung bei der Wetterphase 4, die frühzeitig auch im medizinischen Bereich durch gehäuftes Krankheitsgeschehen, Operationszwischenfälle u. a. auffiel, wie z. B. Assmann (1963), de Rudder (1952), Maurer und Bernett (1966) u. a. feststellten.

Die Intensität der Infralangwellen an der Erdoberfläche hängt bekanntlich auch von der elektrischen Leitfähigkeit der oberen Erdkruste ab. Lauterbach (1973, 1976a) hatte daher bereits die Frage gestellt, ob nicht auch die zu erwartenden Ortsvariationen des VLF- und ELF-Feldes der Erde einen Einfluß auf die TP des Menschen haben, ebenso wie die witterungsbedingten Zeitvariationen. Es war a priori zu erwarten, daß die räumlich nebeneinander auftretenden Intensitätsunterschiede sich genauso äußern würden wie die zeitliche Abfolge. Zu diesem Zweck wurden unter besonders günstigen Bedingungen (Ungestörtheit, Konzentration, Ruhe) wie üblich je etwa 20 Messungen

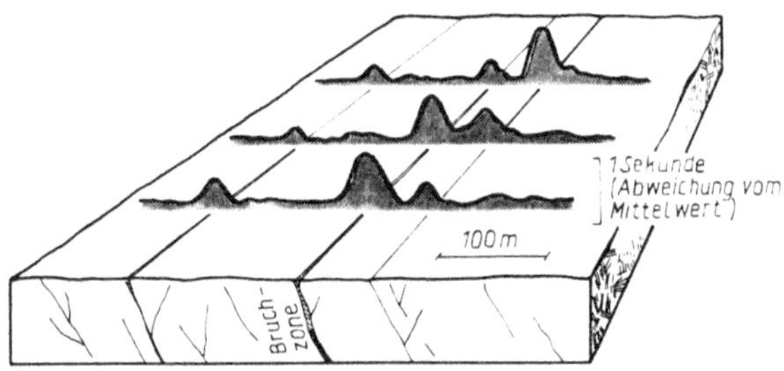

Abb. 3. Veränderung der Zeitwahrnehmung des Menschen längs Profilen über eine Schar tektonischer Störungen (Brüche in der obersten Erdkruste) hinweg. Gebiet nahe dem Nordrand des Thüringer Waldes

über je 20 s Zählzeit (TP 20) pro Produkt durchgeführt. Als Versuchsobjekte zog Lauterbach zunächst vorzugsweise oberflächliche oder oberflächennahe tektonische Störungszonen heran, von denen bekannt war, daß die geoelektrisch ermittelten scheinbaren spezifischen Widerstände im Bruchbereich erheblich niedriger lagen als außerhalb. Das Ergebnis war positiv (Abb. 3). Über den Bruchzonen nahm die Zähldauer für die 20-s-Intervalle signifikant zu (rund 1 s auf 20 s).

Damit tauchte nun die Frage auf, ob auch eine ähnliche Veränderung der TP über einem Tiefenbruch stattfindet oder nicht. Gleich stellte sich eine Alternativfrage zur biologisch wirksamen Frequenz: Positiver Ausgang des Experiments war nur zu erwarten, wenn die Effekte im niederfrequenten ELF-Bereich zu suchen sind. Im anderen Fall würde die Wirkungstiefe nicht ausreichen und nur oberflächennahe Teile der Störung wären nachweisbar.

Um den Versuch besonders günstig und beweiskräftig zu gestalten, suchten wir nach einem Tiefenbruch, der in annehmbarer Tiefe auch noch den Zechstein mit Salzführung durchsetzte, so daß in diesem Bereiche mit einiger Wahrscheinlichkeit elektrisch gut leitfähige Lösungen zu suchen sein müßten. Eine Indikation (im Sinne einer Verlängerung der Zählzeiten) wie bei den flachen Brüchen, könnte dann auftreten, wenn die

Tiefe der Störquelle einige km beträgt und damit eine Frequenz von $10^0 \cdots 10^1$ Hz der Informationsüberträger wäre, wie folgende Tabelle zeigt:

Tabelle 1. Eindringtiefe eines elektromagnetischen Feldes in eine elektrisch homogene Erdkruste:

	ELF:	10^0 Hz	10^1 Hz	10^2 Hz	VLF:	10^3 Hz	10^4 Hz
Widerstand 100 Ω · m	*5000* m	1600 m	500 m			160 m	50 m
Widerstand 1000 Ω · m	16000 m	*5000* m	1600 m			500 m	160 m

Als Objekt unserer Wahl bot sich der gut untersuchte Rostock-Gramzower Tiefenbruch an (vgl. Abb. 4 nach Hurtig, Oesberg, Ritter, Grünthal und Jacobs (1975)). Der Bruch bildet eine Stufe im Untergrund der Norddeutsch-Polnischen Senke mit starken horizontalen Leitfähigkeitsunterschieden. Die Anomalienkurven darüber stellen die Z-Komponente der elektromagnetischen Anomalie (Z_{norm}) und den Wärmefluß (q) dar.

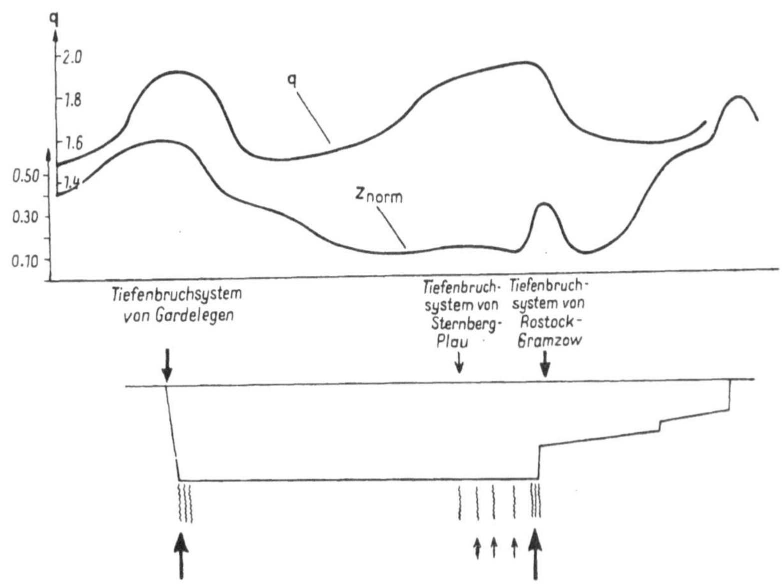

Abb. 4. NO—SW-Profil über das Norddeutsch-Polnische Sedimentbecken nach Hurtig, Oesberg, Ritter, Grünthal und Jacobs (1975). Dargestellt ist der Wärmefluß (obere Kurve) in μcal · cm^{-2} · s^{-1}. Die untere Kurve stellt die geoelektromagnetische Anomalie dar (für die normalisierte Z-Komponente Z_{norm}). Das Modell unten enthält die ungefähre Grenze zwischen besserer (oben) und schlechterer (unten) Leitfähigkeit sowie Pfeile erhöhten Wärmeflusses (entsprechend der Lage der tektonischen Störungen)

Wesentlich für die Versuche über dem Rostocker Tiefenbruch im Gebiet südlich von Rostock war die Tatsache, daß hier eine Leitfähigkeitsanomalie durch Hurtig, Oesberg, Ritter, Grünthal und Jacobs (1975) nachgewiesen ist. Auf Grund der detailliert vorliegenden Ergebnisse der psychophysiologischen Wirkung von ELF-Feldern auf den Menschen nach den Ergebnissen der sowjetischen und amerikanischen Kosmosforschung war eine Anomalie mit einiger Sicherheit zu erwarten, falls die Empfindlichkeit dieses Verfahrens dies überhaupt hergibt.

Die Messungen (s. oben) wurden zur — wenn möglich — Steigerung der Sensibilität unter ungewöhnlichen Vorkehrungen durchgeführt. Um die Ablenkung des über mehrere Jahre trainierten Probanden auf ein Minimum zu reduzieren, sind die Messungen im Kraftfahrzeug ausgeführt worden. Um die Absorption des Feldes durch die Karosserie zu reduzieren, wählten wir einen „Trabant". Ferner wurden die Messungen nachts ausgeführt. Dies reduziert den Gang gemäß PÖPPEL und GIEDKE (1970) und sorgt zusätzlich für äußerste Konzentration. Schließlich wurden

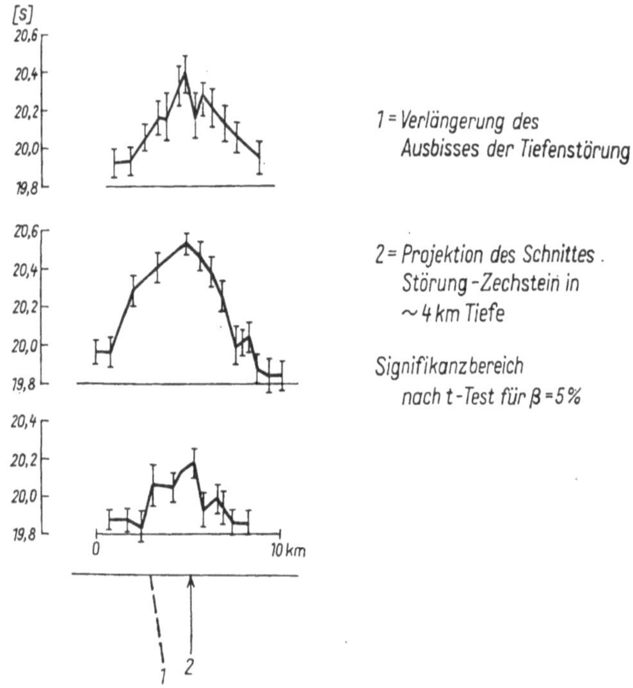

Abb. 5. Zeitwahrnehmungsvermögen eines Probanden längs dreier Profile über den Rostock-Teterow-Gramzower Tiefenbruch

1 = Verlängerung des Ausbisses der Tiefenstörung zur Erdoberfläche (der Bruch endet wesentlich tiefer). *2* = Aufpunkt der Kreuzung Bruch und Zechsteinsalz in etwa 4 km Tiefe. Die ungefähr 10 km langen Profile verlaufen im Gebiet südlich von Rostock untereinander parallel (in ca. 6 km Abstand voneinander) und senkrecht zum Streichen der Störung. 95%-Vertrauensintervall angegeben.

An jedem Untersuchungspunkt wurden bis 20 Einzelmessungen des Zeitwahrnehmungsvermögens durchgeführt

die Untersuchungen für den Probanden blind ausgeführt. Die Zeiten an den Stoppuhren wurden von einer zweiten Person abgelesen und waren ihm somit nicht bekannt. Hinzu kommt, daß der Proband das Gebiet nicht kannte, so daß ihm schwer vorstellbar war, wo sich das Fahrzeug zur Zeit bewegte. Da mehrere Wiederholungsmessungen durchgeführt wurden, war es möglich, auch Ansätze einer denkbaren Orientierung durch den Probanden zu zerstören. Die Wiederholungszählungen zeigten eine gute Übereinstimmung. Wegen der relativ geringen Streuung wurde nicht an allen Stationen die Zahl von 20 Messungen notwendig, oft wurden nur 12···15 Messungen durchgeführt. Dies erleichterte das Unternehmen, das bekanntlich viel Konzentration erfordert und daher nicht unbegrenzt ausgedehnt werden kann.

Das Ergebnis von drei Profilen zeigt Abb. 5. Die Verlängerung des Ausbisses des Rostocker Tiefenbruches durch das Deckgebirge hindurch ist gerissen (*1*) eingetragen. Mit einem Pfeil (*2*) ist die vertikale Projektion des Schnittbereiches des Bruches mit dem Zechstein in rund 4 km Teufe nach oben angedeutet. Man sieht ohne weiteres, daß die Erwartung zutrifft: Eine positive Anomalie der Zeitwahrnehmung (von bis zu rund 0,5 s auf 20 s Zählzeit) tritt über der gut leitfähigen, von Salzlösungen durchsetzten Bruchzone im Zechsteinbereich auf. Die Profile liegen rund 5···6 km voneinander entfernt. Das mittlere Profil zeigt auffällig hohe Werte der Anomalie. Die Interpretation wies nach, daß hier eine Querstörung (Schweriner Störung) den Tiefenbruch kreuzt.

Damit ergeben sich hier ähnliche Resultate wie über den flachen Verwerfungen (Abb. 3), aber auch analoge Ergebnisse, wie wir sie bereits über den Brüchen der sog. Werre-Störung auf dem Vordarß erhielten. Es zeigt sich offenbar, daß die ELF-Anomalien (sei eine VLF-Modulierung gegeben oder nicht) die TP des Menschen signifikant beeinflussen, auch wenn er sich im räumlichen Nebeneinander hindurchbewegt und nicht nur stationär im zeitlichen Nacheinander betroffen wird.

Uns verblüffte bei der Interpretation die Exaktheit der Resultate in geologisch-tektonischer Beziehung, besonders wenn man den geringen Aufwand dieser sehr schnell arbeitenden Methode berücksichtigt.

Nach Abschluß dieser Studie wurden übrigens noch ausgedehnte Parallelmessungen nach der sogenannten Methode Radiokip (metod **radio**komparirowanja **i p**elengazii = Methode der Vergleichs- und Peilungsmessungen mittels Radiowellen) ausgeführt, über die anderenorts berichtet werden soll. Die Ausmessung des Feldes eines Langwellensenders ergab übereinstimmende Anomalien, obwohl die dabei genutzte Frequenz um mehrere Potenzen höher liegt als die biologisch wirksame, also auch die Wirkungstiefe entsprechend geringer ist. Das deutet auf die Richtigkeit der Annahme hin, daß über tektonischen Brüchen eine geoelektrisch signifikante Lockerung des Sedimentgefüges bis in die Oberflächennähe erfolgt (vgl. z. B. Egyed, 1957).

Die Anomalien der Zeitwahrnehmung (TP 20) sind damit in Übereinstimmung nicht nur mit seismischen, gravimetrischen und ganz allgemein den geologischen Ergebnissen, sie decken sich auch weitgehend mit Anomalien der Migration von Radionukliden, geoelektromagnetischen Tiefensondierungen (Hurtig, Oesberg, Ritter, Grünthal und Jacobs, 1975) und Ergebnissen der Methode Radiokip.

Zur Deutung dieses Phänomens gibt es eine umfangreiche Literatur, auf die hier nicht im einzelnen eingegangen werden kann. Soviel soll nur erwähnt werden, daß das früher übliche Modell der Wirkung elektromagnetischer Felder nach Art der Diathermie inzwischen verworfen wurde. Die irdischen ELF- und VLF-Felder weisen außerdem eine hierfür viel zu geringe Feldstärke auf.

Leonow und Lebedew (1968) gehen davon aus, daß die Zeitwahrnehmung nicht die Funktion eines speziellen Koordinierungszentrums sei, sondern aus der Systemtätigkeit verschiedener Bereiche der Hirnrinde hervorgehe. Erregung und Hemmung der Großhirnrinde durch positive oder negative Emotionen beeinflussen die Reaktionsfähigkeit des Menschen ebenfalls. Lebedew hat daher die Vermutung ausgesprochen, daß die subjektive Schätzung von Zeitintervallen durch die Frequenzänderung der Biopotentiale des Gehirns beeinflußt wird. Er stützt diese Arbeitshypothese auf die Tatsache, daß äußere elektrische Reize den α-Rhythmus von Probanden veränderten, worauf sich analog die TP dieser Personen veränderte.

Diese Hypothese gewinnt an Wahrscheinlichkeit, seit Presman (1970) und Persinger sowie Mitautoren (1974) auf die große Bedeutung der ELF (extreme low frequencies), darunter auch um 10 Hz hingewiesen hat. Hier ist eine direkte Wechselwirkung menschliches Gehirn und elektromagnetische Umgebung denkbar. Gehirn wie Herz sind die biologisch bedeutsamsten ELF-Produzenten.

Als weitere Diskussionsmöglichkeiten sollen angeführt werden: die Wirkung auf die peripheren Nerven und das vegetative Nervensystem (Vagotonie, Sympathikotonie). Nicht auszuschließen ist ein Einfluß auf das endokrine System, ferner auf das Blut (Chemismus, pH, Prothrombinspiegel u. a.) und schließlich vor allem eine generelle Wirkung auf die Zelle (auf die Membran, den Stoffwechsel, den Elektrolythaushalt).

Durch die umfangreichen Untersuchungen im Zusammenhang mit der Raumfahrtmedizin ist z. Z. wohl etwas favorisiert die Deutung einer ELF/VLF-Wirkung auf die Zellmembran. Durch Resonanz bestimmter Moleküle im ELF-Feld treten Störungen auf: Ca^{++}-Ionen verlieren z. B. ihre Poren-dichtende Wirkung. Damit wird die „Na-K-Pumpe" gestört. Die mehrschichtige Zellmembran, durch VAN DER WAALSsche Kräfte mit etwa 50 Torr zusammengepreßt, erschlafft. Dazu kommen sehr wahrscheinlich kapazitive und induktive Verstärkungen des Feldes bis 10^7fach. Die Porenerweiterung greift ebenso wie eine Depolarisation an der Zellmembran um sich, damit aber sinkt die Resonanzfrequenz der Membran ebenso wie deren Leitfähigkeit. Die biologischen Konsequenzen betreffen alle Zellen, dürften aber im neuralen Zellgeschehen von besonderer Auswirkung sein: die Synapsen mit ihren komplizierten Neuro-Transmitter-Mechanismen werden empfindlich gestört.

Wenn DRISCHEL (1975) mit bezug auf die witterungsabhängigen Messungen der TP von LAUTERBACH feststellte, daß solche Eigenbeobachtungen i. a. sehr signifikante Ergebnisse liefern können, so läßt sich Analoges auch für die Ortsvariation feststellen, um so mehr, als hier jede Selbstbeeinflussung durch die geschilderte Anlage des Experiments völlig ausgeschlossen wurde und Kontrollen anderer Probanden vorliegen.

Es zeigt sich ferner, daß die sehr umfangreichen komplexen Forschungsarbeiten im Zuge der Vorbereitung und Durchführung kosmischer Experimente auch interessante Anwendungsformen für geophysikalisch-geologische Probleme und Aufgaben in Gestalt von anwendungsbereiten Teillösungen anbieten. Es erscheint denkbar, daß bei einer geeigneten Weiterentwicklung dieser biologischen Methodik der geophysikalischen Forschung eine interessante Unterstützung erwachsen kann. Uns war es jedenfalls sehr beeindruckend, mit wie geringen Mitteln und wie rasch sich reproduzierbare Informationen über diesen Tiefenbruch erzielen ließen.

In der Kürze der Zeit konnten wir nicht alle Aspekte dieser Ergebnisse gründlich überprüfen. Diese, durch die Struktur der Erdkruste bedingten Anomalien des elektromagnetischen Feldes und zugleich Anomalien des menschlichen Zeitwahrnehmungsvermögens gehören nach unseren bisherigen Erfahrungen einer Gruppe vernachlässigter Umweltfaktoren an. Sie dürften auch bestimmte medizinische Bedeutung besitzen.

Literatur

ASSMANN, D., Die Wetterfühligkeit des Menschen. Jena 1963 (2. Aufl.).

CHOLODOW, JU. A., Reaktionen des Nervensystems auf elektromagnetische Felder. Izd. Nauka, Moskwa 1975. (russ.).

DE RUDDER, B., Grundriß einer Meteorobiologie des Menschen. Westberlin, Göttingen und Heidelberg 1962.

DRISCHEL, H., Organismus und geophysikalische Umwelt. Sitz.-Ber. d. Sächs. Akad. d. Wiss. z. Leipzig, Math.-Nat. Klasse **111** (1975) H. 2.

DUMANSKIJ, JU. D.; SERDJUK, A. M.; LOS, I. P., Einfluß radiofrequenter elektromagnetischer Felder auf den Menschen. Izd. Zdorowja, Kiew 1975 (russ.).

EGYED, L., The role of tectonics and morphology in the development of the drainage-pattern. Gerl. Beitr. z. Geoph. **66** (1957) S. 271.

HURTIG, E.; OESBERG, R.-P.; RITTER, E.; GRÜNTHAL, G., und JACOBS, F., Studies of the Crustal Structure in the Northern Part of Central Europe. Gerl. Beitr. z. Geoph. **84** (1975) 317–325.

LAUTERBACH, R., Mensch und geophysikalische Umwelt. Wiss. u. Fortschr. **23** (1973) H. 12.

LAUTERBACH, R.: Biogeophysik. Kapitel 11 in: Physik des Planeten Erde. Akademie-Verlag Berlin 1975. Enke-Verlag Stuttgart 1975.

LAUTERBACH, R., Geophysikalische Einflüsse auf biologische Systeme, ein Überblick. Abh. der Akad. d. Wiss. der DDR, Jahrg. 1974: Umweltbiophysik (Arbeitstagung der Ges. f. phys. u. math. Biol., Sektion Biophysik und der Biol. Ges. der DDR). Berlin, 1976.

LEONOW, A. A., und LEBEDEW, W. I., Wosprijatie prostranstwa i wremeni w kosmose (Wahrnehmung von Raum und Zeit im Kosmos). Moskau, 1968.

LLAURADO, J. G.; SANCES, A., Jr., and BATTOCLETTI, J. H., Biologic and Clinical Effects of Low-Frequency Magnetic and Electric Fields. Springfield/Illinois, U.S.A., 1974.

MAURER, G., und BERNETT, P., Wetter und Jahreszeiten in der Chirurgie. Vortr. prakt. Chir., 20, Stuttgart, 1966.

PERSINGER, M. A. (ed.), ELF and VLF Electromagnetic Field Effects. New York–London. 1974.

PÖPPEL, E., und GIEDKE, H., Diurnal Variation of Time Perception. Psychol. Forsch. **34** (1970) 182–198.

PRESMAN, A. S., Electromagnetic Fields and Life. New York, 1970.

REITER, R., Meteorobiologie und Elektrizität der Atmosphäre. Leipzig, 1960.

Geophys. u. Geol. Geophys. Veröff. d. KMU Leipzig Bd. I H. 4 S. 153–158 Berlin 1978

Meteorologische Abhängigkeiten der Staubbelastung nach Konimetermessungen in Leipzig

CHR. HÄNSEL[1]

Zusammenfassung: An einem Kollektiv von ca. 1200 Einzelmessungen der Staubteilchenkonzentrationen wird die Wirkung der „natürlichen Stadtentlüftung“ durch dynamische und thermische Turbulenz auf die Staubbelastung gezeigt. Ein Vergleich mit vier Jahrzehnte zurückliegenden Staubteilchenzählungen bestätigt die Zunahme der Staubbelastung mit dem Wachstum der Industrie.

Charakterisierungen der Staubbelastung in Form der Staubmasse oder der Zahl der Staubteilchen in der Volumeneinheit Luft liefern keine gleichwertigen Aussagen. Für kommunalhygienische Beurteilungen ist die Kenntnis der Partikelzahlen pro Volumeneinheit neben der Größenverteilung und der Stoffzusammensetzung wesentlich, dabei besonders die der lungengängigen Partikelgrößen, des Bereiches zwischen etwa 0,1 und und 10 μm. Während die gravimetrischen Staubmessungen relativ einfach durchführbar sind, ist die Bestimmung der Teilchenzahl aufwendiger und führt deshalb zu dem relativen Mangel solcher Meßergebnisse.

Für Feinstaubmessungen bietet sich mit dem Zeiss-Konimeter ein bewährtes Gerät an, dessen umfangreicher Einsatz allerdings bei sonst einfacher Handhabung durch die mühevolle und zeitaufwendige Auszählung erschwert wird. Das hier verwendete Konimeter 10 vom VEB Zeiss Jena ist von ROEBER (1963) in bezug auf die Geräteeigenschaften beschrieben worden. Die Meßgenauigkeit wird mit $\pm 20\%$ angegeben, wobei der subjektive Fehler bei der Auszählung der Teilchen schwer abschätzbar ist. Um seinen Einfluß einzuengen, wurden die im folgenden darzustellenden Meßergebnisse durch nur einen Beobachter gewonnen.[2] Die Meßreihe erstreckt sich über zwei Jahre (Juli 1972 bis Juni 1974) und besteht aus Messungen zu den Terminen 8, 12 und 16 Uhr werktags, die auf dem Dach des Grundstückes Stephanstraße 3, in unmittelbarer Nähe des Stadtzentrums Leipzig gewonnen wurden. Sie ist nicht vollständig homogen, aber ohne solche Lücken, die zu systematischer Fehlerhaftigkeit führen könnten. Insgesamt besteht sie aus 1222 Meßwerten.

Markierungen im Zählfeld des Konimeters gestatten eine näherungsweise Abschätzung der Teilchengrößen, die mit Schwerpunkt im Bereich 1 bis 5 μm gefunden wurde. Größere Staubteilchen traten vereinzelt auf; im wesentlichen wurden somit Teilchen des atmosphärischen Schwebestaubes erfaßt, wobei häufig ein großer Anteil von Teilchen unterhalb 1 μm lag. Kleinere Partikeln als 0,1 μm sind mit dem Gerät nicht mehr erkennbar.

[1] Anschrift des Verfassers:

Dozent Dr. sc. nat. CHR. HÄNSEL, Sektion Physik, Fachbereich Geophysik der Karl-Marx-Universität Leipzig, 701 Leipzig, Talstraße 35.

[2] Herrn H. SCHELLENBERG gebührt Dank für die sorgfältige Durchführung der Messungen und die mühevollen Auszählungen.

Bei einem Mittelwert des gesamten Kollektiv von $\bar{N} = 136$ Teilchen im cm³ Luft und der erwartungsgemäß hohen Streuung von $\sigma = \pm 96$ ist aus der Zusammenstellung in der Tabelle 1 eine Abnahme in der Folge der täglichen Meßtermine zu erkennen, ebenso eine Differenz zwischen den Meßwerten der Heizperiode, der die Monate Oktober bis April zugeordnet wurden, und der übrigen heizfreien Zeit. Sowohl die Unterschiede der mittleren Teilchenzahlen zwischen den einzelnen Tagesterminen innerhalb jedes Halbjahres, als auch die Unterschiede zwischen den Teilchenzahlen gleicher Tagestermine der einzelnen Halbjahre sind statistisch signifikant auch noch bei Vorgabe einer Sicherheitsgrenze von 99%.

Tabelle 1. Mittlere Teilchenzahlen in 1 cm³ Luft ($\bar{N}$) und ihre Streuungen (σ) nach Konimetermessungen nahe dem Stadtzentrum Leipzigs
(n Anzahl der Meßwerte)

	8^h			12^h			16^h		
	$\bar{N}$	σ	n	$\bar{N}$	σ	n	$\bar{N}$	σ	n
Heizperiode	247	118	271	142	103	237	112	101	181
heizfreie Periode	126	96	195	71	68	180	53	50	158
gesamt	196	110	466	111	90	417	84	82	339

Das Verhältnis der Teilchenzahlen zwischen Heizperiode und heizfreier Zeit liegt bei 2,0 (Meßtermine 8 und 12 Uhr) und 2,1 (Meßtermin 16 Uhr). Von KAHL und MUSCHTER (1970) wurde in Berlin eine entsprechende Verhältniszahl für die Staubmassenkonzentration zu 1,5 bestimmt, für den SO_2-Gehalt zu 2,6. Messungen in Westberlin, Jungfernheide, erbrachten während des Winters etwa doppelt so hohe Staubmengen wie im Sommer (NN, 1972). Diese, wie auch an anderen Orten durchgeführte Staubmessungen zeigten außerdem auch die Abnahme der Staubkonzentration von einem Maximum vormittags zu einem Minimum am Nachmittag.

Der tägliche Gang der Staubkonzentrationen erscheint im Winter häufig in Form einer Doppelwelle mit dem Hauptmaximum vormittags und einem sekundären Maximum gegen 18 Uhr (RIEHL, FRATTESI und HAUG, 1974). Das sekundäre Maximum entsteht offenbar durch starke Emission der Heizungen im Zeitabschnitt bereits herabgesetzten Vertikalaustausches. Die hier durchgeführten dreiterminigen Messungen erfassen nur den Abfall vom morgentlichen Maximum zum Nachmittagsminimum.

In Abb. 1 sind die Verteilungen auf die Windrichtungen für die drei Meßtermine dargestellt. Weitere Unterteilungen nach Heizperiode und heizfreier Zeit liefern für jede Windrichtung lediglich Unterschiede in den absoluten Teilchenzahlen, nicht aber in den relativen Verteilungen über die Windrose. Im Fehlen einer signifikanten Windrichtungsabhängigkeit kommt die annähernd gleiche Verteilung der wesentlichen Staubquellen um den Beobachtungspunkt zum Ausdruck.

Erwartungsgemäß zeigt sich eine proportional zur Windgeschwindigkeit abnehmende Teilchenkonzentration als Folge des damit verbundenen Vertikalaustausches. Da die Staubemission innerhalb jedes der beiden Halbjahre mit und ohne Heizung als konstant behandelt werden kann, drücken die Konzentrationsänderungen der Teilchen die „natürliche Stadtentlüftung“ aus (Abb. 2).

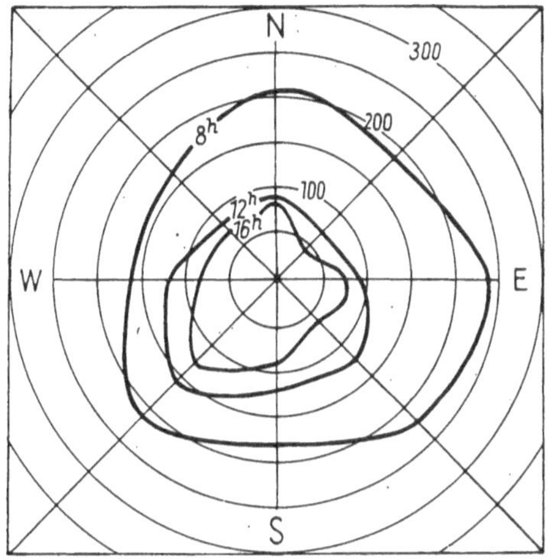

Abb. 1. Mittlere Teilchenzahlen in Abhängigkeit von der Windrichtung

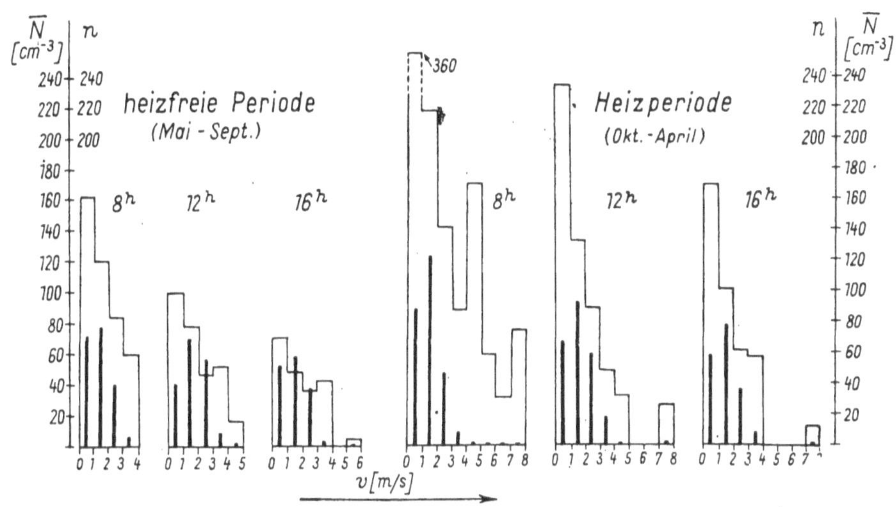

Abb. 2. Mittlere Teilchenzahlen ($\overline{N}$) in Abhängigkeit von der Windgeschwindigkeit v [m/s]. Die Säulen in den Diagrammen geben die absoluten Häufigkeiten (n) der Meßwerte in den einzelnen Windgeschwindigkeitsklassen an

Als sehr grobe Näherung für die Berücksichtigung des Stabilitätsgrades der troposphärischen Grundschicht wurden die Teilchenzahlen der Temperatur zum jeweiligen Meßtermin zugeordnet, ein Verfahren, das wegen des Jahrganges der Temperatur als wenig ergiebig angesehen werden muß. Dennoch zeigt sich in der kalten Jahreszeit dabei eine Abnahme der Teilchenkonzentrationen mit zunehmender Temperatur (Abb. 3). In der heizfreien Periode dagegen ist keine markante Abhängigkeit erkennbar. (Eine Zuordnung der Teilchenzahlen zu den Abweichungen der jeweiligen Tagesmitteltemperatur vom langjährigen Mittelwert führt zu der gleichen Aussage.) Hierin kommt offenbar zum Ausdruck, daß relativ niedrige Temperaturen im Winter vorwiegend an austauscharme antizyklonale Lagen gebunden sind, im Sommerhalbjahr dagegen an wenig stabile Kaltluftmassen. Das geht auch aus der Tendenz einer schwachen Zunahme der Partikelzahlen mit wachsender Temperatur in der warmen Jahreszeit hervor, wenngleich diese nicht statistisch signifikant auftritt. In der Abhängigkeit der Teilchenzahlen von diesem nur sehr grob annähernden Stabilitätskriterium erscheint der starke Einfluß der thermischen Turbulenz neben der dynamischen auf die Aerosolverteilung, wie u. a. auch von PAPETTI und GILMORE (1971) dargelegt wird.

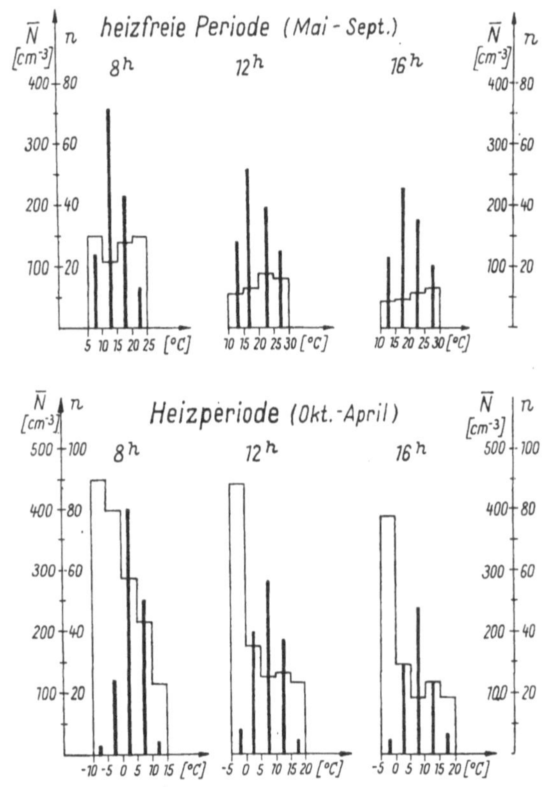

Abb. 3. Mittlere Teilchenkonzentrationen ($\bar{N}$) in Abhängigkeit von der Temperatur zum Meßtermin. (Die Säulen markieren die absoluten Häufigkeiten n)

In Abb. 4 wird der mittlere Zusammenhang zwischen der Partikelkonzentration und der Lufttrübung, ausgedrückt durch die Sichtweite (an der Leipzig benachbarten meteorologischen Station des Flughafens Schkeuditz), dargestellt. Die Sichtweitenstufen entsprechen denen der Verschlüsselungszahlen VV 90···99 der Wettermeldungen. Die erwartete Abnahme der Teilchenzahlen mit zunehmender Sichtweite ist erkennbar. Beachtenswert ist dabei, daß im Sommerhalbjahr sehr geringe Sichtweiten (< 1 km) nicht im Maximum der mittleren Teilchenkonzentrationen auftreten. Sie sind mit Trübungswirkungen von Kondensationsprodukten erklärbar, wobei ein großer Teil der Kondensationskerne wegen zu geringer Größe mit dem Konimeter nicht meßbar ist. Im Winter tritt diese Erscheinung weniger hervor. Das könnte durch die geringere

Höhe der emittierenden Hausschornsteine verursacht sein, während die Hauptemissionsquellen des Sommers, die Industrieschornsteine, über flache Bodeninversionen hinausragen. Die für gleiche Sichtweitenklassen zwischen Sommer- und Winterhalbjahr stark unterschiedlichen Teilchenzahlen finden ihre Erklärung zumindest zum Teil darin, daß die Sichtweiten außerhalb des Stadtgebietes bestimmt wurden. Damit zeigt sich wiederum die sehr viel stärkere Verschmutzung der Atmosphäre unmittelbar über der Stadt gegenüber auch schon der näheren Stadtumgebung, zu der besonders die Hausfeuerungen beitragen (s. auch LÖBNER, 1965).

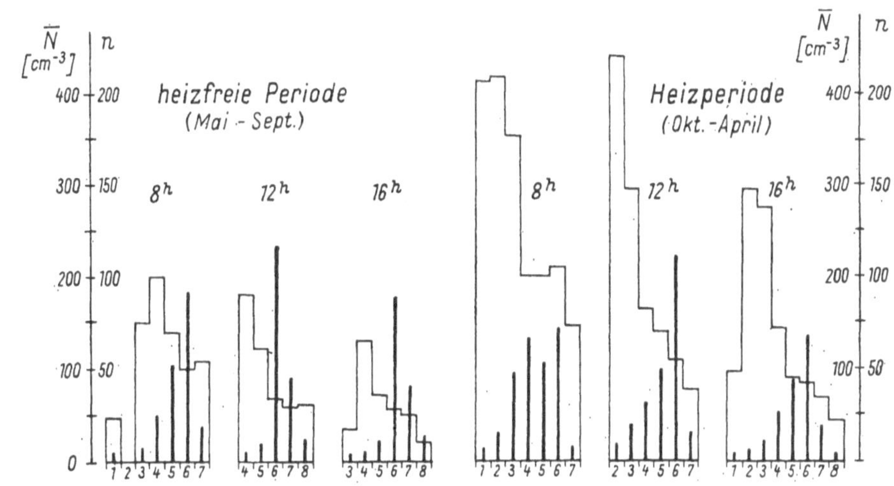

Abb. 4. Mittlere Teilchenzahlen bei verschiedenen Sichtweiten. Die Säulen im Diagramm geben die absoluten Häufigkeiten (n) an.

Sichtweitenklassen nach der Grobskala der synoptischen Wettermeldungen: 1:0,1···1,0 km, 2:0,2···0,5 km, 3:0,5···1,0 km, 4:1···1 km, 5:2···4 km, 6:4···10 km, 7:10···20 km, 8:20···50 km

Die hier dargestellten Zusammenhänge der Teilchenkonzentrationen in Leipzig mit meteorologischen Zuständen sind keineswegs grundsätzlich neu. Bereits vor vier Jahrzehnten fand RÖTSCHKE (1937) solche Abhängigkeiten, die hier wiederum gezeigt werden können. Das betrifft auch den von ihm untersuchten Zusammenhang zwischen Partikelzahl und relativer Luftfeuchte. Allerdings konnte eine Teilchenzunahme mit wachsender Luftfeuchte signifikant hier nur für das Winterhalbjahr gefunden werden. RÖTSCHKE stellte weiter einen Anstieg der Partikelkonzentrationen vor Regenschauern fest, dessen Maximum während des Schauers liegt; erst nach einer gewissen Dauer des Schauers geht nach diesen Ergebnissen die Staubkonzentration zurück. Nach der Erklärung des Autors wird diese Erscheinung durch die anfängliche Zunahme der relativen Feuchte bewirkt, die die meist hygroskopischen Teilchen zum Absinken veranlaßt. Im darauf folgenden Abfall der Teilchenkonzentration spiegelt sich der Auswachseffekt wider.

Die von uns gewonnenen Meßdaten wurden Klassen zugeordnet, die einen wachsenden Zeitabstand der Messung vom letzten vorangegangenen Niederschlag angeben, wobei die erste Klasse jene Messungen enthält, die während fallenden Niederschlags und unmittelbar danach durchgeführt wurden. Mit dieser Untersuchung konnte keine statistische Abhängigkeit erkannt werden. Zu ähnlichen Feststellungen kommen PAPETTI und GILMORE (1971), wonach Teilchen $> 2\ \mu m$ mit dem Regen ausgewaschen werden, kleinere meist die fallenden Tröpfchen umströmen, sofern die nicht als Kondensationskerne in Tröpfchen eingebettet sind. Unser Ergebnis ist wohl auch so zu interpretieren, daß die im wesentlichen anthropogenen Staubemitenten permanent wirken und das Teilchendefizit durch den Auswachseffekt sehr kurzfristig wieder auffüllen.

Von besonderem Interesse sind Veränderungen der atmosphärischen Staubbelastung über einen längeren Zeitraum, in Abhängigkeit von der Entwicklung der Industrie und der Einwohnerzahl einer Stadt. In Leipzig wurden vor vier Jahrzehnten erste Konimetermessungen von LÖBNER (1935) durchgeführt, die allerdings auf die Erfassung horizontaler Verteilungen abzielten, nur relativ kurze Meßserien umfassen und deshalb nur sehr grob als Vergleichsmaterial dienen können. Die von LÖBNER veröffentlichten Staubverteilungskarten geben Teilchenkonzentrationen an, die etwa eine Größenordnung unter den jetzt gemessenen mittleren Konzentrationen liegen. Das sagt allerdings wenig aus, da ein Vergleich einer solchen Stichprobe mit den statistischen Mittelwerten angesichts der großen Streubreite nicht sinnvoll ist. Die Publikation LÖBNERS enthält aber eine über den September 1934 durchgeführte Meßserie, die in unmittelbarer Nähe unseres Meßpunktes und auch vom Dach eines Gebäudes aus gewonnen wurde. Die aus einer graphischen Darstellung ablesbaren Staubkonzentrationen zum 8^h-Termin liefern einen Monatsmittelwert von ca. 70 Teilchen im cm^3, das sind 56% unseres statistischen Mittelwertes der heizfreien Periode zum gleichen Tagestermin (s. Tab. 1). Vergleicht man diese im Jahre 1934 gefundenen Teilchenkonzentrationen mit den entsprechenden Monatsmittelwerten der 8^h-Messungen im September 1972 ($N = 129\ cm^{-3}$) und im September 1973 ($N = 160\ cm^{-3}$), ergibt sich ein Zuwachs des mittleren Teilchengehaltes der Luft in den zurückliegenden vier Jahrzehnten um den Faktor 1,8 bis 2,3. Da die Einwohnerzahl der Stadt, die nach PAPETTI und GILMORE (1971) in einem proportionalen Verhältnis zur Staubbelastung steht, in Leipzig seither wenig verändert ist, und da auch keine meßmethodische Ursache für die veränderten Konzentrationswerte angegeben werden kann, läßt sich bei aller Unsicherheit des Vergleichs schlußfolgern, daß der Anstieg der Industrialisierung und des Verkehrs in vier Jahrzehnten zu einer Verdopplung der Belastung Leipzigs mit atmosphärischem Schwebestaub geführt hat.

Literatur

KAHL, H., und MUSCHTER, W., Zur lufthygienischen Situation der Hauptstadt der DDR. Wiss. Z. HU Berlin, Math.-nat. R. **19** (1970) 535–537.

LÖBNER, A., Horizontale und vertikale Staubverteilung in einer Großstadt. Veröff. Geophys. Inst. Univ. Leipzig, 2. Serie, **7** (1935) 53–99.

LÖBNER, A., Schwebstoffkonzentrationen in der atmosphärischen Luft verschiedener Länder. Staub **25** (1965) 221–225.

NN: Staubgehalt der Luft. Naturwiss. Rdsch. **25** (1972) 315–316.

PAPETTI, R. A., und GILMORE, F. R., Luftverschmutzung. Endeavour **30** (1971) 107–114.

RIEHL, H.; FRATTESSI, G., und HAUG, H., Staubgehalt der Luft in Berlin während austauscharmer Wetterlagen im Sommer. Beitr. Phys. Atm. **47** (1974) 248–260.

ROEBER, R., Feinstaubmessung mit Handkonimetern. VEB Carl Zeiss Jena, Nachrichten, **9** (1963) H. 6, 256–285.

RÖTSCHKE, M., Untersuchungen über die Meteorologie der Staubatmosphäre. Veröff. Geophys. Inst. Univ. Leipzig, 2. Serie, **11** (1937) 1–78.

Geophys. u. Geol. Geophys. Veröff. d. KMU Leipzig Bd. I H. 4 S. 159—173 Berlin 1978

Beitrag zur Untersuchung kurzperiodischer Luftdruckvariationen

CHR. HÄNSEL, W. v. HOYNINGEN-HUENE und M. KAHNT[1]

Zusammenfassung: Es wird ein Meßfühler beschrieben, der Luftdruckvariationen im Infraschall- und Schwerewellenbereich über eine mit Halbleiter-Dehnmeßstreifen beklebte, aus 0,4 mm dicker Al-Folie bestehende Membran aufnimmt. Eine Zuordnung der Amplitudenbreiten der registrierten Infraschallwellen zum meteorologischen Zustand zeigt, daß sehr kleine Amplituden bei windschwacher ($v < 20$ km/h) und antizyklonaler Wetterlage, sehr große bei hohen Windgeschwindigkeiten ($v \geqq 20$ km/h) und zyklonaler, vorwiegend von Kaltluftadvektion begleiteter Wetterlage auftraten, aber nicht nur von der Turbulenz am Meßort abhängen. An einem Registrierbeispiel wird eine Methode der Spektralanalyse durch Anpassung an Modellvorstellungen dargelegt, aus der ersichtlich wird, daß die Zeitreihe der Luftdruckpulsationen autoregressiven Charakter hat und im Infraschallgebiet Vorzugsfrequenzen bei 1,3 min, 7 s, 4 s und 3 s aufweist.

1. *Infraschall und Schwerewellen*

Das Interesse an genauerer Kenntnis der Natur kurzperiodischer Luftdruckvariationen hat in den letzten Jahren unter mehreren Gesichtspunkten einen starken Auftrieb erfahren, in besonderem Maße im Rahmen der Erforschung dynamischer Wechselbeziehungen zwischen den einzelnen Atmosphärenschichten. Untersuchungen der Quellen und der Ausbreitungsmechanismen werden auch im Hinblick auf den Informationsgehalt dieser Luftdruckvariationen über troposphärische wetterhafte Prozesse betrieben, und schließlich finden Luftdruckpulsationen als potentielle Wirkfaktoren aus biometeorologischer Sicht Beachtung (z. B. RICHTER, 1973).

Das Frequenzspektrum der kurzperiodischen Luftdruckvariationen, deren Amplituden in einem breiten Bereich zwischen 10^{-4} und 10^{-1} mbar liegen, wird in das Gebiet des Infraschalles (zwischen der Hörbarkeitsschwelle bei 16 Hz und Periodenlängen von etwa 5 Minuten) und das anschließende niederfrequente Gebiet der Schwerewellen unterteilt. Das relativ breite Übergangsgebiet vom unteren Infraschallbereich in den oberen Schwerewellenbereich, die „BRUNT-VÄISÄLÄ-Periode" um 5 Minuten Periodendauer, erscheint in zahlreichen Untersuchungen, so z. B. bei GOLICYN (1964) mit einem Minimum in der Mittelkurve mehrerer Leistungsspektren der Luftdruckpulsationen. Die Longitudinalwellen des kurzwelligen Bereiches breiten sich mit Schallgeschwindigkeit aus und werden beim Vordringen in hohe Atmosphärenschichten auf Grund der großen freien Weglängen dort absorbiert; ihre Ausbreitungsentfernungen können aber durch

[1] Anschrift der Verfasser:
Dozent Dr. sc. nat. CHR. HÄNSEL, Dipl.-Geophys. W. v. HOYNINGEN-HUENE, Dipl.-Phys. M. KAHNT, Sektion Physik, Fachbereich Geophysik der Karl-Marx-Universität Leipzig, 701 Leipzig, Talstraße 35.

begünstigende Schichtungsstrukturen relativ groß werden. Die längerperiodischen Schwerewellen haben sehr große Reichweiten; ihre charakteristischen Phasengeschwindigkeiten liegen bei 10···70 m/s (Bowman und Bedard, 1971).

Als Quellen des Infraschalles gelten sowohl Strömungseffekte, Turbulenzen und Staudruckeffekte am Meßpunkt als auch vom Meßort entfernte Vorgänge. Herron, Tolstoy und Kraft (1969) und andere finden einen engen Zusammenhang der Infraschallpulsationen (besonders im Frequenzbereich 0,1···0,02 Hz) mit der Windgeschwindigkeit und sehen eine Hauptquelle in Turbulenzeffekten an der Erdoberfläche; daneben ergeben diese und zahlreiche weitere Untersuchungen den troposphärischen Strahlstrom und Frontalstörungen als Quellen. Posmentier (1967), Donn und Rind (1971) und andere zeigen im Frequenzbereich 0,1···1 Hz Infraschallabstrahlungen durch interferierende Ozeanwellen und deren Ausbreitung über große Entfernungen bis zu 2000 km, wobei die Tagesgänge der gemessenen Luftdruckpulsationen durch Einflußfaktoren auf die Ausbreitung verursacht werden. Zusammenhänge von Luftdruckpulsationen (des Bereiches 20···300 s $\triangleq$ 0,05···0,003 Hz) mit erdmagnetischen und ionosphärischen Störungen, oft mit Polarlichtern, werden von Stilke (1967) mitgeteilt; Larson u. a. (1971) finden den Ausgangspunkt solcher Frequenzen der Luftdruckpulsationen in bestimmten aerodynamischen Bedingungen wie der Kreuzung des Strahlstromes mit einem Hochgebirge.

Auch die Schwerewellen gehen meist vom Strahlstrom und von Frontalstörungen aus. Bowman (1968) fand Übereinstimmung zwischen der Wellenausbreitungs- und der Strahlstromrichtung sowie zwischen der Phasengeschwindigkeit und der Windgeschwindigkeit in Tropopausennähe, und Bull u. a. (1974) liefern ein Beispiel von Schwerewellen mit Amplituden von 150 bis 300 μbar und einer Phasengeschwindigkeit von 18 m/s, die von einer Kaltfront ausgehen. Auch für mesosphärische Schwerewellen konnten mit hoher Signifikanz troposphärische Quellen in Form der Strahlströme und der Kaltfronten nachgewiesen werden (Brodhun, Bull und Neisser, 1974).

Die insgesamt noch recht unvollständige Kenntnis der Eigenschaften, Quellen und Wirkungen der Luftdruckpulsationen hat vielerorts und mit unterschiedlichen Methoden und Zielstellungen zu Untersuchungen Anlaß gegeben. Einzeln oder gemeinsam gilt dabei das Interesse den Amplituden und Wellenformen einschließlich der Leistungsspektren, den Ausbreitungsrichtungen und Phasengeschwindigkeiten, überhaupt dem gesamten Ausbreitungsmechanismus und nicht zuletzt den Quellen, eventuell damit zusammenhängenden Informationen und den Wirkungen der Luftdruckvariationen. Je nach Zielstellung sind einzelne Meßfühler verschiedener Prinzipien, Arrays oder Anlagen mit Filtereigenschaften in Betrieb.

2. Ein Meßfühler für Luftdruckpulsationen unter Verwendung von Halbleiter-Dehnmeßstreifen

In der Literatur sind sehr viele verschiedenartige Sensoren für die Erfassung von Luftdruckvariationen angegeben. Im folgenden wird ein einfacher, über eine mit Halbleiter-Dehnmeßstreifen beklebte Membran wirkender Meßfühler beschrieben, der zur ungefilterten Aufnahme von Pulsationen gut geeignet und für Frequenzen zwischen 10^1 und 10^{-3} Hz mit Amplituden von 10^{-4} bis 10^{-1} mbar ausgelegt ist.

Der Meßkörper besteht aus einem 100 mm langen Messingzylinder von 60 mm Innendurchmesser und 5 mm Wandstärke. Diese Abmessungen wurden rechnerisch als optimal für die Anforderungsbedingungen und für die Eigenschaften der Dehnmeßstreifen bestimmt. Den oberen Abschluß des Zylinders bildet eine aufgelötete Messingscheibe, in die ein Ventil eingeschraubt wurde, das außerhalb der Betriebszeit geöffnet wird, um durch äußere langzeitige Luftdruckänderungen die Membran nicht zu überlasten. Auf der Unterseite des Zylinders sind mit Hilfe von sechs Stehbolzen zwei Flansche befestigt, zwischen denen eine druckempfindliche Metallmembran gespannt ist. Nach Versuchen mit verschiedenen Materialien und Membrandicken wurde Aluminiumfolie von 0,04 mm Dicke verwendet.

Auf die Membran sind zwei Halbleiter-Dehnmeßstreifen geklebt, die als mechanisch-elektrische Meßwertwandler dienen. Sie reagieren auf die durch die Membranwölbung hervorgerufene Dehnung oder Stauchung mit einer Änderung ihres elektrischen Widerstandes (piezoresistiver Effekt). Da sie die aktiven Elemente einer Wheatstone-Brücke bilden, führt das zu einer Verstimmung der Brücke und damit zu einem Meßstrom, der leicht auf elektronischem Wege verstärkt werden kann. Als Meßsignalverstärker, zur Spannungsversorgung und zum Abgleich der Brücke dient die ,,Universal-Meßeinrichtung UM 131" des VEB Funkwerk Dresden. Die Registrierung der Luftdruckpulsationen erfolgt mit einem Kompensationsbandschreiber. Sollen Pulsationen hoher Frequenzen, etwa oberhalb 1 Hz, aufgezeichnet werden, ist der Einsatz eines Lichtschreibers erforderlich.

Zur Eichung des Meßfühlers wird dieser in einer abgedichteten Kammer untergebracht, die mit einer kleinen Kolbenpumpe gekoppelt ist. Hubvolumen und Drehzahl dieser Pumpe sind in einem vorgegebenen Bereich kontinuierlich veränderbar. Auf diese Weise können Druckamplituden und Pulsationsfrequenzen erzeugt und die Schreiberausschläge geeicht werden. Die so bestimmten Eichkurven zeigen Linearität zwischen Druckamplitude und Schreiberausschlag. Verfälschungen der Meßergebnisse durch Resonanzschwingungen der Membran traten nicht auf; die Resonanzfrequenz liegt in der Größenordnung 10^2 Hz, also genügend weit außerhalb des hier interessierenden Frequenzbereiches.

Mit einem Parallelwiderstand von 2 Ohm am Schreiber, mit dem optimale Ergebnisse bezüglich Empfindlichkeit und Nullpunktstabilität erzielt wurden, ergab die Eichung eine noch genügende Empfindlichkeit der Meßeinrichtung auf Druckamplituden in der Größenordnung 10^{-3} mbar. Diese Empfindlichkeit kann durch größeren Parallelwiderstand noch erhöht werden, allerdings auf Kosten der Nullpunktstabilität.

Für eine einwandfreie Messung muß der Temperatureinfluß möglichst weitgehend unterdrückt werden. Er wirkt über die Temperaturabhängigkeit des elektrischen Widerstandes der Halbleiter-Dehnmeßstreifen und über das in dem Meßkörper eingeschlossene Luftvolumen. Um diese Temperaturempfindlichkeit des Meßfühlers vertretbar gering zu halten, ist es notwendig, ihn vor der Messung an die Umgebungstemperatur anzugleichen und diese während der Messung konstant zu halten. Außerdem ist es zweckmäßig, die Brückenspeisespannung schon längere Zeit (ca. 15 Minuten) vor der Messung einzuschalten, damit sich das durch die JOULEsche Wärme verschobene Temperaturgleichgewicht wieder einstellen kann. Es ist vorteilhaft, den Meßfühler in einem wärmeisolierenden Gehäuse aus Schaumpolystyrol unterzubringen.

Das bei dem Experimentalaufbau der Druckdose von Hand zu bedienende Ventil für den Außen-Innen-Druckausgleich kann durch ein Schlagkugelventil ersetzt werden, das sich durch entsprechende Steuereinrichtung während des Meßvorganges dann kurzzeitig öffnet, wenn durch stärkere langperiodische Luftdruckänderungen der Nullpunkt auswandert. Der Einsatz einer Kapillare für diesen Zweck führt zwangsläufig zu frequenzabhängigen Amplitudenverzerrungen. Für ausführlichere Informationen über die Meßeinrichtung und über die Eigenschaften der Halbleiter-Dehnmeßstreifen wird auf KAHNT (1974) und ERLER und WALTHER (1971) verwiesen.

3. Auswertung von Luftdruckpulsationsmessungen

3.1. Zusammenhänge zwischen Infraschallamplituden und Wetterlage

Aus einem Kollektiv über ein halbes Jahr verteilter Stichprobenmessungen der kurzperiodischen Luftdruckpulsationen in Leipzig, aufgenommen mit einer Registrierdauer von jeweils etwa einer halben Stunde, wurde versucht, Abhängigkeiten vom meteorologischen Zustand zu erkennen. Dazu wurden die Messungen nach der Amplitudenbreite der Infraschallwellen klassifiziert und nach Windgeschwindigkeit, zyklonalem und antizyklonalem Luftdruckfeld und thermischer Änderung der Troposphäre geordnet. Relativ zu gefundenen mittleren Amplituden wurden als „sehr schwache" und „sehr starke" Infraschallwellen solche definiert, deren charakteristische Amplitudenbreiten $\leqq 20$ μbar bzw. $\geqq 100$ μbar lagen. Für den ersten Fall fanden sich 28, für den zweiten 16 Fälle.

Sämtliche sehr schwachen Infraschallpulsationen traten bei Windgeschwindigkeiten zwischen 0 und 20 km/h und unter antizyklonaler Situation auf, sämtliche starken Pulsationen, mit einer einzigen Ausnahme, bei Windgeschwindigkeiten oberhalb 20 km/h und zyklonalem Druckfeld. Außerdem erschienen die sehr schwachen Pulsationen in der Mehrzahl in Zeitabschnitten konstantbleibender Troposphärentemperatur, etwa halb so oft bei Erwärmung, in wenigen Fällen auch bei Abkühlung. Beim Auftreten der sehr starken Pulsationen herrschte troposphärische Abkühlung vor.

Insgesamt kann daraus die Schlußfolgerung gezogen werden, daß die Amplitudenbreiten der Infraschallwellen vom Turbulenzcharakter der gesamten Troposphäre, mit dynamischen und konvektiven Anteilen, abhängen und hierfür als qualitativer Indikator gelten können. Der konvektive Anteil kommt besonders in dem einzigen Ausnahmefall sehr starker Pulsationen bei sehr geringem Wind am Boden zum Ausdruck (8. 5. 1975). Der Wind flaute hier von 5 km/h um 13 Uhr auf Windstille um 19 Uhr ab. Die starken Pulsationen entspringen offenbar einem verbreiteten Gewittergebiet, das zur Zeit der Messung am Nachmittag ostwärts der Elbe lag. Weiterhin ist zu erkennen, daß Annäherung oder Verstärkung eines Strahlstromes unter zyklonaler Drucksituation auch bei Warmluftadvektion in der Regel mit verstärkten Infraschallamplituden gekoppelt ist, während auf der warmen Seite eines antizyklonal gekrümmten Strahlstromes nur kleine Amplituden aufgetreten sind.

Diese qualitative Untersuchung kann nur als grobe Orientierung gelten. Von besonderem Interesse sind die Existenz von Vorzugsfrequenzen und deren Zusammenhänge mit den Quellen und den Ausbreitungsbedingungen. Im folenden wird an einem Beispiel einer einstündigen Registrierung das Frequenzverhalten geprüft und dabei der Schwerpunkt auf die Methodik der Spektralanalyse gelegt. Es wird versucht, für das Verhalten dieser Luftdruckpulsationen ein statistisches Prozeßmodell zu bestimmen.

3.2. Spektralanalyse der Luftdruckpulsationsmessungen

3.2.1. Zur Methode der Spektralschätzung

Die allgemeinste Darstellung eines statistischen Modellprozesses ist die eines gemischten statistischen Modellprozesses, wie er von Jenkins und Box (1971) u. a. beschrieben worden ist. Er setzt sich aus einem autoregressiven und einem gleitenden Mittelanteil zusammen. Dieser Modellprozeß wird an die gemessene Zeitreihe angepaßt. Der autoregressive Prozeß der Ordnung p stellt sich hierbei als Faltung von zu bestimmenden Modellparametern $\Phi = (\Phi_0, \Phi_1, \Phi_2, \ldots, \Phi_p)$ und der Zeitreihe $z = (z_1, z_2, z_3, \ldots, z_m)$ dar. Die Koeffizienten Φ sind hierbei als inverser Filteroperator vorstellbar, der bei Vorliegen eines reinen autoregressiven Prozesses (unendlich ausgedehnte Autokovarianzfunktion, AKF, mit gleichmäßig exponentiell abfallender Tendenz) die Zeitreihe auf das enthaltene Rauschen a transformiert:

$$\Phi * z = \Phi_0 z_t - \Phi_1 z_{t-1} - \Phi_2 z_{t-2} - \cdots - \Phi_p z_{t-p} = a * z. \tag{1}$$

Wird dieses Rauschen allerdings durch einen als Glättungsfilter wirkenden Operator modifiziert, wie es z. B. durch Eigenschaften des Meßfühlers geschehen kann, läßt sich dieser Prozeß günstiger als ein gemischter Modellprozeß darstellen. Hierbei wird zugrunde gelegt, daß der autoregressive Prozeß nur Rauschen liefert, das mit einer Impulscharakteristik überlagert ist, das heißt, daß das erhaltene Rauschen noch mit einem gleitenden Mitteloperator Θ der Ordnung q, $\Theta = (\Theta_0, \Theta_1, \Theta_2, \ldots, \Theta_q)$, gefaltet ist. In diesem Falle zeigt die AKF eine Trendänderung, bevor sie in das exponentielle Abklingen übergeht:

$$\Theta * z = \Theta * a = \Theta_0 a_t - \Theta_1 a_{t-1} - \Theta_2 a_{t-2} - \cdots - \Theta_q a_{t-q}. \tag{2}$$

Die Schätzung der Koeffizienten erfolgt aus der AKF mit Hilfe der linearen Yule-Walker-Gleichung für den autoregressiven Anteil und der nichtlinearen Yule-Walker-Gleichung für den gleitenden Mittelprozeß, wie bei Jenkins und Box (1971) beschrieben ist. Die Bestimmung des Charakters des Prozesses, aus welchen Teilprozessen er besteht (autoregressiv, gleitendes Mittel oder beide gemeinsam) und der Ordnungen p und q der entsprechenden Teilprozesse, erfolgt mittels der AKF und der partiellen AKF, die aus der Realisierung geschätzt werden.

Die partielle AKF bestimmt sich nach Jenkins und Box aus der Folge der jeweils letzten Koeffizienten Φ_p der autoregressiven Prozesse der Ordnungen $p = 1, 2, 3, \ldots, n$ und gibt ein Maß für die Abhängigkeit der Zeitreihenstützstellen untereinander an. Für einen enthaltenen reinen autoregressiven Prozeß der Ordnung p bricht diese partielle AKF nach der p-ten Verschiebung ab, für einen gleitenden Mittelprozeß ist sie unendlich ausgedehnt und besitzt ein gleichmäßig exponentielles Abklingen. Bei einem gemischten Prozeß ist sie ebenfalls unendlich ausgedehnt, weist aber an der Verschiebung $p - q$ eine Trendänderung auf, um danach in das exponentielle Abfallen überzugehen.

Die Verhältnisse sind bei der AKF genau umgekehrt: Sie bricht für einen reinen gleitenden Mittelprozeß der Ordnung q nach der q-ten Verschiebung ab, bestizt für einen reinen autoregressiven Prozeß unendliche Ausdehnung mit exponentiellem Abklingen und weist beim gemischten Prozeß eine Trendänderung an der Stelle $q - p$ auf, um dann exponentiell gedämpft zu werden.

Aus diesen angeführten Charakteristika der partiellen AKF und der AKF lassen sich der Charakter und die Ordnungen der Prozesse bestimmen, die dann an die Messung durch Schätzung der Parameter angepaßt werden. Auf der Grundlage dieser Koeffizienten für den autoregressiven und den gleitenden Mittelprozeß erfolgt dann die Berechnung der Leistungsspektren. Entsprechend ihrem Charakter als direkter Operator beim gleitenden Mittelprozeß und als inverser Operator beim autoregressiven Prozeß ergibt sich das Leistungsspektrum als Quotient der Fouriertransformierten der gleitenden Mittelkoeffizienten und der autoregressiven Koeffizienten:

$$P(f) = 2\sigma_a \frac{\left[\sum_{j=0}^{q} \Theta_j \exp(-ijf)\right]^2}{\left[\sum_{j=0}^{p} \Phi_j \exp(-ijf)\right]^2}. \tag{3}$$

σ_a ist hierbei die Varianz des weißen Rauschens, die aus der Realisierung geschätzt werden muß.

Der Vorteil einer derartigen Verfahrensweise liegt darin, daß lange Zeitreihen auf relativ einfache Modelle mit einer geringen Anzahl von Koeffizienten reduziert werden können und die Spektralanalyse mit weniger Aufwand erfolgen kann. Gleichzeitig läßt der Charakter des Prozesses und die Ordnung Rückschlüsse auf das statistische Verhalten der Zeitreihe zu und die Koeffizienten lassen sich zu einer Prognose kommender Zeitreihenstützstellen verwenden.

3.2.2. Untersuchungsbeispiel

Als Beispiel wird eine Registrierung kurzperiodischer Luftdruckvariationen untersucht, die mit dem in Abschnitt 2 beschriebenen Meßfühler am 3. 4. 1975 aufgenommen wurde. Die Registrierung erfolgte über den Zeitabschnitt einer Stunde während einer Tiefdruckwetterlage und unter konstantbleibendem Luftdruck am Meßort. Die Luftdruckschwankung im gesamten Tagesverlauf lag unter 0,5 mbar. Der Wind drehte von WSW mit einer Geschwindigkeit um 10 km/h (01 Uhr) über Windstille (07 Uhr) auf E mit 5 km/h (13 Uhr). Um 19 Uhr wehte der Wind aus NE mit 5 km/h. Im Zeitabschnitt der Registrierung (14 bis 15 Uhr) befand sich der Meßort auf der Vorderseite einer flachen Frontalstörung, die unter dem Einfluß eines umfangreichen Tiefdrucktroges über West- und Mitteleuropa nordostwärts zog und von längerem, aber wenig ergiebigem Niederschlag begleitet war.

Da im Zeitabschnitt der Messung der Charakter der Zeitreihe gleichartig blieb, beschränkte sich die Analyse des Infraschallwellenbereiches vorerst auf einen Abschnitt von 1000 Stützstellen (ca. 20 Minuten). Abb. 1 zeigt diesen Abschnitt der Registrierung. Für die Analyse im Schwerewellenbereich wurde die gesamte Zeitreihe verwendet.

Der erste Untersuchungsschritt der ungefilterten Registrierung ergibt eine schwach abklingende AKF und eine nach der 3. bzw. 4. Verschiebung im Rauschen verschwindende partielle AKF (Abb. 2). Das bedeutet nach den vorangegangenen Ausführungen einen reinen autoregressiven Prozeß 3. bzw. 4. Ordnung, was auch durch die Koeffizienten der autoregressiven Prozesse bestätigt wird, deren 4. Koeffizient schon sehr klein ist. Die Spektren der Modellprozesse 3. und 4. Ordnung unterscheiden sich kaum

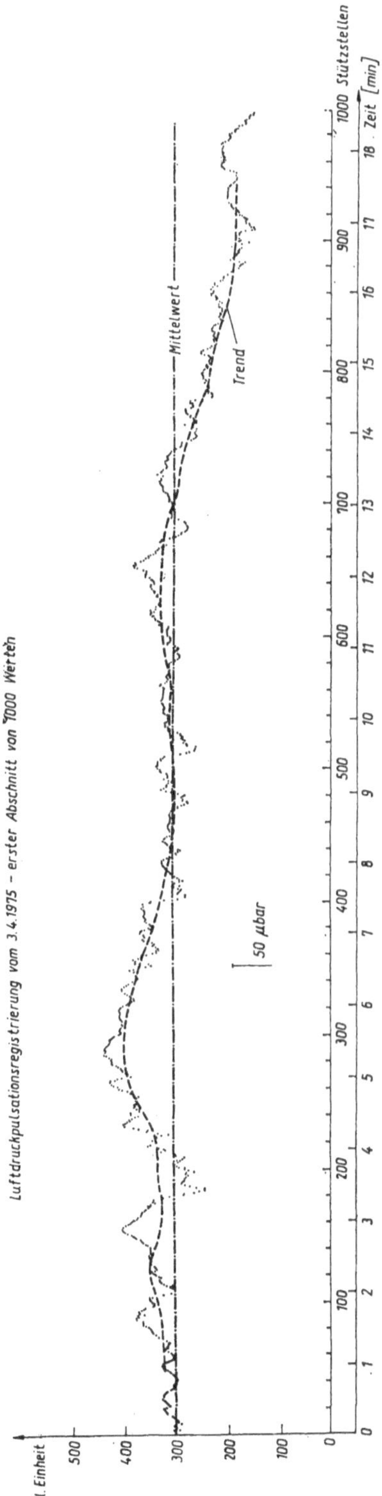

Abb. 1. Untersuchtes Beispiel einer Luftdruckpulsation, aufgenommen am 3. 4. 1975, 14—15^h MEZ, in Leipzig. (Teilstück der gesamten Registrierung; ········ gemessener und ------- tiefpaßgefilterter Variationsverlauf)

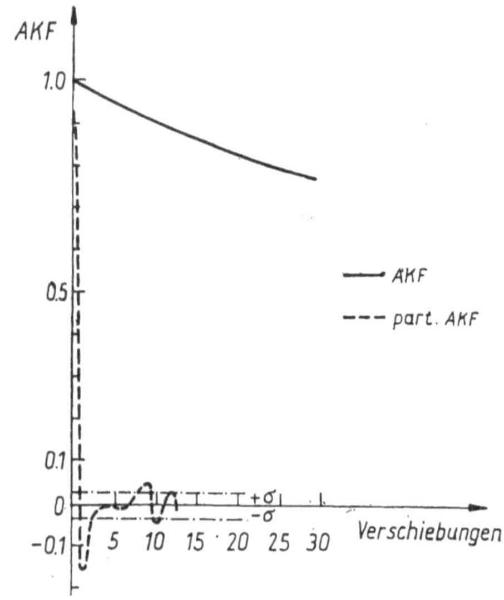

Abb. 2. AKF und partielle AKF der ungefilterten Registrierung

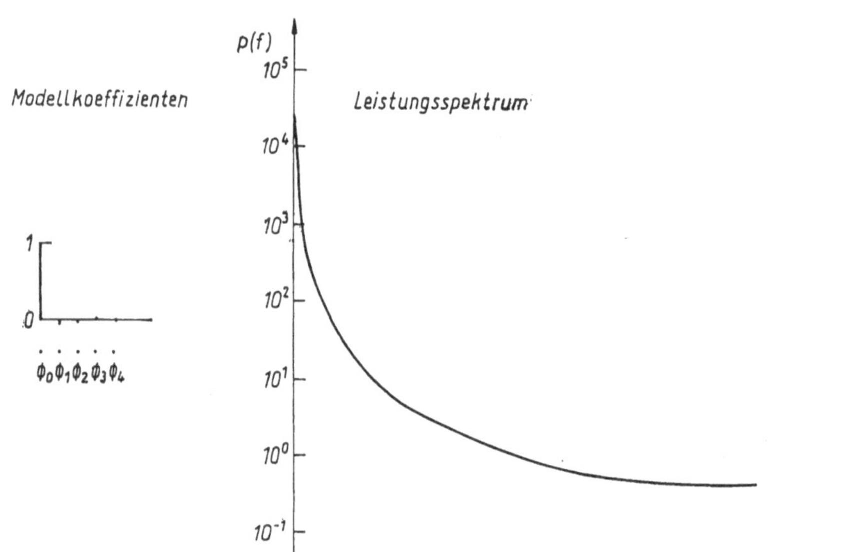

Abb. 3. Charakteristik der ungefilterten Registrierung als autoregressiver Prozeß 4. Ordnung

und zeigen einen glatten exponentiell abfallenden Verlauf. In Abb. 3 sind die Koeffizientensätze und das Spektrum des autoregressiven Prozesses 4. Ordnung für die ungefilterte Zeitreihe dargestellt.

Diese Näherung erweist sich jedoch als äußerst ungünstig, da das schwache Abfallen der AKF der ungefilterten Registrierung auf Nichtstationarität der Zeitreihe im ausgewählten Abschnitt hinweist und da eine Grundvoraussetzung für die Modellanpassung und die darauf aufbauende Spektrenberechnung in der Stationarität des Datenmaterials liegt. Deshalb ist die Registrierung in dieser Form zur Untersuchung kurzperiodischer Pulsationen nicht geeignet, da diese in den längerperiodischen Luftdruckschwankungen untergehen. Um eine stationäre Zeitreihe zu erhalten, wird deshalb der Effekt des Trends mittels einer Hochpaßfilterung mit einer Grenzfrequenz von 0,009 Hz aus der Registrierung eliminiert. Das Resultat der Hochpaßfilterung zeigt Abb. 4; das Ergebnis der Tiefpaßfilterung mit dieser Grenzfrequenz ist in Abb. 1 enthalten. Damit wurde eine Trennung des Infraschallwellenbereiches von dem der Schwerewellen erreicht.

Untersuchungsergebnisse im Infraschallbereich

Die hochpaßgefilterte Registrierung liefert eine stark abfallende AKF, was auf die jetzt vorhandene Stationarität hindeutet (Abb. 5). Die AKF weist in dem untersuchten Bereich keine Abbrucheffekte in ihrem Verhalten auf, das heißt, ein etwa vorhandener gleitender Mittelprozeß muß Ordnungen größer 30 besitzen. Das erscheint aber bei Betrachtung des Ausgangsmaterials als unwahrscheinlich. Außerdem taucht die partielle AKF dieser Zeitreihe nach der 4. Stützstelle im Fehlerbereich unter, weist jedoch an der 8., 10., 12. und um die 20. Verschiebung signifikante Werte auf, die aus dem Fehlerbereich wieder herausragen. Daraus ergibt sich wiederum, daß die Zeitreihe als reiner autoregressiver Prozeß betrachtet werden kann. Die Anpassung erfolgt an autoregressive Prozesse 4., 8., 12. und 20. Ordnung. Trotz der Feststellung, daß ein gemischter Prozeß unwahrscheinlich ist, erfolgte doch eine Untersuchung eines gemischten Prozesses (autoregressiv 12. und gleitendes Mittel 3. Ordnung), für den sich allerdings eine um eine Größenordnung größere Varianz des weißen Rauschens ergab als beim reinen autoregressiven Prozeß 12. Ordnung. Die Koeffizientensätze der untersuchten Prozeßmodelle sind in Abb. 6a dargestellt, damit die Modelle, die die Zeitreihe bei den entsprechenden Ordnungen widerspiegeln sollen. Diese Anpassung an Modellvorstellungen zeigt, daß die von den Luftdruckpulsationen dargestellte Zeitreihe autoregressiven Charakter hat, das heißt, daß sie sich auf eine Zufallsfolge transformieren läßt. Ein Einfluß des Meßfühlers kann hierbei nicht nachgewiesen werden, womit dessen trägheitsfreies Arbeiten bestätigt wird.

Wegen der besseren Anschaulichkeit der Ergebnisse in bezug auf vorherrschende Perioden werden die erhaltenen Modellprozesse in zugehörige Leistungsspektren übertragen. Abb. 6b zeigt die Leistungsspektren der gefilterten Registrierung, die an autoregressive Modelle 4., 8., 12. und 20. Ordnung und an einen gemischten Prozeß, autoregressiv 12. und gleitendes Mittel 3. Ordnung, angepaßt wurden. Die autoregressiven Spektren weisen in erster Näherung den gleichen Niveauverlauf auf und unterscheiden sich auch wenig in ihrer Varianz für das weiße Rauschen. Das autoregressive Spektrum 4. Ordnung zeigt einen glatten exponentiell abfallenden Verlauf. Um diesen schwanken die anderen autoregressiven Spektren, das 8. Ordnung mit sehr geringen Abweichungen, die 12. und 20. Ordnung mit ausgeprägten Peaks bei 0,013, 0,157, 0,264 und 0,350 Hz.

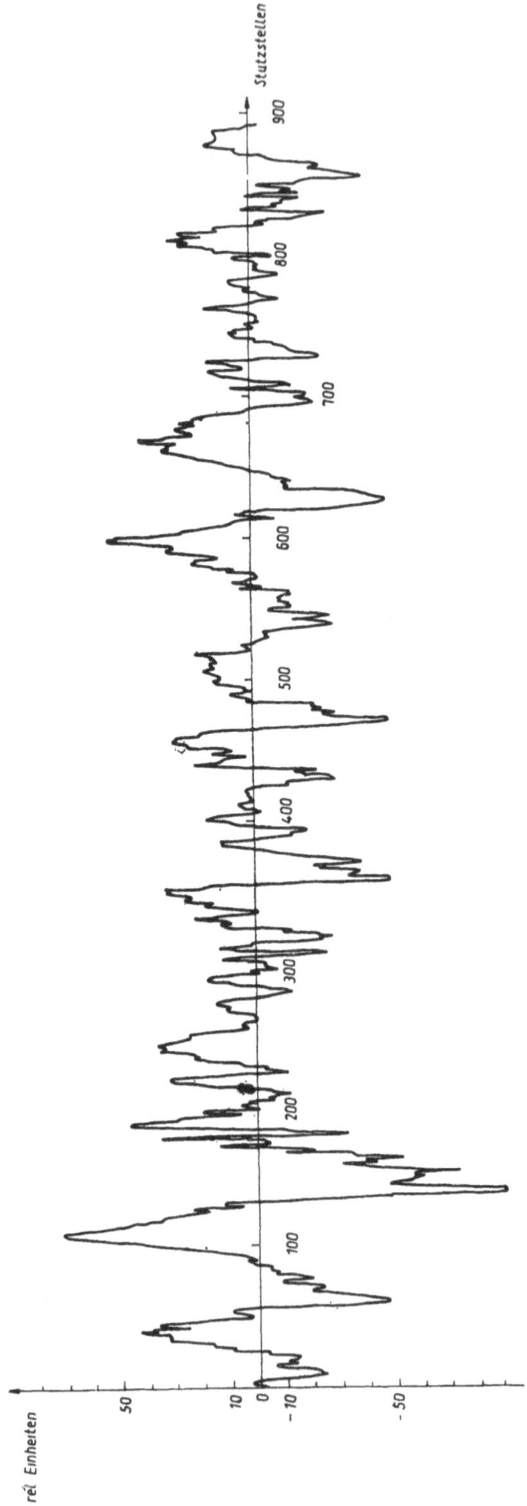

Abb. 4. Hochpaßgefilterte Luftdruckpulsation vom 3. 4. 1975. (Teilstück der gesamten Registrierung)

Die Indikationen bei diesen Frequenzen können als reell beurteilt werden, da sie durch Vielfache der Stellenordnung des 4. Koeffizienten des autoregressiven Prozesses (8, 12, 16, 20) hervorgerufen werden. Der Peak bei 0,157 Hz gliedert sich beim Prozeß 20. Ordnung in zwei Maxima auf. Das gemischte Spektrum autoregressiv 12. und gleitendes Mittel 3. Ordnung zeigt den gleichen Verlauf wie das reine autoregressive Spektrum 12. Ordnung, nur daß es im Energieniveau tiefer liegt.

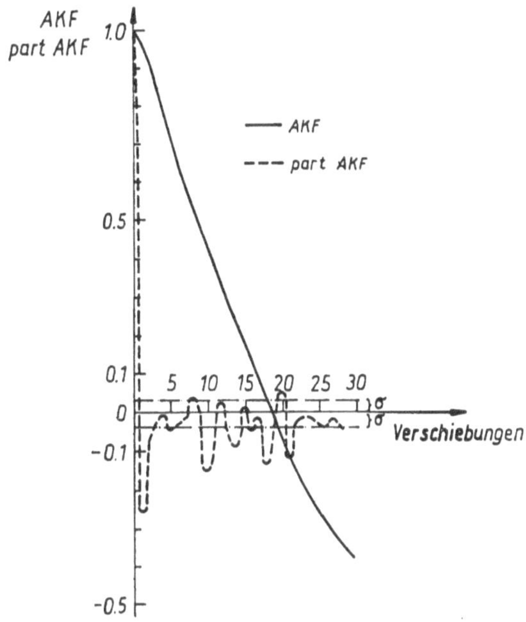

Abb. 5. AKF und partielle AKF des Infraschallanteils

Die gefundenen Vorzugsfrequenzen entsprechen Periodizitäten von 1,28 Minuten, 6,6 Sekunden, 3,8 Sekunden und 2,8 Sekunden. Inwieweit kleinere Peaks, die im Leistungsspektrum des Prozesses autoregressiv 20. Ordnung vorkommen, noch reell sind, wurde nicht untersucht. Als reell sind solche Peaks aufzufassen, die in höheren autoregressiven Modellen immer wieder zum Ausdruck kommen und deren Einfluß mit Zunahme der Ordnung ansteigt.

Untersuchungsergebnisse im niederfrequenten Bereich

Die Analyse des durch die Tiefpaßfilterung gewonnenen Anteils erfordert einen längeren Abschnitt der Realisierung der Zeitreihe, um die geforderte Stationarität zu erreichen und daraus die AKF schätzen zu können. Die AKF der gefilterten und der ungefilterten Zeitreihe stimmen relativ gut überein, und es erwies sich als zweckmäßig, das Abtastintervall für den niederfrequenten Bereich zu vergrößern; es wurde ein 10fach größeres Abtastintervall (12 s) benutzt. Das Ergebnis der Tiefpaßfilterung der gesam-

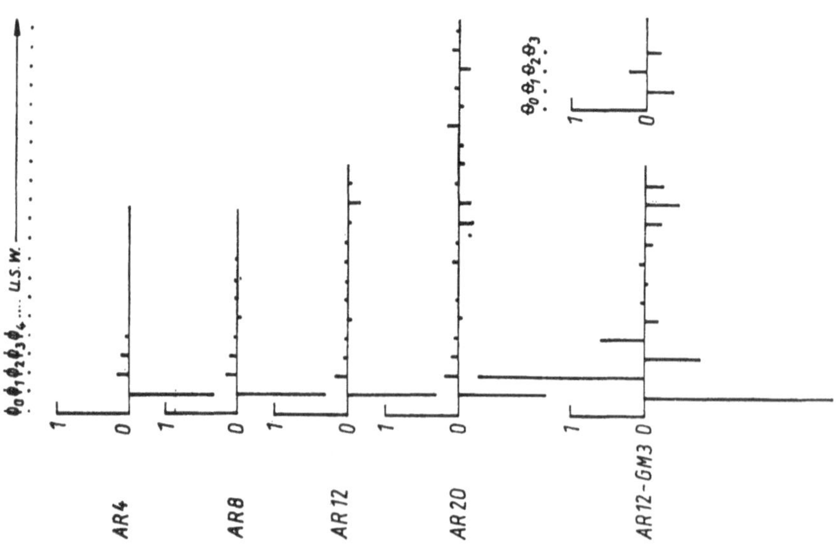

Abb. 6a. Koeffizientensätze der verwendeten Modelle für den Infraschallanteil

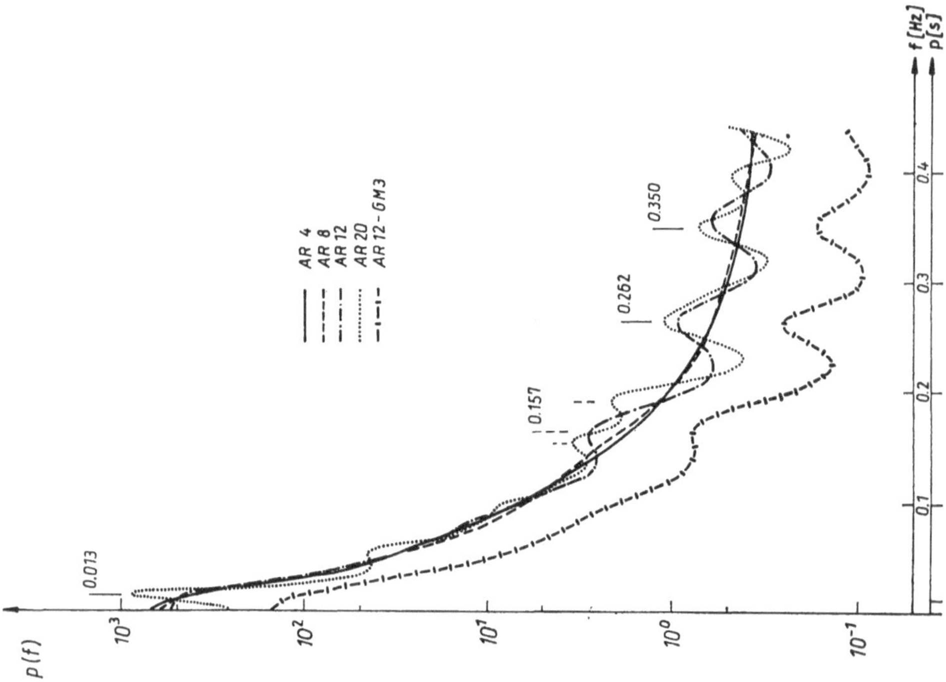

Abb. 6b. Leistungsspektren der Modellprozesse des Infraschallbereiches

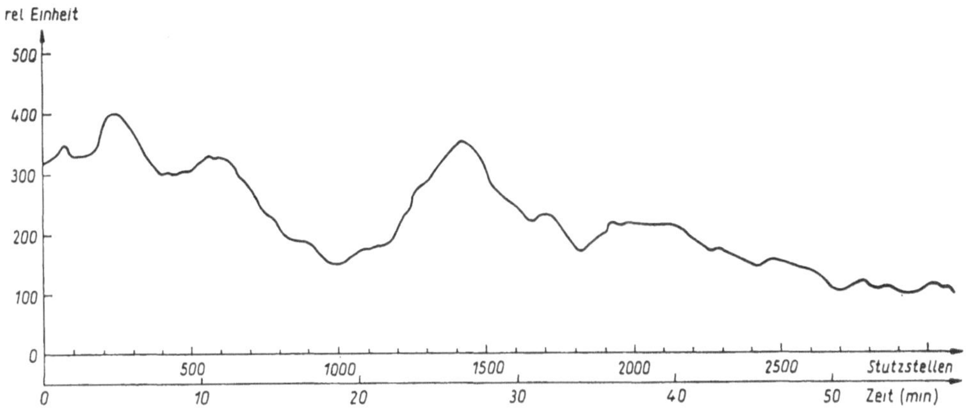

Abb. 7. Tiefpaßgefilterte Luftdruckpulsation vom 3. 4. 1975

ten Registrierung von 1 Stunde ist in Abb. 7 dargestellt. Wie bei der Untersuchung der Infraschallwellen wird hieraus ebenfalls die AKF berechnet, die in Abb. 8 wiedergegeben ist. Sie enthält ebenfalls keine Knickstellen. Somit ist der Prozeßcharakter wieder rein autoregressiv. Die Ordnung des Modells wird zu 25 festgelegt; das so erhaltene Prozeßmodell und das entsprechende Leistungsspektrum ist in Abb. 9 dargestellt.

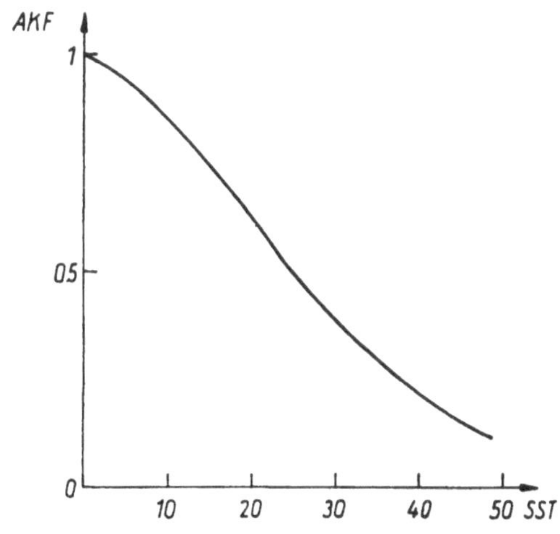

Abb. 8. AKF der tiefpaßgefilterten Luftdruckpulsation

Es ist zu erkennen, daß sich die Grundzüge des Leistungsspektrums nicht wesentlich von den Leistungsspektren des Infraschallanteils unterscheiden. Als einzige vorherrschende Frequenz erscheint (sehr schwach) die bei 0,013 Hz; sie markiert sich wegen der relativ schlechten Filtercharakteristik des verwendeten Tiefpaßfilters. Vorherrschende niedrigere Frequenzen gehen in der Flankensteilheit der Kurve des Leistungsspektrums unter und können hier nicht nachgewiesen werden.

Um aus einer für diesen Zweck zu kurzen Zeitreihe noch Informationen über niedrigere Vorzugsfrequenzen erhalten zu können, müßte durch eine Art „prewhitening“

die Flankensteilheit des Spektrums verkleinert werden, denn es weisen Veränderungen in der Abfalltendenz des Kurvenzuges (z. B. bei 0,005 Hz) auf die Existenz längerer Vorzugsperioden hin. Maxima und Minima dieses Leistungsspektrums, die oberhalb 0,013 Hz liegen, sind hier durch die Filtercharakteristik bedingt und stellen keine Realitäten dar.

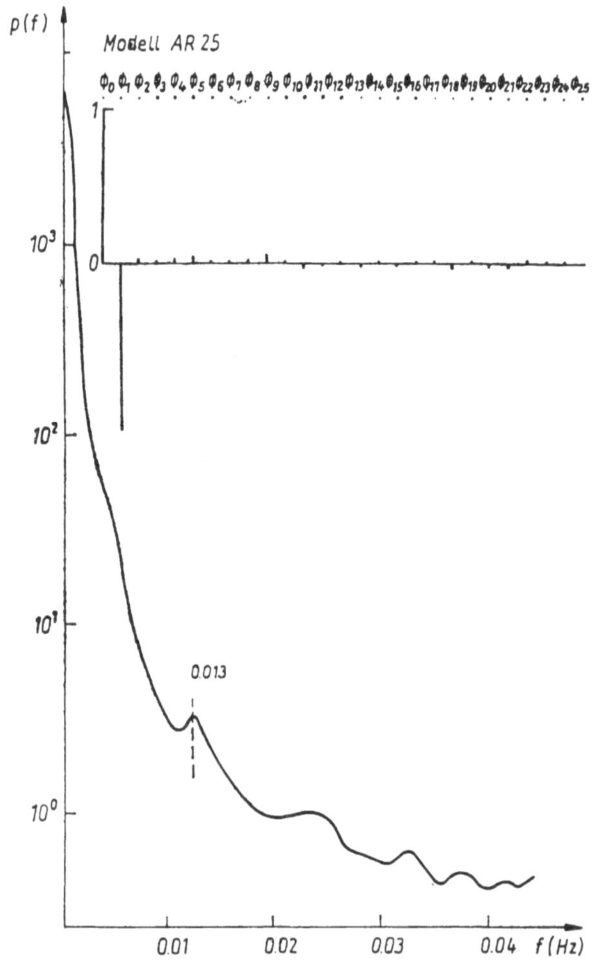

Abb. 9. Leistungsspektrum der tiefpaßgefilterten Luftdruckpulsation

Spezielle Untersuchungen von Zusammenhängen zwischen Vorzugsfrequenzen und Wettersituation oder Wetterentwicklung sind hier nicht durchgeführt worden. Nach ersten Prüfungen deuten die Leistungsspektren des Infraschallbereiches aber an, daß sich diese Luftdruckpulsationen nicht aus isotropen Turbulenzen erklären lassen, da ihr Spektrum nicht dem der Turbulenztheorie nach KOLMOGOROV (s. MONIN und JAGLOM, 1967) entspricht. Wenn man von Turbulenzen als Ursache ausgeht, kommen somit offenbar anisotrope Turbulenzen in Frage.

Literatur

BOWMAN, H. S., Subsonic waves and severe weather phenomena. Proc. Sympos. Acoustic-gravity waves in the Atm., Boulder, (1968) 215–222.

BOWMAN, H. S., und BEDARD, A. J., Observations of infrasound and subsonic disturbances related to severe weather. Geophys. J. Roy. Astron. Soc. **26** (1971) 215–242.

BRODHUN, D.; BULL, G., und NEISSER, J., On the identification of tropospheric sources of gravity waves observed in the mesosphere. Z. Meteor. **24** (1974) 299–308.

BULL, G.; BRODHUN, D.; NEISSER, J., und WILLIMCZIK, W., Über den Aufbau eines Schwerewellen- und Infraschall-Meßnetzes. Z. Meteor, **24** (1974) 313–319.

DONN, W. L., und RIND, D., Natural infrasound as an atmospheric probe. Geophys. J. Roy. Astron. Soc. **26** (1971) 111–133.

ERLER, W., und WALTHER, L., Elektrisches Messen nichtelektrischer Größen mit Halbleiterwiderständen. VEB Verl. Technik Berlin (1971) 260 S.

GOLICYN, G. S., O vremenom spektre mikropul'sacij atmosfernogo davlenija. Izv. Akad. Nauk SSSR, Ser. Geofiz., 8 (1964) 1253–1258.

HERRON, T. J.; TOLSTOY, I. und KRAFT, D. W., Atmospheric pressure background fluctuations in the mesoscale range. J. Geophys. Res. **74** (1969) 1321–1329.

JENKINS, G. E. P., und BOX, G. M., Analiz vremenych rjadov-prognoz i upravlenie (Teil 1). MIR, Moskau (1974) 406 S.

KAHNT, M., Entwicklung und Erprobung eines Meßfühlers zur Erfassung kurzperiodischer Luftdruckpulsationen. Diplomarbeit, Sekt. Physik, KMU Leipzig (1974) (unveröffentlicht).

LARSON, R. J.; CRAINE, L. B.; THOMAS, J. E., und WILSON, C. R., Correlation of winds and geographic features with production of certain infrasonic signals in the atmosphere. Geophys. J. Roy. Astron. Soc. **26** (1971) 201–214.

MONIN, A. S., und JAGLOM, A. M., Statističeskaja Gidrodinamika (Teil 1). Nauka, Moskau (1967) 720 S.

POSMENTIER, E., A theory of microbaroms. Geophys. J. Roy. Astron. Soc. **13** (1967) 487–501.

RICHTER, H., Schlechtes Befinden bei raschen Luftdruckschwankungen. Umschau **73** (1973) 572.

STILKE, G., Registrierung von Luftdruckwellen im Subschallgebiet. Z. Geophys. **33** (1967) 147 bis 154.

Geophys. u. Geol. Geophys. Veröff. d. KMU Leipzig Bd. I H. 4 S. 175–179 Berlin 1978

Untersuchung der Beeinflussung der Sonnenstrahlung im UV- und angrenzenden sichtbaren Bereich durch eine Stadtatmosphäre

M. BAUMGARTL[1]

Zusammenfassung: Aus Spektren der Sonnenstrahlung, die mit Hilfe eines mit einer Kleinbildkamera kombinierbaren Quarzspektrographen gewonnen wurden, werden charakteristische Einflüsse einer Stadtatmosphäre auf die Strahlung analysiert. Die Methode eignet sich besonders zur Feststellung der kürzesten zur Erdoberfläche durchdringenden Wellenlänge. Es wurde auch die Bestimmung spektraler Extinktionskoeffizienten der unteren Luftschicht versucht.

Die Messungen ergeben, daß in der wenig verunreinigten Atmosphäre des Küstengebietes Wellenlängen < 300 nm bereits bei Sonnenhöhen $> 20°$ bis zur Erdoberfläche gelangen, in der verunreinigten Stadtatmosphäre Leipzigs erst bei Sonnenhöhen $> 43°$.

Untersuchungen und Überwachungen des Einflusses anthropogener Luftverunreinigungen auf den Strahlungshaushalt bilden einen wichtigen Teil der geophysikalischen Umweltforschung. Solche Untersuchungen in einer regional besonders stark verunreinigten Atmosphäre eines Stadt- und Industriegebietes sind geeignet, charakteristische Veränderungen der Strahlung zu erkennen. Aus Spektren der direkten Sonnenstrahlung, die mit Hilfe eines Quarzspektrographen nach ANDREJTSCHIN und KECHLIBAROV[2] aufgenommen worden sind, wurde versucht, einige Informationen über die Auswirkung anthropogener Dunstanreicherungen zu gewinnen.

Dieser Spektrograph ist ein handliches, mit einer Kleinbildkamera kombinierbares Gerät. Das Sonnenlicht gelangt durch einen unveränderlichen Spalt auf ein Quarzprisma nach FERRI, wird gebrochen, an der verspiegelten Rückseite des Prismas reflektiert und trifft auf den Film der Kamera. Die Kamera ist ohne Objektiv am Strahlenausgang des Spektrographen befestigt. Das in dem Spektrographen eingebaute Quarzprisma nach FERRI, dessen brechende bzw. reflektierende Flächen gekrümmt sind, vereint das Objektiv des Kollimators und der Kamera in sich. Da die Gerätekonstanten keinen äußeren Einflüssen unterliegen und das Gerät leicht transportabel ist, eignet es sich gut für Vergleichsmessungen an verschiedenen Orten und über längere Zeiträume unter genormten Bedingungen; dazu gehören Verwendung gleichen Filmmaterials, gleiche Belichtungszeit und gleiche Entwicklungs- und Auswertebedingungen.

Als Filmmaterial wurde der Schwarzweiß-Negativfilm NP 15 verwendet, der sich für die Aufnahme der Sonnenspektren als geeignet erwies. Um eine Vergleichbarkeit der Spektren zu garantieren, wurden die belichteten Filme sorgfältig unter gleichen Bedingungen entwickelt, jeder Film einzeln, mit frischem Entwickler, bei konstanter Entwick-

[1] Anschrift des Verfassers:

Dipl.-Phys. M. BAUMGARTL, Sektion Physik (Fachbereich Geophysik) der Karl-Marx-Universität Leipzig, 710 Leipzig, Talstraße 35.

[2] ANDREJTSCHIN, R., und T. KECHLIBAROV, Über die Messung der kurzwelligen Grenze der UV-Sonnenstrahlung. Comptes Rendus Acad. Bular. Sci. **16** (1963) 601–604.

lungszeit (10 Min.) und Temperatur (20 °C). Zur Kontrolle der Entwicklung wurde jedem Film ein sensitometrischer Streifen angeheftet und mitentwickelt.

Da zu dem Spektrographen keine Eich- bzw. Dispersionskurve vorlag, mußte sie bestimmt werden. Das geschah mit Hilfe des Praktikumsversuches „Spektralanalyse UV 2", der zum Programm des Forschungspraktikums an der Sektion Physik der KMU gehört. Dabei wird ein Eisenfunkenspektrum aufgenommen, mit dem es möglich wird, dem Sonnenspektrum auf dem Kleinbildfilm eine Wellenlängenskala zuzuordnen. Die spektralen Intensitäten der Sonnenstrahlung werden durch photometrische Ausmessungen der Spektren auf den entwickelten Filmen bestimmt. Dazu diente ein Zeiss-Schnellphotometer, dessen handelsüblicher Registrierteil (Photozelle) durch einen Sekundärelektronenvervielfacher vom Typ MC 52 ersetzt ist. Dadurch ist die Empfindlichkeit

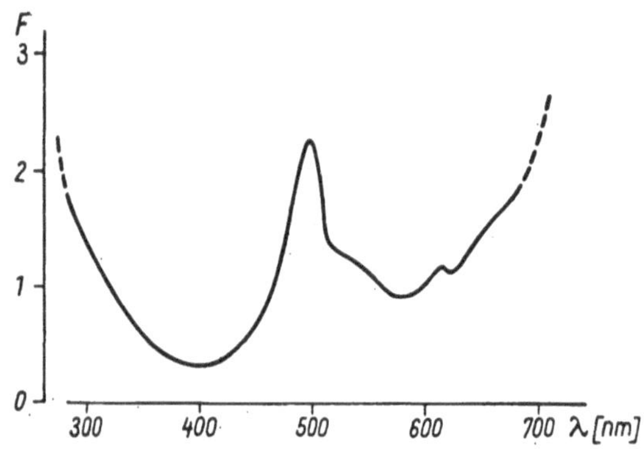

Abb. 1. Spektrale Empfindlichkeit des Negativfilmes NP 15 (Die relativen Einheiten F der Ordinate geben die Korrekturfaktoren an, mit denen die optischen Dichtewerte der photographisch aufgenommenen Spektren multipliziert werden müssen, um das Spektrum in Energieeinheiten zu erhalten)

des Gerätes bedeutend erhöht. Die Bestimmung absoluter Intensitäten wird allerdings durch die spektralen Empfindlichkeitsunterschiede des Filmes sehr erschwert und für hohe Genauigkeitsansprüche unmöglich. Auch wenn, wie hier, nur Liniengruppen photometrisch ausgewertet werden, führt eine Berücksichtigung der spektralen Filmempfindlichkeit (s. Abb. 1) nur zu ungenauer Feststellung der absoluten spektralen Strahlungsintensitäten. Für die Bewertung spektraler Strahlungsintensitäten verschiedener Orte oder Zeiten relativ zueinander ist die Methode aber gut geeignet.

Die mit dem Quarzspektrographen gewonnenen Spektren überziehen einen Wellenlängenbereich von etwa 290 bis 700 nm. Die Abbildungen 2 und 3 zeigen Beispiele photometrisch ausgewerteter Sonnenspektren, die unter anthropogen wenig verunreinigter Atmosphäre im Ostseeküstengebiet (Zingst) und unter Stadteinfluß (Leipzig) aufgenommen wurden. Die spektralen Strahlungsintensitäten sind in einem relativen optischen Dichtemaß angegeben (wobei $D = 0$ der Grundfärbung des Filmes entspricht) und sind wegen der zu ungenauen Kenntnis der spektralen Filmempfindlichkeit mit dieser nicht korrigiert. Bei konstanter Belichtungszeit, wie sie hier verwendet wurde, ist die optische Dichte dem Logarithmus des Lichtstromes proportional. Am langwelligen Ende wird das Spektrum durch die Filmempfindlichkeit begrenzt. Die Beispiele zeigen die stärkere sonnenstandsabhängige Strahlungsschwächung durch die verunreinigte Atmosphäre besonders im Wellenlängebereich des Ultraviolett.

Der Einfluß einer verunreinigten Atmosphäre auf den ultravioletten Bereich der Sonnenstrahlung läßt sich durch die kürzeste am Erdboden nachweisbare Wellenlänge (λ_{min}) darstellen. Aus mehreren Meßserien konnten typische Tagesgänge unter „Normalbedingungen" im industriell nicht unmittelbar beeinflußten Territorium (Küste) und unter Stadteinfluß (Leipzig) gewonnen werden, die in Abb. 4 in Abhängigkeit von der Sonnenhöhe wiedergegeben sind. Für die Bestimmung von λ_{min} eignen sich Spektrenaufnahmen mit einer Belichtungszeit von 1/25 Sekunde am besten. Diese Spektren sind zwar im sichtbaren Spektralbereich überbelichtet, aber im ultravioletten optimal geschwärzt, ohne daß ein Überstrahlungseffekt (Schleierschwärzung) der gesamten Aufnahme auftritt.

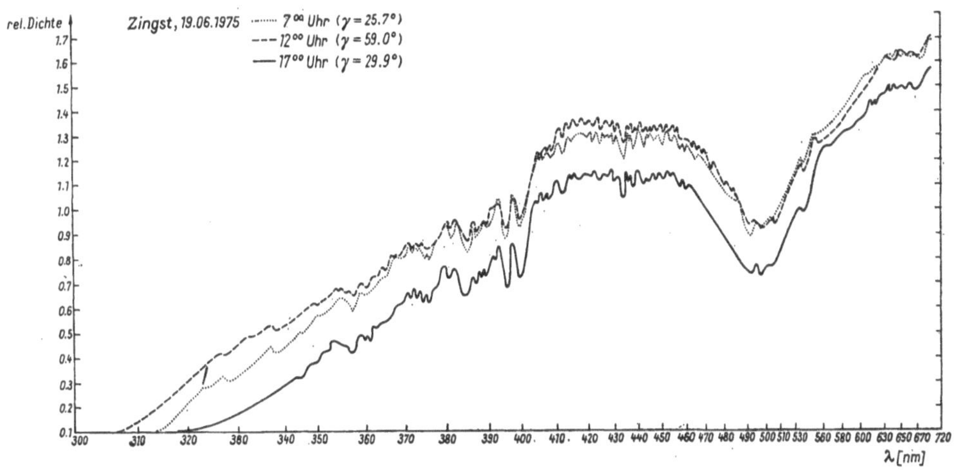

Abb. 2. Beispiel photometrisch ausgewerteter, mit der Filmempfindlichkeit nicht korrigierter Sonnenlichtspektren von Zingst (Ostsee)

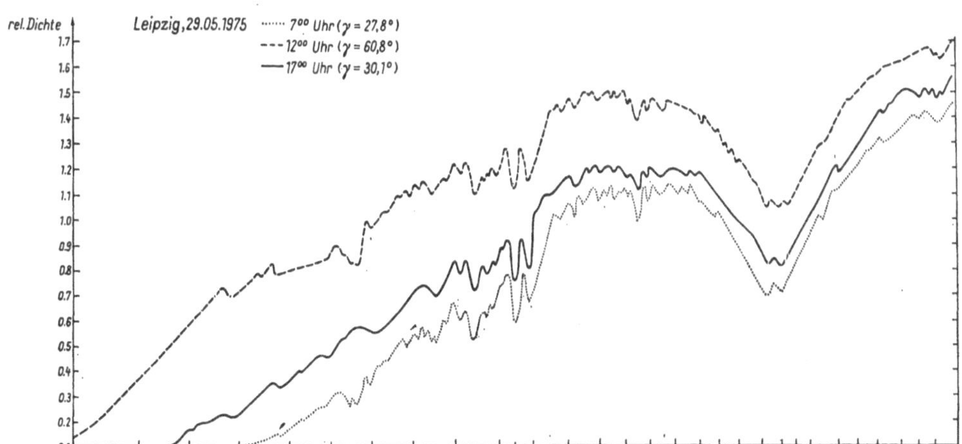

Abb. 3. Beispiel photometrisch ausgewerteter, mit der Filmempfindlichkeit nicht korrigierter Sonnenlichtspektren von Leipzig

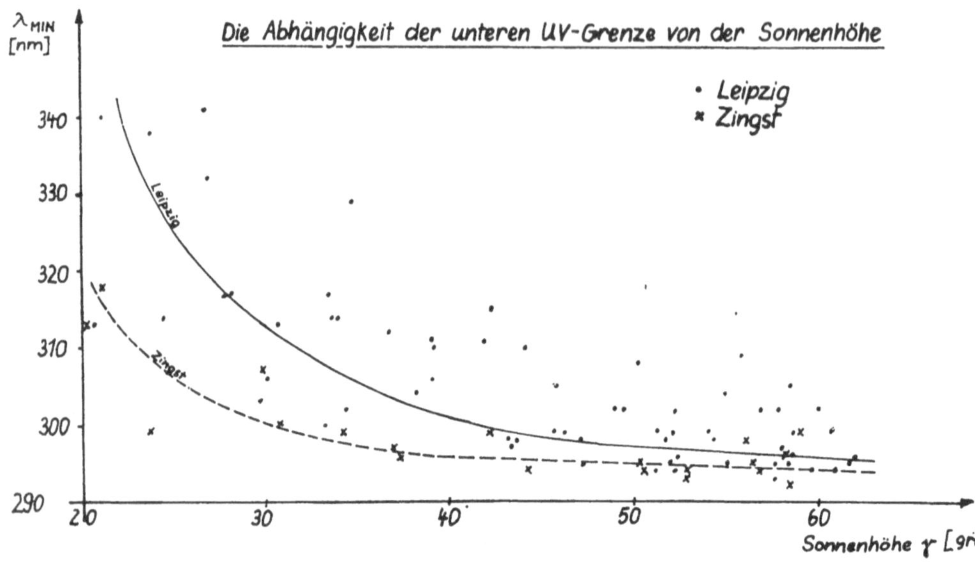

Abb. 4. Abhängigkeiten der unteren UV-Grenze von der Sonnenhöhe in einer „sauberen" Atmosphäre (Zingst/Ostsee) und unter Stadteinfluß (Leipzig)

Die kürzeste Wellenlänge der Meßreihe wurde in Zingst (Ostsee) im Juni 1975 mit 292 nm registriert. Es zeigt sich, daß $\lambda_{\min}$ bei Strahlungswetter und „sauberer" Atmosphäre im Tagesverlauf zwischen 9 und 15 Uhr (im Frühsommer) nur um wenige Nanometer variiert. Bei Sonnenhöhen oberhalb 20° liegt hier die UV-Begrenzung bei Wellenlängen < 300 nm. Das ist in Leipzig erst oberhalb 43° Sonnenhöhe der Fall. Bei kleineren Sonnenhöhen steigt die untere UV-Grenze stark zu längeren Wellen an. Die verstärkte Extinktion durch die Dunstschicht bei niedrigem Sonnenstand, die aus den Messungen deutlich nachweisbar ist, verschiebt $\lambda_{\min}$ um 20 bis 30 nm zu größeren Wellenlängen. Besonders starke Variationen im Tagesgang der unteren UV-Grenze über Leipzig zeigen sich erwartungsgemäß bei sommerlichen ungestörten Hochdruckwetterlagen, wenn der Grundschichtzustand von morgentlicher hoher Stabilität (meist hochreichende Bodeninversionsschicht) in nur schwachstabilen Zustand mit guter Durchmischung übergeht.

Die Existenz einer trüben Dunstschicht über Leipzig ist bei austauscharmen Wetterlagen schon rein visuell von der Plattform des Universitätshochhauses im Stadtzentrum zu erkennen. Die Differenz der kürzesten Wellenlängen über das Höhenintervall von ca. 120 m zwischen Fuß und Plattform des Hochhauses konnte zu durchschnittlich 2 nm bestimmt werden. In Fällen sehr starker Dunstanreicherung ist sie größer. Die größte Wellenlängendifferenz betrug in der vorliegenden Meßserie 8 nm (28. 5. 75, 7^{h}).

Aus den quasi-synchronen Messungen am Fuße und auf der Plattform des Hochhauses wurde versucht, spektrale Extinktionskoeffizienten der dazwischenliegenden Atmosphärenschicht zu bestimmen. Hierzu wurden mehrere ausgewählte Wellenlängen photometrisch ausgemessen und ihre relativen Intensitäten untereinander verglichen. Die Extinktionskoeffizienten (α) ergeben sich aus $-\alpha(\lambda) = \ln (I_u/I_0)/h$ (I_u, I_0 = unten und oben gemessene Intensitäten, h = wahre Strahlenweglänge durch die Luftschicht), wobei sich der Quotient der Intensitäten aus dem Verhältnis der optischen Dichten unter Berücksichtigung $D = \ln(I \cdot t)$ bestimmen läßt. Die so ermittelten spektralen Extinktionskoeffizienten variieren erwartungsgemäß sehr stark. Die Mittelwerte der Extinktionskoeffizienten der ausgewählten Wellenlängen sind in der Tabelle 1 enthalten. Zum Vergleich enthält diese Tabelle auch die entsprechenden Extinktionskoeffizienten für eine RAYLEIGH-Atmosphäre. Die hier bestimmten Extinktionskoeffizienten zeigen bei der Wellenlänge 400 nm ein (allerdings statistisch nicht gesichertes) Maximum. Diese Extinktionskoeffizienten liegen mit zunehmender Wellenlänge ansteigend um

Tabelle 1. Mittlere spektrale Extinktionskoeffizienten der unteren, 120 m hohen Luftschicht im Stadtzentrum von Leipzig (im Vergleich mit denen einer RAYLEIGH-Atmosphäre)

λ [nm]	331	393	492	553	634	
RAYLEIGH-Atmosphäre	1,03	0,51	0,19	0,12	0,07	$\cdot 10^{-6} cm^{-1}$
Atmosphärische Grundschicht über Leipzig	6,64	6,89	6,85	6,77	5,37	$\cdot 10^{-6} cm^{-1}$

1 bis 2 Größenordnungen über denen einer RAYLEIGH-Atmosphäre, wie es auf Grund der Partikelgrößenverteilung der anthropogenen Luftverunreinigungen auch zu erwarten ist.

Neben den Messungen mit dem Spektrographen wurden aktinometrische Bestimmungen des atmosphärischen Trübungsfaktors durchgeführt. Die komplexen LINKEschen Trübungsfaktoren betragen im Mittel der Meßserie in Zingst 3,0, in Leipzig 6,6. Wegen der spektralen Selektivität der Trübung durch die Luftbeimengungen besteht kein straffer Zusammenhang zwischen Trübungsfaktor und unterer UV-Grenze, aber es verschiebt sich mit abnehmendem Trübungsfaktor die Grenzwellenlänge des UV an der Erdoberfläche zu kürzeren Wellenlängen. Noch weniger straff ist naturgemäß der Zusammenhang zwischen Trübungsfaktoren und den spektralen Extinktionskoeffizienten der unteren Atmosphärenschicht.

Buchbesprechungen

Vzaimodejstvie morja i atmosfery v pribrežnoj zone (Wechselwirkung zwischen Meer und Atmosphäre in der ufernahen Zone), Resultate des internationalen Experimentes „EKAM-73" in der ufernahen Zone der Ostsee. Gdynia: Morski Instytut Rybacki, Raporty Seria R (1975) 1, 368 S.

The interaction of the Sea and the Atmosphere in the Nearshore Zone (Wechselwirkung zwischen Meer und Atmosphäre in der ufernahen Zone), Resultate des internationalen Experimentes „EKAM-73" in der ufernahen Zone der Ostsee. Gdynia: Morski Instytut Rybacki, Raporty Seria R (1975) 1a, 377 S.

Zwei Jahre nach dem ersten RGW-Küstenexperiment „EKAM-73" („Einflüsse der Küste auf Atmosphäre und Meer"), welches im Mai/Juni 1973 am Maritimen Observatorium Zingst der Sektion Physik der Karl-Marx-Universität Leipzig stattfand bei Beteiligung von Wissenschaftlern aus der UdSSR, der VR Polen und der DDR, erschien 1975 der von Cz. Druet (VR Polen), O. A. Kuznecov (UdSSR) und P. Hupfer (DDR) herausgegebene Ergebnissammelband in russischer und englischer Sprache. Das rasche Erscheinen ist um so begrüßenswerter, da die Fertigstellung der Beiträge erst Ende 1974 erfolgte und somit die wissenschaftlichen Ergebnisse des sehr umfangreichen Experimentes in kürzester Zeit veröffentlicht wurden.

Die enge Zusammenarbeit der Wissenschaftler aus den befreundeten Ländern während des Experimentes kommt in den 32 zum Teil gemeinsam verfaßten Beiträgen klar zum Ausdruck. Das einleitend von P. Hupfer (DDR) erläuterte Meßprogramm zeigt die Abstimmung der Beobachtungsprogramme der einzelnen Länder und den entsprechenden Einsatz der vorhandenen Meßgeräte. Die Untersuchungen zielten auf die komplexe Erfassung der Wechselwirkungsprozesse zwischen Meer und Atmosphäre unter den Bedingungen unmittelbarer Küstennähe ab. Es wurde somit ein sehr umfangreiches Datenmaterial auf den Gebieten des Energieaustausches zwischen Meer und Atmosphäre, der Wellenprozesse und der Struktur der wassernahen atmosphärischen Grenzschicht sowie der mittleren Felder meteorologischer und ozeanischer Größen erfaßt und bearbeitet. Diesem einleitenden Beitrag schließt sich vom gleichen Verfasser eine Übersicht über die allgemeinen hydrometeorologischen Bedingungen und eine Analyse des Windfeldes an. Dabei werden vor allem die in der Küstenzone auftretenden Besonderheiten, so die Diskontinuitäten im Windfeld (interne Grenzschicht) betont. Diesem Teil folgen Beiträge zu verschiedenen Themenkomplexen, die jedoch untereinander eng verknüpft sind.

Der erste Komplex mit acht Artikeln ist den Wellen- und Strömungsprozessen gewidmet. Neben der Mitteilung des Datenmaterials der Wellenmessungen wird der stochastische Charakter der Wellen und seine Veränderung mit dem Uferabstand näher untersucht (E. Bittner, Cz. Druet, S. Massel — VR Polen; O. Czepa, R. Stellmacher, H. J.

Tremp — DDR) Ergebnisse des Welleneinflusses auf das Unterwasserlichtfeld teilen J. Dera und Cz. Druet (VR Polen) mit. In den beiden Strömungsartikeln werden Meßwerte und statistische Charakteristika für das mittlere Strömungsfeld (H. U. Lass, P. Hupfer — DDR) und das vertikale Strömungsprofil (J. Majewski — VR Polen) dargelegt.

Die folgenden sechs Beiträge behandeln die Prozesse des Energieaustausches zwischen Meer und Atmosphäre. Dabei werden die Ergebnisse der Messungen der turbulenten Austauschströme für Wärme, Feuchte und Bewegung und deren turbulente Charakteristika mitgeteilt und die bei inhomogenem Untergrund (Küstenzone) auftretenden Besonderheiten diskutiert (A. Ju. Benilov, Ju. V. Karpovič, O. A. Kuznecov, D. A. Larin, G. N. Panin — UdSSR; Th. Foken, W. Gerstmann, G. Mücket — DDR). Erstmals konnten auch Ergebnisse umfangreicher Direktsondierungen der laminaren Grenzschicht, der nur sehr dünnen Schicht mit molekularen Leitungsvorgängen über dem Wasser, dargelegt werden (Th. Foken, P. Hupfer — DDR; O. A. Kuznecov, G. N. Panin — UdSSR).

Es folgen Beiträge über das Wasser- und Lufttemperaturfeld, wobei statistische und spektrale Untersuchungen der Schwankungen dieser Größen in verschiedenen Frequenzbereichen im Vordergrund stehen (H. Baudler, M. Börngen, Th. Foken, H. U. Lass, P. Hupfer — DDR). Möglichkeiten der Ausnutzung turbulenter Schwankungen der Wassertemperatur zur Driftbestimmung werden von H. Baudler (DDR) angegeben und die verwendete Methodik von H. Baudler (DDR) und J. Olszewski (VR Polen) kritisch erörtert. In engem Zusammenhang mit diesen turbulenten Prozessen steht die Bestimmung horizontaler Austauschkoeffizienten im Untersuchungsgebiet durch P. Hupfer und B. Pögelt (DDR).

Während des Experimentes „EKAM-73“ wurde ein Teil der Meßverfahren und Geräte erstmalig eingesetzt. Deshalb werden in den neun abschließenden Beiträgen die Meßanlagen zur Bestimmung der turbulenten Schwankungen verschiedener Größen, der Wellen, der laminaren Grenzschicht und der mittleren Parameter beschrieben (S. I. Čuvil'čikov, I. P. Derbikov, I. A. Filippov, A. P. Kestner, Ju. V. Karpovič, S. I. Krečmer, E. I. Kuznecov — UdSSR; E. Spiewak — VR Polen; H. Baudler, Th. Foken, E. Hagen, H. U. Lass, P. Hupfer — DDR).

Insgesamt kann festgestellt werden, daß die in dem Sammelband zum Ausdruck kommenden Ergebnisse des ersten Küstenexperimentes der sozialistischen Ostseeanliegerstaaten nicht nur wertvolle Beiträge zur Grundlagenforschung darstellen, sondern zugleich auch den Ausgangspunkt für weitere gemeinsame Untersuchungen in der Kontaktzone Land—Meer mit dem Ziel bilden, der Volkswirtschaft wertvolle Daten für den optimalen Effekt von Investitionen, den Umweltschutz, das Erholungswesen u. a. zur Verfügung zu stellen. Sowohl die Ergebnisse als auch die Darlegungen zur Methodik sind hinreichend verallgemeinert, so daß der Band außer bei Meteorologen und Ozeanologen auch für Vertreter anderer Wissenschaftszweige von Interesse sein dürfte. Das Experiment „EKAM-73“ hat durch diesen Sammelband einen würdigen Abschluß gefunden, soweit man überhaupt bei derartigen Experimenten mit unzählig vielen gewonnenen Daten, die noch nach den verschiedensten Gesichtspunkten aufgearbeitet werden können, von einem Abschluß sprechen kann.

Th. Foken

MIX
Papier | Fördert gute Waldnutzung
FSC® C083411

Zeitfracht Medien GmbH
Ferdinand-Jühlke-Straße 7
99095 Erfurt, Deutschland
produktsicherheit@kolibri360.de